朝倉化学大系 ⑦

有機反応論

奥山　格・山高　博［著］

朝倉書店

編集顧問
佐野博敏（大妻女子大学学長）

編集幹事
富永　健（東京大学名誉教授）

編集委員
征徠道夫（大阪大学名誉教授）
山本　学（北里大学名誉教授）
松本和子（前 早稲田大学教授）
中村栄一（東京大学教授）
山内　薫（東京大学教授）

序

　私たちの豊かな生活はあらゆる種類の有機化合物に支えられており，有機反応によって新しい有用な物質がつくり出される．また，私たちの存在そのものである生命の成り立ちは有機化学の原理に基づいており，有機反応によって生命活動が維持されている．これらの有機反応は多様で複雑であり，初学者には渾沌として捉えようのないもののようにみえるかもしれない．しかし，有機反応も科学現象の一つであり，他の自然科学現象と同じように，科学の原理に従って起こっている．分子レベルでみれば，フラスコの反応も生体の反応も同じ原理に基づいている．有機反応論は，そのような有機反応を支配する科学原理に関する学問領域であり，有機化合物の構造と反応性に関する理解がその基盤になっている．有機反応論の基本原理に基づいてみれば，有機反応の渾沌は秩序だった新しい描像として姿を現わすはずである．

　有機化学の発展は有機反応論に支えられているといっても過言ではない．そのことは，20世紀の有機化学の歴史が証明している．有機反応機構論の研究は1950～60年代に活発に行われ，その中で育った有機化学者が，その成果に基づいて，20世紀後半のめざましい有機化学の発展を支えてきた．これからの有機化学の展開も，新しい有機反応論の正しい理解にかかっていることは疑いを入れない．

　有機反応がなぜ起こるのか，そしてどのように起こるのか．実験事実からどのように反応機構が導かれるのか．それらを明らかにするのが本書の目的である．有機反応論の基礎概念を解説するとともに，最新の研究成果も具体例として取り入れ，読者が有機反応論の最先端に触れられるように工夫している．まず第1章では，有機反応機構の考え方と研究方法を概観することによって，有機反応論の領域を理解するための助けとした．第2章と3章で反応のエネルギーと反応理論の基礎概念を説明し，実験事実と反応機構の橋渡しとなる基盤

を明らかにした．第4章では溶液反応の媒体となる溶媒について詳しく解説し，第5章には反応化学種を酸塩基の立場からまとめた．ついで反応速度同位体効果と置換基効果の取扱いについて述べ，反応機構解析の実際を取り上げた．第8章では，酸塩基触媒反応の考え方と反応機構について述べ，酵素反応についても言及した．第9章と10章で，最新の研究も含めて有機反応機構の具体例を解説し，電子移動反応と極性反応の考え方についても説明した．以上のように極性反応を中心に有機反応論の基本的な問題について解説した．ペリ環状反応については第3章で簡単に述べ，ラジカル反応，電子移動反応，励起状態の化学についても随所で触れたが，紙面の都合上その本論にまで踏み込むことはできなかった．関連する話題やより立ち入った問題点などを「コラム」として取り上げた．

　本書は，化学専攻の学部高学年から大学院生を対象としているが，有機化学の研究者にも有機反応論の知識を整理するために役立てていただきたい．本書が，若い化学者にとって有機反応論への導入となり，有機化学の担い手としてさらに深く学ぶための一助になればこれにまさる喜びはない．

　本書を書くにあたっては，引用文献に記したように多くの関係書を参考にした．大野惇吉先生（京都大学名誉教授）には，原稿全般にわたって目を通していただき，いろいろと助言をいただいた．山本陽介先生（広島大学教授）には，最新の研究結果に基づいて第9章のコラムを加筆していただいた．深く感謝する次第である．また，本書の執筆を勧めていただいた朝倉化学大系編集委員に謝意を表する．

　2004年12月

　　　　　　　　　　　　　　　　　　　　　　著者　奥　山　　　格
　　　　　　　　　　　　　　　　　　　　　　　　　山　高　　　博

目　　次

1 有機反応機構とその研究 …………………………………………… 1
　1.1　反応機構 ……………………………………………………… 1
　1.2　反応生成物の決定 …………………………………………… 7
　1.3　立体化学 ……………………………………………………… 11
　1.4　同位体標識 …………………………………………………… 12
　1.5　交差実験 ……………………………………………………… 13
　1.6　反応中間体 …………………………………………………… 14
　1.7　反応機構研究の展開 ………………………………………… 18

2 反応のエネルギーと反応速度 ……………………………………… 23
　2.1　ポテンシャルエネルギー …………………………………… 23
　2.2　BEP モデル …………………………………………………… 29
　2.3　平衡と反応速度 ……………………………………………… 34
　2.4　遷移状態理論と反応速度 …………………………………… 39
　2.5　活性化パラメーター ………………………………………… 42
　2.6　反応速度則 …………………………………………………… 45
　2.7　実際の反応系 ………………………………………………… 49
　2.8　律速段階の変化 ……………………………………………… 53

3 分子軌道法と分子間相互作用 ……………………………………… 57
　3.1　分子間相互作用 ……………………………………………… 57
　3.2　分子軌道理論と有機電子論 ………………………………… 60
　3.3　軌道相互作用と反応性 ……………………………………… 61
　3.4　フロンティア分子軌道 ……………………………………… 62

目次

- 3.5 ペリ環状反応の軌道相関 ……………………………………… 67
- 3.6 量子化学計算 …………………………………………………… 71

4 溶媒効果 …………………………………………………………… 76
- 4.1 気相反応と溶液反応 …………………………………………… 76
- 4.2 溶媒の分類 ……………………………………………………… 77
- 4.3 溶液の構造 ……………………………………………………… 80
- 4.4 溶解のエネルギー ……………………………………………… 83
- 4.5 混合溶媒 ………………………………………………………… 87
- 4.6 ソルバトクロミズム …………………………………………… 91
- 4.7 溶媒パラメーター ……………………………………………… 96
- 4.8 溶媒効果と反応機構 …………………………………………… 104
- 4.9 理論的取扱い …………………………………………………… 110

5 酸・塩基と求電子種・求核種 …………………………………… 122
- 5.1 Brønsted 酸と塩基 ……………………………………………… 122
- 5.2 媒質の酸性度 …………………………………………………… 130
- 5.3 Lewis 酸と塩基 ………………………………………………… 139
- 5.4 求核種と求電子種 ……………………………………………… 141
- 5.5 カルボアニオンとカルボカチオン …………………………… 149

6 反応速度同位体効果 ……………………………………………… 155
- 6.1 同位体効果とは ………………………………………………… 155
- 6.2 同位体効果の理論 ……………………………………………… 155
- 6.3 同位体効果の大きさ …………………………………………… 157
- 6.4 一次同位体効果と二次同位体効果 …………………………… 159
- 6.5 反応経路の決定 ………………………………………………… 160
- 6.6 遷移状態構造の推定 …………………………………………… 168
- 6.7 溶媒同位体効果 ………………………………………………… 172

目次

7 置換基効果 …………………………………………………… **178**
  7.1 酸解離平衡と反応速度 ………………………………… 178
  7.2 電子効果と立体効果 …………………………………… 179
  7.3 Hammett 則 ……………………………………………… 181
  7.4 置換基定数の多様性 …………………………………… 183
  7.5 湯川-都野式 ……………………………………………… 186
  7.6 脂肪族飽和系における置換基効果 …………………… 191
  7.7 置換基効果と反応機構 ………………………………… 192

8 触媒反応 ……………………………………………………… **199**
  8.1 特異触媒と一般触媒の区別 …………………………… 200
  8.2 特異酸触媒反応 ………………………………………… 202
  8.3 一般酸触媒反応 ………………………………………… 203
  8.4 塩基触媒反応 …………………………………………… 203
  8.5 特異酸・一般塩基触媒反応 …………………………… 204
  8.6 Brønsted 則 ……………………………………………… 204
  8.7 pHと速度の関係 ………………………………………… 209
  8.8 強酸中における反応 …………………………………… 215
  8.9 求核触媒反応 …………………………………………… 224
  8.10 求電子触媒反応 ………………………………………… 227
  8.11 多官能性触媒と分子内触媒 …………………………… 231

9 反応経路と反応機構 ………………………………………… **240**
  9.1 中間体寿命と反応機構 ………………………………… 240
  9.2 飽和炭素における求核置換反応 ……………………… 244
  9.3 不飽和炭素における求核置換反応 …………………… 251
  9.4 脱離反応 ………………………………………………… 257

10 電子移動と極性反応 ……………………………………… **266**
  10.1 一電子移動 ……………………………………………… 267

10.2 Marcus 理論 ……………………………………………… 269
10.3 電子移動反応と極性反応 ………………………………… 272
10.4 Marcus 理論の水素移動への拡張 ……………………… 285

索 引 ………………………………………………………………… 289

コラム

ipso と *cine* 置換 ………………………………………………… 9
塩化ニトロベンジルの反応と von Richter 反応の機構 ……… 10
ブロモニウムイオンとベンゼニウムイオン …………………… 15
反応性-選択性の原理 ……………………………………………… 31
Thornton 則 ………………………………………………………… 32
安定性 ……………………………………………………………… 36
理論とモデル ……………………………………………………… 111
George Olah と超強酸中のカチオン中間体 …………………… 136
求電子種と求核種および化学種と分子種 ……………………… 149
カルベニウムイオンとカルボニウムイオン［ヨーロッパとイギリス］
……………………………………………………………………… 154
Brønsted 係数について（その一） ……………………………… 209
Brønsted 係数について（その二）ニトロアルカン異常性 …… 210
S_N2 反応中間体と超原子価結合 ………………………………… 250
有機金属反応剤の会合状態 ……………………………………… 280

1

有機反応機構とその研究

1.1 反応機構

1.1.1 反応機構と研究法

　有機反応機構とは何か．すでに一通りの有機化学を学んだ読者は，出発物から生成物に至るまで段階ごとに結合と電子の再配列を巻矢印で表しながら，分子がどのように姿を変えていくか，有機反応の経路を合理的に書くことができるだろう．このような反応の段階的記述を反応機構といっているが，合理的な反応経路はふつういくつか可能であり，その合理性については化学知識に応じてさまざまに説明できるだろう．しかし，それらの"機構"に従って実際に反応が起こっているかどうかは別問題であり，それを証明することは難しい．これらはいずれも仮説に過ぎないので，実験的な証拠に基づいてそのいくつかは否定できるかもしれない．現在可能なあらゆる検討を行った結果，否定されないで残ったもっともらしい仮説が合理的な反応機構として確立 (establish) される．実験科学において仮説が正しいことを証明することは不可能であり，間違っていることだけが証明できるのである[*1]．反応機構が仮説であることを免れないのは，化学が本質的に実験科学であることによる．

　では実際，溶液中における反応はどのように進行するのだろうか．転位反応のように1分子の反応物が一段階で1分子の生成物を生じるような反応もあるが，一般的には複数の反応物から出発して，数段階の反応過程を経て，複数の最終生成物を与える場合が多い．反応機構はその反応過程を段階的に記述する

[*1] 実験によってできることは，仮説から予測されることを検証することであり，検証可能な予測をできるだけ多くたてることが必要である．その予測が一つでも実験的に否定されれば仮説は間違っていることになる．一つの予測が否定されなかったからといっても，別の予測が否定される可能性は残っているし，まだ思いつかない予測もあり得る．

ものであるといったが，その中でも全反応の進行状態(反応速度)を支配する段階(律速段階)がどのように進むのか，が重要である．この律速過程を分子レベルで微細に記述することを反応機構ということもある．この二つの意味から反応機構を明らかにするにはどうしたらよいのか，実験的な研究手法を概観しながら，有機反応機構の考え方がどのようなものであるか述べる．これらの研究手法を理解することによって，仮説としての反応機構から(実験的に)検証可能な予測をたてて研究を進めていく考え方がわかるだろう．

まず，すべての生成物を確定し，反応の化学量論関係を明らかにする必要がある．出発物の構造を目的に応じて設計することによって，生成物の構造から反応機構に関する重要な情報を得ることもできる．また，反応を段階的に記述するには介在する反応中間体の構造を明らかにする必要がある．反応速度の測定からも重要な情報が得られる．反応基質の構造の変化や反応条件の変化が，反応速度にどのような影響を及ぼすか検討することによって，遷移状態の様子がわかる．律速段階において反応に関与する分子がわかり，反応分子種がどのように変化していくか記述できるようになる．

1.1.2 有機反応の表し方

反応機構の研究を進めるに当たって，合理的な反応機構を提案することが必要になる．そのためには，巻矢印を用いて電子の動きを示しながら有機反応を段階的に表すのが便利である．ここで巻矢印(curly arrow または curved arrow)の使い方を復習しておこう．

化学反応は分子の結合組換えによって起こり，それは分子を構成する原子の価電子の配置の変化に基づいている．このことを表すために，分子の Lewis 構造に基づいて，価電子の動きを巻矢印で示す．正しい Lewis 構造からスタートすれば，電子を見失うことなく，電子の流れを示すことができ，反応機構の合理性を判断することができる．

極性反応(イオン反応)では，電子は常に対になって動く．そこで通常の矢印は2電子(電子対)の動きを表している．電子対は結合電子対か非共有電子対として存在するのだから，矢印の出発点はそのどちらかになり，矢印の先は新しく結合を作る原子の間か，新しい非共有電子対をもつ原子に向ける．実例

で，このことを確かめよう．

　まず分子構造式に非共有電子対を書き加えて，それぞれの原子がオクテット(8個の価電子)になっていることを確かめよう．オクテットに満たないものは，Lewis酸(あるいはラジカル)である．SやPのような第三周期以降の元素の特別の場合を除いては，オクテットを超えることはできない．

$$\text{(反応式)} \tag{1.1}$$

$$\text{(反応式)} \tag{1.2}$$

$$\text{(反応式)} \tag{1.3}$$

これらの例では，巻矢印は結合の生成と切断を表している．反応(1.3)で生成するBH_3のBには6電子しか価電子がなく，これはLewis酸であることを示している．形式電荷を書くことも必要である[*2]．しかし，反応が形式電荷のところで起こるとは限らない．たとえば，反応(1.4)のようにアニオンが形式正電荷のところで結合すると，Nは5価で10電子を収容していることになり，オクテットを超えた不可能な構造を作ってしまう．実際には式(1.5)のように反応する．

$$\text{(反応式)} \tag{1.4}$$

不可能な構造
(5価，10電子)

$$\text{(反応式)} \quad \longrightarrow \quad NH_3 + H_2O \tag{1.5}$$

　電子は分子間ばかりでなく，分子内でも動かせる．次の反応式では非共有電子対を省略した．

[*2] 電荷は⊕⊖あるいは+-の符号で示される．巻矢印で反応機構を表すとき，非共有電子対を完全に書かないで，-の符号から矢印を始めることがよくある．これは，-符号が結合を表す線と同じように電子対を表していると考えているからである．非共有電子対を完全に示したLewis構造で形式電荷を示す場合には，これと区別するために，ここでは⊕⊖を用いた．しかし，負の形式電荷が非共有電子対に対応しないこともある．反応(1.3)のH_4B^-がその例である．

$$\text{HO}\diagdown\!\!\!\diagdown\!\!\text{H} \longrightarrow \text{HO}\diagdown\!\!\!\diagdown + \text{H}_2\text{O} \longrightarrow \text{HO}^- + \diagdown\!\!\!\diagdown \quad (1.6)$$

電子は電子豊富な位置から電子不足の位置に流れるので，電子の流れは一方向になっていて，矢印がある点でぶつかったり，ある点から発散したりすることはない．アニオンや非共有電子対から電子が押し込まれる (push) のか，カチオンや空の軌道あるいは弱い結合の切断によって電子が引き出される (pull) のかを，意識して矢印の方向を考えるとよい．上で見てきた反応では，いずれも最初の矢印がアニオンや非共有電子対から出て，順々に電子対が押し込まれるように巻矢印で示した．このような考え方を電子押し込み (electron pushing) という．カチオンの反応や酸触媒反応では電子引き出し (electron pulling) を考えた方がわかりやすい．この場合も，矢印の方向は電子の動きを表している．

アルケンと HBr の反応は式 (1.7a) のように書ける．この反応では，アルケンのどちらの末端が HBr の H と反応するのか，はっきりと示すことが必要である．反応を式 (1.7b) のように書いてしまうとどちらの末端で反応しているのかわからない．むしろ，かっこ内に示したように受け取られる．このように矢印の向きを正しく示さないと，誤解が生じる．矢印の湾曲が，結合電子対の動く方向を示しているといえる．

$$(1.7\text{a})$$

$$(1.7\text{b})$$

カルボカチオンの 1,2-転位のような反応では，切断される結合の電子対が新しい結合の形成にかかわるので，新しい結合をつくる 2 原子間に矢の先端をもっていくようにすると式 (1.8a) に示すような曲線の矢印になる．すなわち，この巻矢印は，もとの結合から新しい結合に参加する原子 (H) の方に湾曲している．言い換えると，もとの結合電子対を取り込む原子 (H) の方に凹に

なっており，そのように書くべきである．結合をつくる原子に向けて矢印を書くと，式(1.8a)の下に書いたように逆の湾曲になってしまいがちである．米国の出版物では，この書き方が主流になってしまっており，有機化学教科書でもそれにならってあいまいな書き方が多い[*3]．これでは，式(1.9)の反応のように H^+ が脱離して二重結合を生成する場合と区別がつきにくい．式(1.8a)のような矢印が書きにくい場合には，最初の湾曲を重視して式(1.8b)のように書くことが推奨されている．反応機構の立場からは，電子対がどちらに動いていくかが重要ポイントなので，最初の湾曲に注意深く，式(1.8a)または(1.8b)の書き方で，式(1.9)とは意識的に区別することが重要である．

$$ \text{(1.8a)} $$

$$ \text{(1.8b)} $$

$$ \text{(1.9)} $$

次の二つの反応の違いを考えてみよう．

$$ \text{(1.10)} $$

$$ \text{(1.11)} $$

[*3] 巻矢印による表現法の始まりは，電子対結合の概念が確立してきた1920年代，英国のLapworthやRobinsonの提案にさかのぼる．その後，米国が科学研究の中心になり米国の出版物が主流になるにつれて，その書き方に混乱が生じてきた．しかし，最近いくつかの新しい教科書でこの問題点が指摘されるようになり，巻矢印の正しい使い方が有機反応の理解に役立つことが再認識されている．

これまで極性反応について，電子対(2電子)の動きを巻矢印で示すことを説明してきた．ラジカル反応では，1電子ずつの移動が問題になる．このような場合には，1電子の移動を片羽の矢印で次のように表す．式(1.13)と(1.14)では不対電子以外の電子は点で示していない．

$$:\ddot{B}r\frown\frown\ddot{B}r: \longrightarrow :\ddot{B}r\cdot + \cdot\ddot{B}r: \qquad (1.12)$$

$$H_3C\frown H\frown\cdot Br \longrightarrow H_3C\cdot + H-Br \qquad (1.13)$$

$$H_3C\frown\frown\cdot Br \longrightarrow H_3C-Br \qquad (1.14)$$

1.1.3 反応機構の提案

反応機構を提案するに当たっては，それぞれの段階が合理的であるかどうか判断しなければならない．まず実験事実と矛盾しないことであり，さらに化学知識に基づいて合理性を判断する．「電子押し込み(push)」と「電子引き出し(pull)」の原理に合致しているか，類似の反応が前例としてあるか，ということを考える．不安定な中間体が，反応条件で一定の寿命をもつ合理的なものであるかどうかも考える必要があるが，これは必ずしも容易ではない．

簡単な例をあげてみよう．ヘミアセタールの分解が式(1.15)のように進むと考えてよいだろうか．

$$\text{HO} \diagup \text{OR} \longrightarrow {}^+\text{O}\diagup\text{H} \quad {}^-\text{OR} \longrightarrow \text{O} + \text{ROH} \qquad (1.15)$$

アルコキシドはよい脱離基ではないので，OH基の非共有電子対のpushだけでは不十分である．反応条件に注目することが重要であり，酸性条件で反応が進んでいるのであれば，まずOR基へのプロトン化が起こって，アルコールの脱離として式(1.16)のように進むであろう．

$$\text{HO}\diagup\text{OR} \quad H-\overset{+}{O}H_2 \longrightarrow \text{HO}\diagup\overset{+}{O}\diagup R \longrightarrow {}^+\text{O}\diagup H \quad :\text{OH}_2 + \text{ROH}$$
$$\qquad\qquad\qquad\qquad\qquad\qquad\qquad\qquad +\text{OH}_2 \qquad\qquad\qquad\qquad\qquad (1.16)$$
$$\longrightarrow \text{O} + \text{ROH} + H_3O^+$$

この反応は塩基性条件でも起こる．$-O^-$基がpushすれば，アルコキシドアニ

オンも脱離できる．

$$\text{HO}^- \; \text{H-O-OR} \longrightarrow \text{HOH} \; \text{O-OR} \longrightarrow \text{C=O} + {}^-\text{OR} \qquad (1.17)$$

式 (1.6) の脱離反応は，式 (1.18) のように一段階過程として書いても合理的であるようにみえる．

$$\text{HO}^- \; \text{H-CH-CO-} \longrightarrow \text{HO}^- + \text{CH}_2=\text{CH-CO-} + \text{H}_2\text{O} \qquad (1.18)$$

反応機構 (1.6) と (1.18) に，ともに可能性があるとすれば，両者を区別するための実験計画をたてる必要がある．式 (1.6) のようにエノラートイオンが中間体になれば，その生成段階が可逆になり，D_2O 中で反応すれば α 位で H/D 交換が起こるはずである．

反応 (1.19) のように，ビニル位の塩素は一段階で反応できるだろうか．この反応は S_N2 反応のように立体配置反転で進むはずである．

$$\text{MeO}^- \; \text{Cl-CH=CH-CO-} \longrightarrow \text{MeO-CH=CH-CO-} + \text{Cl}^- \qquad (1.19)$$

実際には，立体配置はほとんど保持されており，式 (1.20) のようにエノラートイオンを経て二段階で進行すると考えられる．電子はカルボニル基に pull されており，中間体のエノラートも合理的である．

$$\text{MeO}^- \; \text{Cl-CH=CH-CO-} \longrightarrow \text{MeO-CCl-CH=C(O}^-\text{)-} \longrightarrow \text{MeO-CH=CH-CO-} + \text{Cl}^- \qquad (1.20)$$

反応機構の研究を進めるに当たっては，このような機構の提案に基づいて研究計画を立てる．まず，反応機構研究に有用な分析化学的 (非速度論的) 手法について説明しよう．

1.2 反応生成物の決定

化学反応を考える出発点は，何をおいても出発物と生成物の構造を確かなものとし，その量論関係を明らかにすることである．それは当たり前のことなので，あまり気にしないで話を進めてしまうと，とんだ間違いをおかすことになる．

たとえば、ハロゲン化アルキルの求核置換反応において、一般的に第一級アルキルハロゲン化物は S_N2 機構、第三級アルキル誘導体は S_N1 機構で反応することを学んだ。臭化エチルと水酸化ナトリウム水溶液の反応でアルコールが収率よく得られ [式(1.21)]、水酸化物の濃度とともに反応が速くなったので二次反応で S_N2 機構による置換が起こったと考えた。臭化 t-ブチルの反応は S_N1 機構で起こるはずなので、水酸化物の濃度を変えても反応速度は変化しないだろうと予想するかもしれない。しかし、水酸化ナトリウム水溶液中で臭化 t-ブチルの反応を調べてみると明らかに水酸化物によって反応が加速される。ここで何が起こったかは、生成物を調べてみればすぐわかる。脱離反応が起こって生成物はイソブテンになっている [式(1.22)]。このようにアルコールになるかアルケンになるかというような反応の選択性は、化学選択性 (chemoselectivity, 官能基選択性ともいう) といわれる。

$$CH_3CH_2Br + HO^- \longrightarrow CH_3CH_2OH + Br^- \qquad (1.21)$$
$$(CH_3)_3CBr + HO^- \longrightarrow (CH_3)_2C=CH_2 + Br^- + H_2O \qquad (1.22)$$

第三級アルキル臭化物の場合でも、たとえば t-ペンチル体になると2種類のアルケンが生成してくる [式(1.23)]。このように脱離反応に位置選択性 (regioselectivity) の問題が生じてくる。この結果は、後述する立体選択性 (stereoselectivity) とともに重要な情報になる。

$$CH_3CH_2-\underset{\underset{CH_3}{|}}{\overset{\overset{CH_3}{|}}{C}}-Br \xrightarrow{HO^-} \underset{H}{\overset{H_3C}{\diagdown}}C=C\underset{CH_3}{\overset{CH_3}{\diagup}} + \underset{CH_3CH_2}{\overset{H_3C}{\diagdown}}C=C\underset{H}{\overset{H}{\diagup}} \qquad (1.23)$$

塩化ベンジルと水酸化物の反応でも同じようにアルコールを生じる [式(1.24)]。この反応の置換基効果を検討しようと思って、種々の誘導体の反応速度を測定して考察した。p-ニトロベンジル誘導体と水酸化物の反応もそのうちに含まれていたが、反応生成物は予想外のものであった [式(1.25)][1]。これでは、反応速度を考察する意味がない。

$$\text{PhCH}_2\text{Cl} \xrightarrow[\text{aq. dioxane, air}]{HO^-} \text{PhCH}_2\text{OH} \qquad (1.24)$$

$$p\text{-}O_2N\text{-}C_6H_4\text{-}CH_2Cl \xrightarrow[\text{aq. dioxane, air}]{HO^-} p\text{-}O_2N\text{-}C_6H_4\text{-}CH=CH\text{-}C_6H_4\text{-}NO_2\text{-}p \qquad (1.25)$$

有機反応では気体生成物が見のがされやすい．von Richter 反応とよばれるニトロベンゼン誘導体とシアン化物イオンの反応がある[式(1.26)]．たとえば，p-クロロニトロベンゼンは m-クロロ安息香酸を与える．この反応は長年シアン化物による cine 置換反応と考えられてきたが，生成物として N_2 が観測され，反応条件ではシアノ基がカルボン酸に変換できないことから，ニトリルを経る反応機構は否定された[2]．

(1.26)

コラム　*ipso* と *cine* 置換

芳香族置換反応において，置換基の結合している炭素を反応剤が攻撃するとき，*ipso* 攻撃といい，結果として H 以外の置換基が脱離基となるような置換反応を *ipso* 置換という．求電子置換反応では，求電子性脱離基 (electrofuge) となり得るアルキル基やシリル基がこの形式の置換を起こすことがある．芳香族求核置換反応においては，ハロゲン化物やアルコキシドが求核性脱離基 (nucleofuge) になるので，付加-脱離機構では *ipso* 置換を起こすことになる．

置換反応において反応剤が脱離基の隣接位に導入される場合に *cine* 置換といい，脱離-付加機構の置換反応でみられる．典型的な例は次の反応である．

さらに離れた位置で置換が起こる反応は，*tele* 置換ともいわれる．その一例は，次の反応である．

副生成物から，有用な情報が得られることもある．たとえば，メタンの塩素化において少量生成するエタンは，ラジカル反応機構から予想されるものである［式(1.27)］．

$$CH_4 + Cl_2 \longrightarrow CH_3Cl + HCl + H_3C\text{-}CH_3 \tag{1.27}$$

コラム　塩化ニトロベンジルの反応と von Richter 反応の機構

反応(1.25)と反応(1.26)の反応機構は，いずれも簡単なものではない．下に示すような機構が提案されているので参考までに書いておこう．前者は一電子移動(第10章参照)を含んでいる．後者は，隣接のニトロ基とシアノ基の間でN-N結合を形成して進む求核反応である．

一電子移動を含む反応機構

$$ArCH_2Cl + OH^- \rightleftharpoons Ar\bar{C}HCl + H_2O$$

$$Ar\bar{C}HCl + ArCH_2Cl \xrightarrow{電子移動} Ar\dot{C}HCl + ArCH_2Cl^{-\bullet}$$

$$ArCH_2Cl^{-\bullet} \longrightarrow ArCH_2\cdot + Cl^-$$

$$ArCH_2\cdot + Ar\dot{C}HCl \longrightarrow ArCH_2\text{-}CHClAr \xrightarrow{OH^-} ArCH=CHAr$$

von Richter 反応の機構

1.3 立 体 化 学

　立体化学の要素を含む反応では，生成物と反応物の立体化学の関係を調べることが重要である．両者の関係が反応機構によって規定されているときに，その反応は立体特異的(stereospecific)であるという．したがって，立体異性体の反応が立体特異的であるかどうかを調べることは反応機構を考察する上で非常に有用である．立体異性をもたない反応物から2種類以上の立体異性生成物が生じ，その分布に偏りがある場合には立体選択的(stereoselective)であるという．この分布の偏りからも生成物決定段階(律速段階とは限らない)について考察できる．

　S_N2反応において，R異性体からS異性体，S異性体からR異性体が生成する，すなわち立体特異的に立体配置反転で反応するのは，反応が求核種の背面攻撃により協奏的に起こるからである[式(1.28)].

$$\text{AcO}^- \;\; \text{Et-C(H)(Me)-OTs} \longrightarrow \text{AcO-C(Et)(H)(Me)} + {}^-\text{OTs} \tag{1.28}$$

　アルケンへの臭素付加がアンチ付加になる(E体からメソ体，Z体からラセミ体が生成する)ことは，環状ブロモニウムイオン中間体への求核反応として説明される．

$$(E) \xrightarrow{Br_2} [\text{bromonium}] \longrightarrow meso \tag{1.29}$$

$$(Z) \xrightarrow{Br_2} [\text{bromonium}] \longrightarrow (R,R) + (S,S) \;\; racemic \tag{1.30}$$

　光学活性な反応基質がラセミ化するのは，対称な(アキラル)中間体を経るためであり，S_N1反応におけるラセミ化はカルボカチオン中間体に由来する．sp^3炭素上での反応では，立体中心が平面状のsp^2炭素になってキラリティーを失っている．

$$\text{R}^2\overset{\text{R}^1}{\underset{\text{R}^3}{\text{C}}}-\text{Y} + \text{X}^- \longrightarrow \overset{\text{R}^1}{\underset{\text{R}^2\text{R}^3}{\text{C}^+}} \overset{\text{X}^-}{\longrightarrow} \overset{\text{R}^1}{\underset{\text{R}^3}{\text{C}}}-\text{X} + \text{X}-\overset{\text{R}^1}{\underset{\text{R}^3}{\text{C}}}\text{R}^2 \quad (1.31)$$

　ビニルカチオンは飽和カルボカチオンよりも不安定であると考えられてきたが，反応性の高いビニル誘導体では S_N1 反応も可能である．この場合には分子不斉を利用することによって中間体の対称性を検証できる．第一級ビニルカチオンが溶液中で生成可能かどうか調べるために，この方法が取られた．ビニルカチオンの陽性炭素は sp 混成で直線状であるために，反応式 (1.32) に示すように中間体のビニルカチオンは対称性をもつ．出発物として光学活性なヨードニウム塩を用いると，生成物の立体化学から対称な中間体を経由して反応したかどうかを判断できる．光学活性 4-メチルシクロヘキシリデンメチル体の加溶媒分解で生成した転位置換体は，出発物の光学純度を完全に保持していた．すなわち，第一級ビニルカチオンを経るのではなく，β アルキル基関与で直接転位カチオンを生成して反応していることが結論された[3]．

$$(1.32)$$

1.4　同位体標識

　反応物の特定の原子を同位体元素で標識し (isotopic labeling)，生成物中の同位体の位置を決めることにより，結合切断と生成の位置を確定できる．エステルのアルカリ加水分解において ^{18}O を含む水を用いると ^{18}O はカルボン酸の方に含まれる [式 (1.33)]．このことは，アルキル炭素-酸素結合ではなくカルボニル炭素-酸素結合が切断することを意味し，四面体中間体を経る付加-脱離機構 (180 ページおよび 8.8.1 節参照) を支持する．

$$\text{R-C(=O)-OR'} \xrightarrow{H_2{}^{18}O} \text{RCO}^{18}\text{OH} + \text{R'OH} \quad (1.33) \quad \left[\begin{array}{c}\text{OH}\\ \text{R-C-OR'}\\ {}^{18}\text{OH}\\ \text{中間体}\end{array}\right]$$

アリルフェニルエーテルを加熱すると o-アリルフェノールに転位する [Claisen 転位，式(1.34)]．アリル基の炭素を ^{14}C で標識すると，アリル基の末端炭素でオルト位に結合していることがわかる．この反応は，次節で説明するように分子内反応として進む [式(1.38)]．

$$\text{PhO-CH}_2\text{-CH=CH}_2^* \xrightarrow{\Delta} \text{(o-allylphenol)} \quad (1.34) \quad (\text{検出されない})$$

$* = {}^{14}\text{C}$

クロロベンゼンを液体アンモニア中強塩基のアミドと反応させると，アニリンが生成する．^{14}C 標識基質を用いて生成物を調べると，標識された炭素はアミノ基の位置とオルト位に等量分布していることが確認された [式(1.36)]．すなわち，*ipso* 置換と *cine* 置換が等確率で起こったことがわかり，ベンザインを中間体とする脱離-付加機構で合理的に説明できる．

$$\text{PhCl} \xrightarrow[\text{NH}_3]{\text{KNH}_2} \text{PhNH}_2 \quad (1.35)$$

$$\text{Ph*Cl} \xrightarrow{{}^-\text{NH}_2} [\text{ベンザイン}] \xrightarrow{\text{NH}_3} \text{(ipso)} + \text{(cine)} \quad (1.36)$$

$* = {}^{14}\text{C}$

1.5 交差実験

転位反応が分子内反応として進むのか，結合切断と二分子的再結合を伴う分子間反応として進むのかは，交差実験 (cross-over experiment) によって検証できる．数多い例の一つは Claisen 転位であるが，この反応では交差生成物がみられず，分子内反応であることがわかった．もちろん同位体標識を用いる交差実験も可能である．この結果は，上述の標識実験の結果とともに，Claisen 転位が式 (1.38) のように協奏的な反応機構で進行するものとして合理的に説明される．このように二つの結合の開裂・生成が同時に進行するような反応を

協奏反応 (concerted reaction) といい，その原理は分子軌道論によって理論的に説明できる (3.5.3節参照).

$$(1.37)$$

$$(1.38)$$

次の例のように結合切断によって生じるフラグメントを添加して挿入するかどうかを調べることもできる．2,2,2-トリフェニルエチルリチウムの1,2転位反応は標識したフェニルリチウム存在下に反応しても，生成物に標識は取り込まれなかったが，フェニル基の一つをベンジル基に置き換えた基質の反応に標識ベンジルリチウムを添加すると，この場合には標識が生成物に取り込まれることがわかった．このことから前者 [式(1.39)] は分子内反応であるが，後者 [式(1.40)] は分子間反応であると結論された[4].

$$(1.39)$$

$$(1.40)$$

1.6 反応中間体

1.6.1 中間体の単離と検証

反応が段階的に進行するということは中間体が存在することを意味する．したがって，その反応中間体の構造を明らかにすることは反応機構を考察する上で必須である．反応中間体が安定であれば，反応を途中で止めることによって単離できることもある．Winstein と Lucas[5] は 2,3-ジアセトキシブタンを HBr により 2,3-ジブロモブタンに変換する反応の中間体として下に示すよう

コラム　ブロモニウムイオンとベンゼニウムイオン

求電子反応の中間体として重要なカチオン中間体は，求核種が反応できないような環境で初めて長寿命の化学種として観測可能となる．超強酸中におけるカルボカチオンのNMRスペクトルについては136ページのコラムで述べるが，ブロモニウムイオンは立体障害の大きいアルケンであるアダマンチリデンアダマンタンを用いて速度論的に安定化することによって，三臭化物塩の結晶として単離され，X線結晶構造解析が行われた[1]．ブロモニウムイオン中間体はπ錯体を経て生成するとされ，アルケンと臭素のπ錯体生成平衡定数も測定されている[2]．

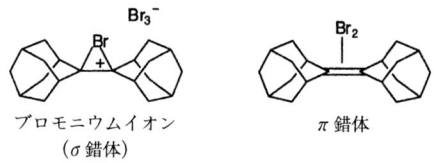

ブロモニウムイオン　　　　　π錯体
（σ錯体）

ベンゼニウム塩は，対アニオンとしてカルボランというホウ素と炭素の多面体化合物のアニオン $[CB_{11}HR_5X_6^- (R=H, Me ; X=Cl, Br)]$ を使うことによって結晶として単離された[3]．

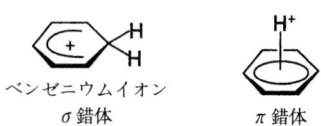

ベンゼニウムイオン　　　　　π錯体
σ錯体

ベンゼニウムイオンはプロトン化ベンゼンのσ錯体構造に相当し，反応中間体としてはπ錯体構造よりも安定であると考えられているが，気相ではπ錯体構造をとっているという報告があり，σ錯体の安定性は対イオンや溶媒効果によるものであるという意見もあった．しかし，最近気相においてもσ錯体構造のほうが安定であることが赤外スペクトルで明らかにされ[4]，気相におけるプロトン化ベンゼンの安定構造に関する論争にも終止符がうたれた．ベンゼニウムイオンはフェノニウムイオンとよばれてきたが，IUPAC命名法に従って前者の名称を用いる．

引用文献

1) H. Slebocka-Tilk, R. G. Ball and R. S. Brown, *J. Am. Chem. Soc.*, **107**, 4504 (1985).
2) C. Chiappe, H. Detert, D. Lenoir, C. S. Pomelli and M. F. Ruasse, *J. Am. Chem. Soc.*, **125**, 2864 (2003).
3) C. A. Reed, K. -C. Kim, E. S. Stoyanov, D. Stasko, F. S. Tam, L. J. Mueller and P. D. W. Boyd, *J. Am. Chem. Soc.*, **125**, 1796 (2003).
4) N. Solca and O. Dopfer, *Angew. Chem. Int. Ed.*, **41**, 3628 (2002).

なモノブロモ体, ブロモブタノール, アセトキシブタノールを仮定し, それぞれ反応系から単離するとともにジブロモ生成物に変換できることを示した. しかし, 中間体として仮定された 2,3-ジヒドロキシブタンは, 単離することもできなかったし, 反応条件では生成物に変換することもできなかった.

$$\text{(1.41)}$$

1.6.2　スペクトルによる検出

単離できるほど安定ではない場合にも, スペクトルによって反応溶液中に検出されるものもある. 芳香族ニトロ化における求電子種 NO_2^+ は, HNO_3-H_2SO_4 の Raman スペクトル ($1400\ cm^{-1}$) で確認された. ラジカルは, ESR や CIDNP[*4] によって検出される. 酢酸フェニルの加水分解はイミダゾールによる触媒作用を受けるが, この反応中にアセチルイミダゾールの紫外吸収スペクトル (λ_{max} 245 nm) がみられることから, 求核触媒機構 (8.9 節) によって説明される [式 (1.42)].

$$\text{(1.42)}$$

しかし, 反応機構的に重要な中間体はもっと短寿命で, 反応中に検出できるほど蓄積してこない例が多い. そのような場合には, 観測可能な条件下で別の手法によって予想される中間体を発生させてそのスペクトルや反応挙動を調べ, 実際の反応条件における中間体を考察することができる. 低温下の測定が典型的であり, 低温マトリクス中で光化学分解によりカルベンやナイトレンを発生させ, その赤外スペクトルが測定されている. また超強酸中でカルボカチオンの紫外スペクトルや NMR スペクトルを測定することにより多くの知見

[*4] chemically induced dynamic polarization の略号であり, ラジカルの電子スピンと核スピンの相互作用によって NMR の強度が異常に増大する現象. 溶液反応の進行中に NMR 吸収を測定することにより, ラジカルの生成とその構造を調べることができる.

が得られた．立体的に保護することによって，中間体の寿命をのばして，その挙動を調べるというアプローチも行われている．一方，短時間パルスレーザーを用いてナノ秒領域でカルボカチオンやラジカルなど種々の高活性中間体の紫外あるいは赤外スペクトルが観測されている．

1.6.3　中間体の非定常的発生

　中間体を実際の反応条件下で別の出発物から非定常的に（本来の反応におけるよりも大量に）発生させて調べる方法もある．エノールはケトンのNorrish II型反応といわれる光分解によって発生することができる［式(1.43)］．閃光光分解によって生成したエノールの反応挙動が調べられている[6]．

$$\text{(1.43)}$$

　イミドエステルは水溶液中で速やかに加水分解されてアミドとエステルを生成する［式(1.44)］．その生成比率は溶液のpHに依存し，酸性領域ではエステル，アルカリ性領域ではアミドが主生成物になる[7]．この反応挙動は，イミドエステルから速やかに生成した四面体中間体が，そのプロトン化状態によって2種類の生成物に分配されているとして合理的に説明できる．式(1.44)の反応を左から右にみれば，エステルのアミノリシスであり，この反応が四面体中間体を経て進み，律速段階がpHによって変化していることを示している．

$$\text{(1.44)}$$

1.6.4　擬　中　間　体

　中間体が単離できたり検出されたりするような場合でも，それが反応経路上の真の反応中間体であることを確かめることが必要である．往々にして，単離あるいは検出される"中間体"が真の反応中間体ではなく，主反応とは関係ない派生平衡として存在する化学種に過ぎないこともある（2.7.3節参照）．この

点を確かめるためには，単離された中間体を用いるか予想された中間体を別途に合成して，反応条件下で本来の反応と同等以上の速度で，それらから同一の生成物が得られることを確かめる必要がある．また後述するように，速度論的な研究によって律速段階の変化することが確かめられれば，中間体が存在することを証明したことになる（2.8節および7.7.2節参照）．

1.6.5 捕捉実験

反応中間体と反応しやすい反応剤を添加することによって，別の生成物に導き，その反応挙動から中間体の存在を考察することも可能である．この手法は捕捉（トラッピング trapping）実験といわれる．たとえば，アルケンの臭素付加において適当な求核種を添加すると対応する捕捉生成物が生じ，求核種によって捕捉可能な中間体の関与を示唆する．

$$CH_3CH=CHCH_3 \xrightarrow{Br_2} \underset{CH_3OH}{\overset{Br^-}{\longrightarrow}} \begin{array}{c} CH_3CH\text{-}CHCH_3 \\ (Br, Br) \\ CH_3CH\text{-}CHCH_3 \\ (Br, OCH_3) \end{array} \qquad (1.45)$$

ベンザインやシクロアルキンに対しては，反応性の高いジエンが捕捉剤となり Diels-Alder 付加物を生じる．カルベン生成系にアルケンを添加するとシクロプロパンが生成する．不安定なラジカル中間体はニトロソ化合物により安定なニトロキシドラジカルとして捕捉されるので，その生成を ESR で確認できる．この実験はスピントラッピング（spin trapping）とよばれる．

1.7 反応機構研究の展開

1.7.1 ケテンの付加環化反応

Staudinger がはじめてジフェニルケテンを合成し（1905 年），シクロペンタジエンとの付加環化反応を報告して（1920 年）以来，ケテンは高反応性の化合物として，また重要な中間体として有機化学で重要な位置を占めてきた．ケテンがジエンとの反応においても，よくみられるような [4+2]（Diels-Alder）反

1.7 反応機構研究の展開

応ではなく，式(1.46)のように[2+2]付加環化反応生成物を与えることは一見不思議に思われるが，1960年代に提案されたWoodward-Hoffmann則に基づき，軌道対称性許容の熱反応$[_\pi 2_s + _\pi 2_a]$付加環化の例として広く認められるようになった(3.5.1節参照).

(1.46)

しかし1980年代になって，反応が必ずしも完全には立体特異的ではなく，反応速度同位体効果の結果からも協奏的な反応には矛盾する点が徐々に明らかになってきた．そのことから式(1.46)に示すような双性イオンを中間体とする二段階反応機構が再認識され，置換基効果，溶媒効果，活性化パラメーターなども，この機構と矛盾しないことが考察されるようになった．それにもかかわらず，双性イオン中間体の存在を証明するような実験事実は見つかっていなかった．

その後，町口と山辺ら[8)]は理論的な予測に基づき，シクロペンタジエンとケテンのカルボニル結合の[4+2]付加環化と[3,3]シグマトロピー転位を経る反応機構[式(1.47)]を提案し，実際に低温NMR測定によって[4+2]付加環化中間体の生成と減衰を観測することに成功した．

(1.47)

長年活発に研究されながら80年にわたり二転三転してきた反応機構が，すぐれた有機化学的な洞察力に基づく理論と実験的研究の連携によって正しい結論に導かれたすばらしいケーススタディーの一例といえる．

1.7.2 オレフィンの酸触媒水和反応

アルケンは酸触媒によって可逆的に水和される．安定化されたカルボカチオンを生成する場合には，式(1.48)のように段階的に進行し，段階(1)が律速である．したがって，アルコールから出発して脱水反応を $H_2^{18}O$ 中で調べると，反応中に ^{18}O 同位体交換が起こる[式(1.49)].

$$H_3C\text{-}C(CH_3)\text{=}CH_2 \underset{(1)}{\overset{H_3O^+}{\rightleftharpoons}} (CH_3)_3C^+ \underset{(2)}{\overset{H_2O}{\rightleftharpoons}} (CH_3)_3C\text{-}\overset{+}{O}H_2 \underset{H_3O^+}{\overset{H_2O}{\rightleftharpoons}} (CH_3)_3C\text{-}OH \quad (1.48)$$

$$(CH_3)_3C\text{-}OH + H_2^{18}O \overset{H^+}{\rightleftharpoons} (CH_3)_3C\text{-}^{18}OH + H_2O \quad (1.49)$$

この水和反応は，ビニルエーテルやビニルスルフィドでも同様にプロトン化を律速として進むが，この場合にはアルコール生成物がヘミアセタール構造になるのでさらに分解して，全反応は式(1.50)のように加水分解になる．

$$CH_2\text{=}CHOR \underset{(1)}{\overset{HA}{\rightleftharpoons}} CH_3\text{-}\overset{+}{C}HOR \underset{(2)}{\overset{H_2O}{\longrightarrow}} CH_3\text{-}CH(OH)(OR) \longrightarrow CH_3CHO + ROH \quad (1.50)$$

このような反応において，段階(1)と(2)のエネルギー障壁の違いは数 kcal mol^{-1} に過ぎず，基質の構造の変化によって律速段階が段階(2)に移行する可能性があると考えられていた．実際に式(1.51)のような特殊な構造のエノールエーテル1の反応の速度測定から，酸触媒濃度による律速段階の変化が観測され，式(1.50)に相当するエノールエーテルの酸触媒加水分解機構における律速段階の変化が観測されたものであると報告された[9]．1970年代から1980年代に，このような反応機構の変化を示す別の例を探索する研究が精力的になされたが，ビニルエーテル類ではそのような例は全く見つからなかった．一方，エノールエーテル1の分解の律速段階の変化も当初説明されたように，ビニルエーテル部分の反応だけに基づくものではなく，アセタールの酸触媒加水分解と中間体のエノール2のケト化の二段階の反応として説明できることがわかった．すなわち，1の CD_3CN 溶液に $DCl\text{-}D_2O$ を添加して $^1H\ NMR$ で追跡すると，中間にエノール2のスペクトルが観測され，反応速度も二段階反応として解析できることがわかった[10]．

$$\text{1} + H_2O \xrightarrow{H^+} \text{OHC-(CH}_2\text{)}_6\text{-CHO} + MeOH \quad (1.51)$$

このように長年にわたる多くの研究にもかかわらず，ビニルエーテル（酸素置換オレフィン）を含むアルケン類の酸触媒水和は，プロトン化律速で進行するものと結論された．しかし，ジチオ誘導体（ケテンジチオアセタール）の反応［式 (1.52)］においては，反応速度測定から，反応条件によって律速段階が変化することが明らかになった[11]．この反応を重水 D_2O 中で行うと，式 (1.53) のように反応中に H/D 同位体交換が起こるはずであり，実際に反応溶液の ^1H NMR スペクトルで確かめられた[12]．加水分解反応が進行する前にオレフィン水素のシグナルが消失し，生成物は重水素化された $PhCD_2COSMe$ になることがわかった．

$$\begin{array}{c}\text{Ph}\\\text{H}\end{array}\!\!\!=\!\!\!\begin{array}{c}\text{SMe}\\\text{SMe}\end{array} \underset{k_{-1}[A^-]}{\overset{k_1[HA]}{\rightleftharpoons}} PhCH_2-\overset{+}{C}\begin{array}{c}\text{SMe}\\\text{SMe}\end{array} \xrightarrow[k_2]{H_2O} PhCH_2-\overset{OH}{\underset{SMe}{C}}\text{-SMe} \quad (1.52)$$

$$\longrightarrow PhCH_2COSMe + MeSH$$

$$\begin{array}{c}\text{Ph}\\\text{H}\end{array}\!\!\!=\!\!\!\begin{array}{c}\text{SMe}\\\text{SMe}\end{array} + D_2O \underset{-D^+}{\overset{D^+}{\rightleftharpoons}} \begin{array}{c}\text{Ph}\\\text{D}\end{array}\!\!-\!\!\overset{+}{C}\begin{array}{c}\text{SMe}\\\text{SMe}\end{array} \xrightarrow{-H^+} \begin{array}{c}\text{Ph}\\\text{D}\end{array}\!\!\!=\!\!\!\begin{array}{c}\text{SMe}\\\text{SMe}\end{array} + HOD \quad (1.53)$$

この反応系に捕捉剤としてチオール RSH を添加すると，反応が加速されるとともにトリチオオルトエステル $PhCH_2C(SMe)_2(SR)$ が生成する．すなわち，中間体カチオンの分解段階が律速に関与しており，このカチオンが捕捉できる．

さらに中間体のジチオカルボカチオンを別途に塩として単離し，水溶液中で分解生成物を調べると，ジチオアルケンとチオエステルが約 3/1 の比率で生成しており，式 (1.52) の速度定数比 k_{-1}/k_2 に相当していることがわかる．

引 用 文 献

1) G. L. Closs and S. H. Goh, *J. Chem. Soc., Perkin Trans. II*, **1972**, 1473 ; R. Tewfik, F. M. Fouad and P. G. Farrell, *J. Chem. Soc., Perkin Trans. 2*, **1974**, 31.
2) J. F. Bunnett and M. M. Rauhut, *J. Org. Chem.*, 21, 934, 944 (1956).
3) M. Fujita, Y. Sakanishi and T. Okuyama, *J. Am. Chem. Soc.*, 122, 8787 (2000).
4) E. Grovenstein and G. Wentworth, *J. Am. Chem. Soc.*, 89, 1852, 2348 (1967).
5) S. Winstein and H. J. Lucas, *J. Am. Chem. Soc.*, 61, 1581 (1930).
6) J. R. Keefe and A. J. Kresge, The Chemistry of Enols, Z. Rappoport, ed., John Wiley & Sons (1990), Chapt. 7.
7) T. Okuyama, D. J. Sahn and G. L. Schmir, *J. Am. Chem. Soc.*, 95, 2345 (1973) and papers cited therein.
8) 町口孝久, 山辺信一, 有機合成化学協会誌, 55, 72 (1997) ; T. Machiguchi, T. Hasegawa, A. Ishiwata, S. Terashima, S. Yamabe and T. Minato, *J. Am. Chem. Soc.*, 121, 4771 (1999).
9) J. D. Cooper, V. P. Vitullo and D. L. Whalen, *J. Am. Chem. Soc.*, 93, 6294 (1971).
10) R. A. Burt, Y. Chiang, W. K. Chwang, A. J. Kresge, T. Okuyama, Y. S. Tang and Y. Yin, *J. Am. Chem. Soc.*, 109, 3787 (1987).
11) T. Okuyama, *Acc. Chem. Res.*, 19, 370 (1986).
12) T. Okuyama and T. Fueno, *J. Am. Chem. Soc.*, 102, 6590 (1980).

2

反応のエネルギーと反応速度

　本章では，化学反応がどのように制御されているか，エネルギーの立場からながめ，そこから出てくる化学反応論の基本的概念について説明するとともに，反応のエネルギーと反応速度の関係について解説する．さらに溶液反応の速度則と反応機構についても述べる．

2.1　ポテンシャルエネルギー

2.1.1　二原子系のポテンシャルエネルギー

　化学反応の道筋は主として反応系のポテンシャルエネルギー (potential energy) によって支配されている．二原子系のポテンシャルエネルギーは，両原子間の相互作用エネルギーに相当し，原子間距離 r の関数として図 2.1 のような曲線で表される．この曲線を近似的に式 (2.1) で表したものは，Lennard-Jones の 6-12 ポテンシャルといわれる．r の 12 乗に逆比例する項は近距離に

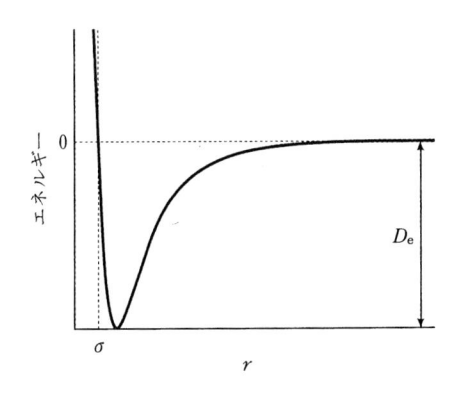

図 2.1　Lennard-Jones ポテンシャルエネルギー曲線

おける障害斥力を表し，6乗に逆比例する項は van der Waals 引力 (3.1 節参照) に相当する．

$$V(r) = 4D_e\left[\left(\frac{\sigma}{r}\right)^{12} - \left(\frac{\sigma}{r}\right)^{6}\right] \tag{2.1}$$

D_e は古典的な結合解離エネルギーに相当し，エネルギー極小点に相当する平衡結合距離は $r_e = 2^{1/6}\sigma$ である．

この曲線は，気相における二原子分子のホモリシスあるいは逆反応としての結合形成のポテンシャルエネルギーを表している．多原子分子の特定の結合の伸縮と切断も同じような曲線で表すことができる．ただ，構造変化は一つの結合の長さにとどまらないので，もっと複雑な関数になるはずである．しかし，主な成分を使って近似することはできる．たとえば，H_3CCl の C-Cl 結合のホモリシスを考えると，そのポテンシャルエネルギーは C-Cl 結合距離の関数として図 2.1 のような曲線で表されよう．しかし，結合の切断とともにメチル基の構造も変化してくるはずであり，横軸の座標は単純に結合距離では表せないので，反応座標と表現すればよい．反応座標 (reaction coordinate) は反応の進行度を表すものである．

2.1.2　ポテンシャルエネルギー面とエネルギー断面図

このように多原子系においては，自由度が大きくなりポテンシャルエネルギーは多次元の曲面として表現されるはずである．しかしながら，われわれには四次元以上の曲面をイメージすることが難しいので，主要な要素に注目して定性的に表現し化学的なイメージ (描像) をとらえやすくする．化学反応としてもっと現実的で簡単な系は，三原子反応 A+BC → AB+C であるが，この場合でも四次元の超曲面になる．この反応が直線上で起こるとすれば，A-B と B-C 間距離の関数として，図 2.2(a) のようなポテンシャルエネルギー面になる．等エネルギー線図で表すと (b) のようになる．反応は，このポテンシャルエネルギー面上でエネルギーの低い道筋を通って，図中の実線のように進行する．この道筋に沿った断面図は図 2.3 のようになる．このエネルギー断面図 (energy profile) の横軸は反応座標である．そのエネルギー極大点は遷移状態 (transition state) TS といわれ，ポテンシャルエネルギー面上では鞍部

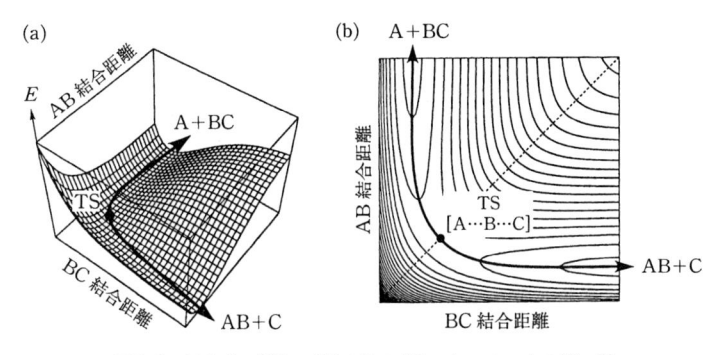

図2.2 反応 A+BC → AB+C のポテンシャルエネルギー面
[文献1, 図5.5]

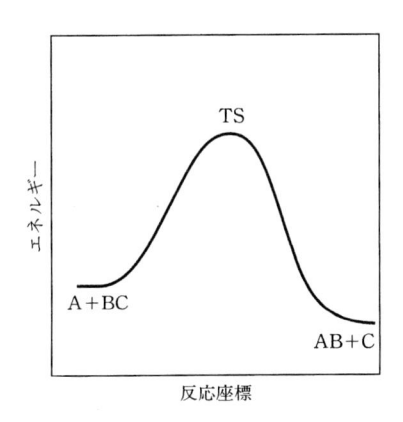

図2.3 エネルギー断面図

(saddle point) にあたる．すなわち，TS は反応座標に沿ってみれば極大点になるが，その他のいかなる方向に対しても極小点になっている．たとえば，対角線方向（図2.2(b)の点線）のエネルギー断面図は図2.4に示すようになる．

A+BC → AB+C 型の反応は，有機反応ではグループ移動反応としていろいろの例がある．水素移動やラジカル引抜き反応あるいは S_N2 反応がその例である．このようなグループ移動反応においては，まず二つの基質が衝突して前駆錯体をつくり，そのなかで結合組換えを起こして生成物錯体に変換され，そして解離すると考えられる．

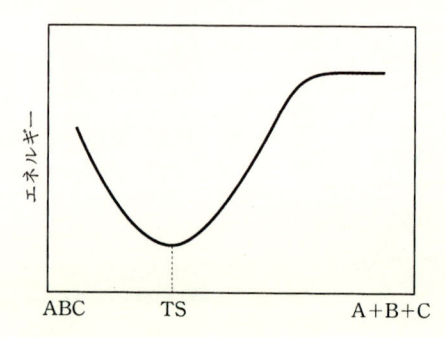

図 2.4 図 2.2 (b) のポテンシャルエネルギー面の破線沿いの断面図

$$X\text{-}S+Y \rightleftarrows X\text{-}S\cdot Y \rightleftarrows [X\cdots S\cdots Y]^{\ddagger} \rightleftarrows X\cdot S\text{-}Y \rightleftarrows X+S\text{-}Y \qquad (2.2)$$

　　　　　　　　前駆錯体　　　遷移状態　　　生成物錯体

　最初と最後の過程は並進運動に相当するが，前駆錯体中での結合組換えは振動のポテンシャルエネルギーとして表すことができる．式 (2.2) の反応において直線状の $X\cdots S\cdots Y$ を考え，X-Y 距離を固定して X-S と S-Y の振動のポテンシャルエネルギー曲線を重ね合わせると図 2.5 のようになる．それぞれの振動ポテンシャルエネルギー曲線は図 2.1 のものと同じようなものである．両曲線の交点が極大点となり，反応の遷移状態 $[X\cdots S\cdots Y]^{\ddagger}$ に相当する．Y が XS に近づくと XS のポテンシャルは影響を受けるし，SY の振動も X が近くにあると影響を受ける．したがって，この結合組換えのポテンシャルエネルギー曲線は図 2.6 のように描き直せる．結合組換えの過程を，錯体内の反応として X-Y 距離を一定にして，直線状分子の振動ポテンシャルとして表したが，反応が進むにつれて X と SY は離れていく（並進運動が関与してくる）ので，図 2.7 のようなポテンシャルエネルギー図が得られる．この図は，前駆錯体と生成物錯体を考えなければ，図 2.3 のエネルギー断面図と同じようになる．

2.1.3 反 応 地 図

　三次元のポテンシャルエネルギー面は地形図にも見立てられ，図 2.2 (b) のような等エネルギー線図を反応地図 (reaction map) ということもある．このような反応地図は，反応中に変化を起こす二つの結合に注目して，近似的にそ

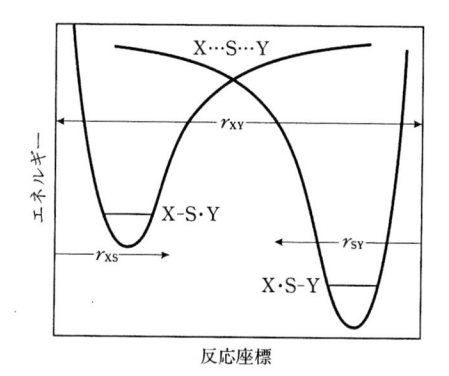

図 2.5 交差モデルによるポテンシャルエネルギー曲線

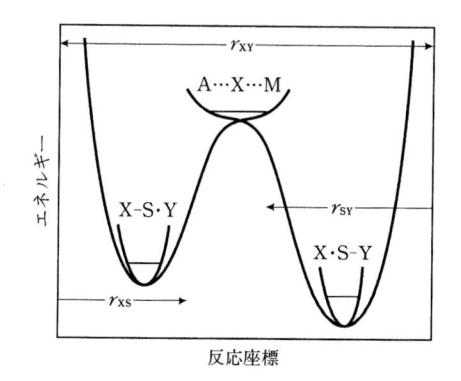

図 2.6 錯体内における組合組換えのポテンシャルエネルギー曲線

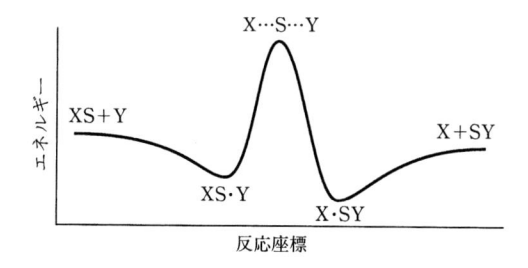

図 2.7 反応 (2.2) のポテンシャルエネルギー曲線

の二つの結合変化を反応座標として等エネルギー線図でポテンシャルエネルギーを表している．その結合変化を結合距離ではなく，結合次数で表すと，反

応地図は正方形の中におさまる．その一例として脱離反応の三次元ポテンシャルエネルギー面とその等エネルギー線図としての反応地図を図 2.8 に示す．反応に関与する結合の結合次数を反応座標とする図 2.8(b) のような正方形の反応地図を More O'Ferrall 反応座標図[*1]といい，反応の遷移状態における結合状態を表現して考察するために使われる．

図 2.8 は次の脱離反応の反応地図であり，開裂する二つの結合 C-H と C-X の結合次数を反応座標に用いて縦軸と横軸にとっている．

$$B^- \curvearrowright H \quad \text{C-C} \longrightarrow BH + \text{C=C} + X^- \quad (2.3)$$

左下の反応原系から対角線上の谷間を通って右上の生成系にいたる反応経路は二つの結合切断が同時に起こっており，E2 脱離反応の進行を示している．右下と左上の角は，それぞれカルボカチオンとカルボアニオン中間体に相当する．図の周囲の線上を通る反応は，C-X 結合と C-H 結合の切断が段階的に起こることを示しており，E1 反応と E1cB 反応機構に対応する．正方形の内部

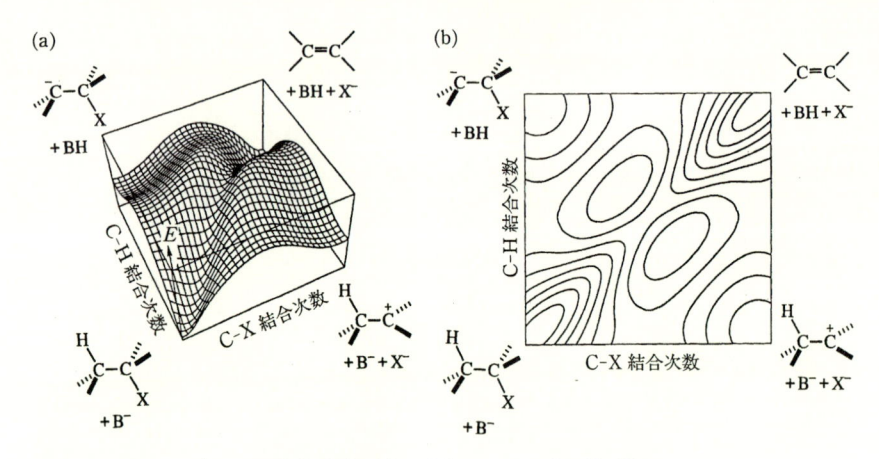

図 2.8 脱離反応のポテンシャルエネルギー面
文献 1 の図 5.8 をもとに改変．

[*1] More O'Ferrall 反応座標図は，More O'Ferrall-Jencks 図 (diagram) といわれることも多いが，Rory More O'Ferrall (ダブリン大学) が脱離反応の遷移状態を考察するために初めて用いた (*J. Chem. Soc. B*, **1970**, 274)，ついで生物有機化学の大御所である W. P. Jencks が酸塩基触媒反応の説明に適用して解説した (*Chem. Rev.*, **72**, 705 (1972))．本書では，現役化学者のオリジナリティーに敬意を表して More O'Ferrall 反応座標図とした．

の各点は，C-H と C-X 結合の切断の程度を表すことになり，E2 反応でも対角線上から外れて遷移状態がよりカチオン的である（右下に偏っている）とか，アニオン的である（左上に偏っている）というような考察ができる．このような見方については 9.4 節で詳しく説明する．

2.2 BEP モデル

2.2.1 交差モデル

2.1.2 項で述べたように反応のポテンシャルエネルギー曲線が反応物と生成物のポテンシャルエネルギー曲線の重ね合わせで表現できるという考え方は，Bell-Evans-Polanyi の交差モデル（BEP モデル）ともよばれる．結合振動のポテンシャルエネルギーをもっと単純化して（調和振動子として）放物線で近似し，BEP モデルを表すと図 2.9(a) のようになる．このモデルに基づいて，生成系（あるいは反応原系）のエネルギーが変化したとき遷移状態がどのような影響を受けるか，考察しよう．

図 2.9(b) のように，生成系のエネルギーが P_1 から P_2 に低下したとすると，遷移状態のエネルギーもそれに応じて低くなると予想される．このとき生成系のポテンシャルエネルギー曲線が変化しないで平行移動するだけであるとすると，エネルギー変化量 $\delta \Delta E°$ と $\delta \Delta E^{\ddagger}$ の間には近似的に式 (2.4) の関係が成り立つ．ここで S_R と S_P は，それぞれ交点（遷移状態）における二つの曲線の傾きの絶対値である．

$$\delta \Delta E^{\ddagger} = \left[\frac{S_R}{S_R + S_P}\right] \delta \Delta E° \tag{2.4}$$

この式は，反応の発熱量が大きくなる（生成系が安定になる）に従って活性化エネルギーが小さくなることを示している．これを BEP 原理という．

2.2.2 Hammond の仮説

図 2.9(b) の関係を別の角度からみると，生成物 P のエネルギーが下がることによって，遷移状態 TS が反応原系 R の方に移動していることに気づく．もっと一般的にみると，TS は R と P のうちエネルギー的により高い状態に

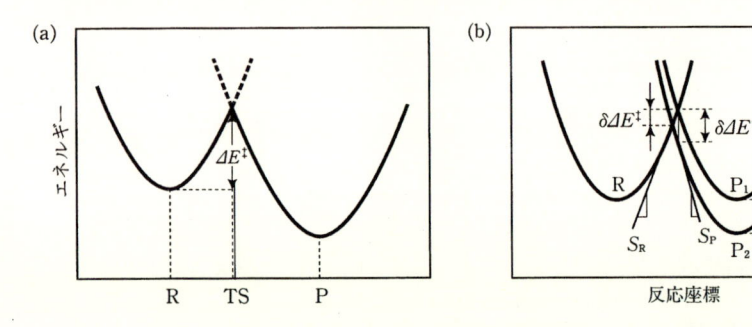

図 2.9 Bell-Evans-Polanyi モデル(a)と活性化エネルギーの変化(b)

近いといえる.このような見方は Hammond の仮説 (Hammond postulate)[*2] として知られている[2)].すなわち,遷移状態は,発熱反応 ($\Delta E<0$) においては反応原系に,吸熱反応 ($\Delta E>0$) においては生成系に近い状態にあるといえる.

以上のような考え方は,遷移状態が反応原系と生成系の性質を合わせもっているという考えに基づいている.Leffler[3)] は,反応系の摂動による TS のエネルギー $G^{\ddagger}$ の変化が R と P のエネルギー,G_P と G_R,の変化の加重平均として表せるとして,Gibbs 自由エネルギー(単に Gibbs エネルギーあるいは自由エネルギーともいう)で式(2.5)のように表した.

$$\delta G^{\ddagger} = \alpha \delta G_P + (1-\alpha) \delta G_R \tag{2.5}$$

このとき δ は摂動による微小変化を表し,α は反応座標上の TS の位置を示す指標と解釈できる.反応のエネルギー変化は $\Delta G° = G_P - G_R$,活性化エネルギー $\Delta G^{\ddagger} = G^{\ddagger} - G_R$ であるから,式(2.6)の関係が導かれる.

$$\delta \Delta G^{\ddagger} = \alpha \delta \Delta G° \tag{2.6}$$

このように導かれた関係は Leffler の式ともいわれるが,BEP 原理から得られた式(2.4)と同じ形になっていることに注目しよう.式(2.6)からわかるように,α は $\Delta G°$ の変化に対する $\Delta G^{\ddagger}$ の変化の割合を表す数値であり,遷移状態が生成系に似ている度合いを表すパラメーターとして $0\sim1$ の値をとる.式(2.6)は,生成系を安定化するような摂動を加えると一定の割合(α)で遷移状

[*2] Hammond の原報[2)] では,「二つの状態,たとえば遷移状態と不安定中間体が反応過程で連続して存在し,それらのエネルギー量が非常に似ていれば,この二つの状態間での分子構造の変化は小さい」と述べている.

態も安定化されることを意味している.これは Hammond の仮説で述べていることと同じであり,平衡定数の大きな(より発熱的な)反応の速度定数は大きく,その遷移状態は反応原系に近いという一般則が生まれる.この考え方は,拡張 Hammond の仮説あるいは Leffler-Hammond の原理といわれる.

式 (2.6) の関係は,後述するように,平衡定数と反応速度の関係式 $\log k =$

コラム　反応性-選択性の原理

反応性-選択性の原理 (reactivity-selectivity principle, RSP) は反応性の高い反応物ほど反応選択性が低いという一般概念を指す.穏やかに反応する反応剤を選ぶことで高い生成物選択性を得ようとする工夫は,RSP に基づいている.

選択性は比較している二つの反応の活性化エネルギーの差に由来するものであり,活性化エネルギーの絶対値とは無関係である.言い換えれば,反応剤の反応性の高い,低いにかかわらず,遷移状態のエネルギー差(場合によっては主生成物と副生物の安定性の差)によって選択性が決定されるはずである.しかしながら,現実に多くの反応で RSP の現象が見いだされている.それらの RSP の原因は,一体何なのだろうか.

多くの RSP は遷移状態構造の変化を通して発現していると考えられている.すなわち,Hammond の仮説にしたがって,より活性化エネルギーの小さい(速い)反応は早期遷移状態を経て進行し,そのために反応基質の反応性の違いが小さくしか反映されないのである.速度の大きい反応ほど Brønsted α 値や Hammett ρ 値が小さくなるという例は枚挙にいとまがない.

RSP は飽和の現象によっても引き起こされる.たとえば,ジフェニルメチルカチオンを生成する加溶媒分解反応において,第一の置換基に関する Hammett プロットは,第二の置換基がカチオンを安定化するほど,小さな ρ 値を与えることが知られている.この現象は,第二の置換基によって遷移状態の位置が変化したと考えるよりは,第二の置換基による電荷の分散,安定化が第一の置換基の効果を小さくしたと考えるのが妥当である.安定化に関する飽和現象は,水素結合や共役など安定化に大きな構造変化を伴う場合に顕著に現れる.メタン,ニトロメタン,ジニトロメタン,トリニトロメタンの pK_a の傾向などはその代表的な例である(表 5.14).ベンジルカチオンやジフェニルメチルカチオンの例にも,共役安定化が大きく寄与していると考えられる.

RSP の現象は一般に広く認められているが,RSP に従わない例も多く,逆 Hammond 効果や固有エネルギー障壁 (10.2 節 Marcus 理論参照) の効果などが関係していると考えられる.また,反応座標軸としての溶媒和も重要であろう.さらに検討が必要な研究課題である.

$a \log K + C$ と等価であり，直線自由エネルギー関係 (7.3 節 Hammett 則および 8.6 節 Brønsted 則参照) の経験則の理論的根拠になっている．

2.2.3 逆 Hammond 効果

ここまで単純な三中心反応を考えて，反応座標に沿ったエネルギー変化が遷移状態にどのような影響を及ぼすかについてみてきた．プロトン移動のような反応にはこの考え方が適用できるが，S_N2 反応のようなグループ移動反応 (アルキル基が脱離基から求核種へ移動する反応) では，三中心の両端だけでなく中心となる (移動する) グループの変化を考える必要がある．この中心のグループの構造変化は反応座標に直交する方向のエネルギーにも摂動を与える．このような効果を直交効果 (perpendicular effect) といい，逆 Hammond 効果 (anti-Hammond effect) ともいう．これは反応座標に沿った摂動の効果 (平行

コラム　Thornton 則

Hammond の仮説や反応地図では，生成物や仮想的な中間体の安定性の変化から遷移状態構造の変化について考察したが，Thornton は遷移状態におけるエネルギー摂動からその構造変化を推定した[4]．簡単な例として，反応(1)を考えよう．この反応の反応経路は，図 2.2 (b) の反応地図で表した．

$$A + BC \rightarrow [A \cdots B \cdots C]^\ddagger \rightarrow AB + C \tag{1}$$

$\quad\quad\quad\quad\quad \rightarrow \cdot \leftarrow \quad\quad$ (a)

$\quad\quad\quad\quad\quad \rightarrow \leftarrow \rightarrow \quad\quad$ (b)

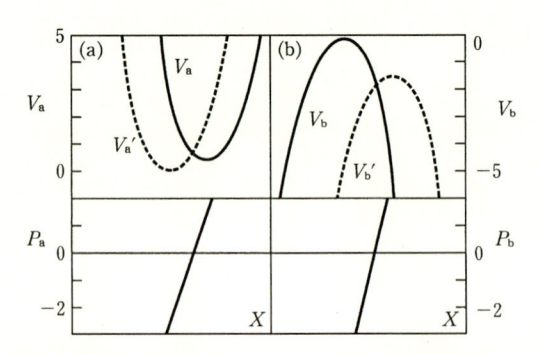

図　放物線で近似したポテンシャル V に対する摂動 P の効果
(a) 振動の力定数が正の場合，(b) 振動の力定数が負の場合．[文献 4]

効果 parallel effect) を Hammond 効果というからである.

　直交効果は,図 2.2(b) の対角線上のエネルギー断面図 (図 2.4) に基づいて考えるとよい.この断面図では,遷移状態がエネルギー極小値になっているので,エネルギーが低下するような摂動を受けるとその方向に遷移状態 (極小点) が移動することになる.これは反応座標に沿った摂動が,逆方向に遷移状態を移動させたのと対照的であり,逆 Hammond 効果といわれるのである.このように遷移状態の変化を二次元的に考えるためには反応地図を用いるのが便利である (9.4.1 節参照).

　反応のポテンシャルエネルギーの摂動,すなわち反応物の構造変化が遷移状態の構造とエネルギーに及ぼす影響を予測することは,反応機構研究の重要な課題の一つである.Thornton は,Hammond 効果と逆 Hammond 効果が遷移状態にどのような影響を及ぼすかを,別のアプローチから考察した[4].その

反応中,角度 ABC が 180° に保たれているとすると,遷移状態の構造変化の自由度は二つ,反応座標に沿った方向 (b) とそれに直交する方向 (a) がある.a, b はそれぞれ式 (1) に示した A, B, C の動き (a) と (b) に対応する.いま,分子の振動エネルギー V をその平衡構造からのずれ X に対する二次関数 $V=(1/2)kX^2$ で近似し,反応物の構造変化によって導入される摂動 P を直線 $P=mX+c$ で表すものとする.ただし,k は振動の力定数,m は加えた摂動の大きさである.

　これらの関係から,摂動後のエネルギー V' は $V'=(1/2)kX^2+mX+c$ となり,そのときの平衡核配置は $X=-m/k$ で与えられる.図はその様子を示したものであり,(a) は力定数 k が正の場合,(b) は k が負の場合である.(a) では,$m>0$ の摂動が加わると,もとのポテンシャルエネルギー V_a は V_a' のようになり,平衡位置は X が負の方に移動する.一方,(b) では同じ摂動によって平衡位置は X の正の方に移動する.また,V' の式からわかるように,もとのポテンシャルの力定数が大きいほど平衡位置の移動の程度は小さい.以上から,Thornton 則として次のように予測できる.(1) 反応座標に直交した方向に摂動が加わると,遷移状態は安定化を受けた方に移動する.(2) 反応座標に沿って摂動が加わると,遷移状態は安定化を受けたのとは逆の方に移動する.また,その移動の程度は大きい.遷移状態は,反応座標の方向に負の力定数の自由度をもっており,その力定数の大きさは通常小さいからである.

　(2) で示した遷移状態の動きは Leffler-Hammond の原理による予測と同じであり,Hammond 効果を表している.一方,(1) の動きは逆 Hammond 効果を表現したものであり,Thornton 効果ともよばれる.

考え方は Thornton 則として別に解説する (32 ページ下のコラム参照).

2.3 平衡と反応速度

2.3.1 反応の可逆性

　これまで, 反応原系から生成系に至る過程として反応を考えてきたが, 2.1 節でみたポテンシャルエネルギー図からもわかるように, この過程は生成系から原系へ逆にたどることもできる. しかも, 反応がポテンシャルエネルギー面の最も有利な道筋を通って進むことを考えると, 逆反応も全く同じエネルギー的に有利な道筋を逆にたどるはずである. このように, 反応は本質的に可逆であり, 正反応と逆反応は同じ機構で進行する. このことは化学反応に一般的にあてはまり, 微視的可逆性 (microscopic reversibility) の原理といわれる. したがって, 正逆反応の遷移状態は同一であり, 反応機構は正方向からみても逆方向からみても合理的でなければならない. このことは触媒反応にもあてはまり, ある反応の触媒は逆反応に対しても触媒作用をもつはずである. たとえば, 水素化触媒が脱水素の触媒となり, 加水分解酵素が合成酵素にもなることは, 正逆反応の遷移状態が同一であるということに基づいている.

　一方で, 現実には多くの反応が不可逆であると考えられている. 反応の Gibbs 自由エネルギー変化が $\Delta G°<0$ (このような反応を発エルゴン反応 (exergonic reaction) といい, $\Delta G°>0$ の反応を吸エルゴン反応 (endergonic reaction) という) の場合には, 生成系が安定であるだけ逆反応の活性化エネルギー ($\Delta G^{\ddagger}_r = \Delta G^{\ddagger} - \Delta G°$) は大きくなり, 逆反応は起こりにくくなる. 言い換えれば, 平衡定数が十分大きければ, 実質的に反応は一方向に進むと考えていいが, 反応のエネルギー変化と平衡定数の関係は指数関数になっている [式 (2.13) 参照] ので, たとえば室温では $\Delta G° = -12 \, \text{kJ mol}^{-1}$ 程度で K は 100 になり, 反応は一方向に偏っているといえる. 溶液反応では, 生成物の一部が不溶性のために析出したり, 揮発して系から除かれると, 平衡がずれて反応は一方向に進み完結することになる.

2.3.2 速度支配と熱力学支配

有機反応においては，生成物が2種類以上になることも多い．すなわち，反応経路が2種類以上あり，それらが競争的に起こる場合がある．このような場合 [反応 (2.7)] に反応が不可逆であれば，生成物比 $[P_1]/[P_2]$ はそれぞれの速度比 k_1/k_2 に等しく，活性化自由エネルギーの差 $\delta\Delta G^{\ddagger}$ (図 2.10) で決まる．すなわち，生成物比(反応選択性)は速度支配(kinetic control)である．

$$S \begin{array}{c} \xrightarrow{k_1} P_1 \\ \xrightarrow{k_2} P_2 \end{array} \tag{2.7}$$

しかしながら，少しでも逆反応が起こるような反応系では，反応温度が高く十分な反応時間を経過すると，生成物比は活性化エネルギーとは関係なくなり，生成物の安定性の差 $\delta\Delta G^{\circ}$ によってその比率が決まってくる．すなわち，生成物比は熱力学支配(thermodynamic control，平衡支配 equilibrium control ともいう)になる．安定性の差 $\delta\Delta G^{\circ}$ 分だけ逆反応の速度が小さくなり，安定な生成物はもとにもどらないので，だんだんたまってくることになる．

このように速度支配と熱力学支配で生成物比が変化するような反応例として，1,3-ブタジエンの1,2付加と1,4付加がよく知られている．HCl や Br_2 の求電子付加において，低温で短時間反応すると速度支配の1,2付加体が主生成物になるが，反応温度を上げるとより安定な1,4付加体が主生成物になる．

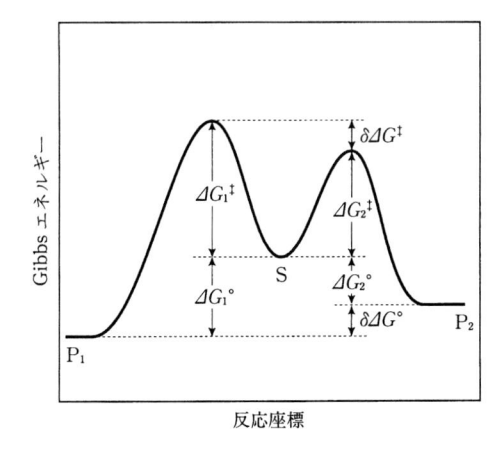

図 2.10 反応選択性と反応のエネルギー

コラム 安定性

「安定性(stability)」は元来熱力学的な性質を表す用語であり，標準Gibbsエネルギー差で定量的に表される．ある化学種Aとその異性体Bの安定性は，反応 A→B(反応は仮想的なものでもよい)の $\Delta G°$ によって判定される． $\Delta G°>0$ であればAはBより安定であり， $\Delta G°<0$ であればBのほうが安定である．安定かどうかは常に相対的なものであり，基準と比べて言及する必要がある．たとえば，二つの反応 P→X+Y($\Delta G_1°$) と Q→X+Z($\Delta G_2°$) の標準Gibbsエネルギー変化が $\Delta G_1°>\Delta G_2°$ であるとき，「Yを基準としたPの安定性はZを基準としたQの安定性よりも大きい」としかいえない．

二つの状態のGibbsエネルギー差 $\Delta G°$ に基づいて「安定性」を述べるときには，同じ基準物質に基づいてisodesmic reaction を用いるのが適当である．isodesmic reactionは，次の例のように反応によって切断される結合と生成する結合の種類が同一であるような反応をいう．

$$PhCOOH + ArCOO^- \rightarrow PhCOO^- + ArCOOH$$
$$RCH_2^+ + CH_4 \rightarrow RCH_3 + CH_3^+$$

このような反応のエネルギーを理論的に計算することにより，種々の分子種の安定性が考察されている．

ある化合物が空気中でも安定であるとか，暗所で安定であるというようないい方をすることがよくあるが，これは速度論的な観点から反応性がない，あるいは反応性が低いことを意味しているに過ぎない．立体障害などを利用して高反応性の化学種を「速度論的に安定化する」という表現もある．この表現と本来の熱力学的安定性は注意深く区別して使わなければならない．

「熱力学的安定性」と「速度論的安定性」を反応中間体についてみると，Gibbsエネルギー図において $\Delta G°$ が小さいことが前者に相当し，後者は $\Delta G°$ の大きさに関係なく中間体の両側のエネルギー障壁($\Delta G^\ddagger$)が高いことに相当する．

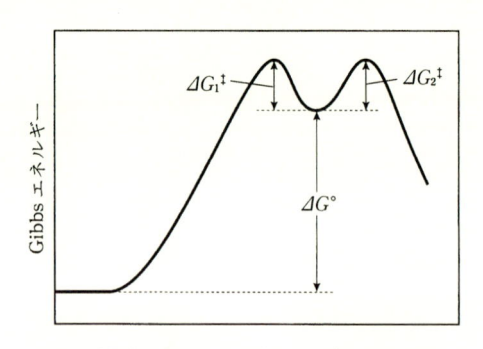

図 中間体の熱力学的安定性と速度論的安定性

2.3 平衡と反応速度

また，芳香族化合物のFriedel-Craftsアルキル化やスルホン化も可逆であり，たとえばトルエンをLewis酸存在下にアルキル化すると，反応初期にはオルトとパラ置換体が生成してくるが，長時間反応を続けるとメタ異性体の比率が増大してくる．

エノラートイオンの生成においても，反応条件によって速度支配と熱力学支配を制御することができる．速度支配の生成物は，立体障害の小さい，置換基の少ないエノラートであり，強塩基を過剰に用いて，非プロトン性溶媒中で，低温で，定量的に反応させたときに得られる．プロトン性溶媒や過剰のケトンはプロトン化-脱プロトン化の平衡を促進するので，熱力学支配の条件になりやすい．次のような例がある．

速度支配 99 1
LDA, DME, 0 ℃

熱力学支配 22 78
Et₃N, DMF

(2.8)

速度支配 100 0 0
LDA, THF, −78 ℃

熱力学支配 42 46 12
KH, THF, 20 ℃

(2.9)

2.3.3 Curtin-Hammettの原理

前節において，生成物の間で平衡が成立する場合を考察したが，反応原系において速い平衡関係が成立する場合にはどのような問題が生じるだろうか．たとえば，2-ブロモブタンのアンチ脱離によってtrans-およびcis-2-ブテンが生成する場合，反応物の二つの立体配座の存在比は生成物比にどのように影響するだろうか．

(2.10)

反応物の異性体 S_1 と S_2 が速い平衡状態にあり，それぞれの異性体から生成物 P_1 と P_2 が生じるものとして，Gibbs 自由エネルギー変化と生成物比の関係を考えてみよう．

$$P_1 \xleftarrow{k_1} S_1 \xrightleftharpoons{K} S_2 \xrightarrow{k_2} P_2 \tag{2.11}$$

この反応のエネルギー変化は，図 2.11 のように表すことができる．このとき，平衡定数 K は式 (2.12) で表すことができ，反応速度は $d[P_1]/dt = k_1[S_1]$，$d[P_2]/dt = k_2[S_2]$ となるので，生成物比 P_1/P_2 は速度比で式 (2.13) のように表すことができる．

$$K = \frac{[S_2]}{[S_1]} = e^{-\Delta G^\circ/RT} \tag{2.12}$$

$$\begin{aligned}\frac{P_1}{P_2} &= \frac{k_1[S_1]}{k_2[S_2]} = \frac{k_1}{Kk_2} \\ &= e^{-(\Delta G_1^\ddagger - \Delta G^\circ - \Delta G_2^\ddagger)/RT} \\ &= e^{-\delta\Delta G^\ddagger/RT}\end{aligned} \tag{2.13}$$

このように生成物比 P_1/P_2 は遷移状態のエネルギー差 $\delta\Delta G^\ddagger$ だけに依存することがわかる．この関係は S_1 と S_2 の変換のエネルギー障壁が P_1 と P_2 生成の障壁 (遷移状態エネルギー) よりも十分低いときに一般的に成立する関係であり，Curtin-Hammett の原理とよばれている．これは反応の進行中常に S_1 と S_2 の平衡が保たれていることに基づいており，エネルギーの観点から考えれば当

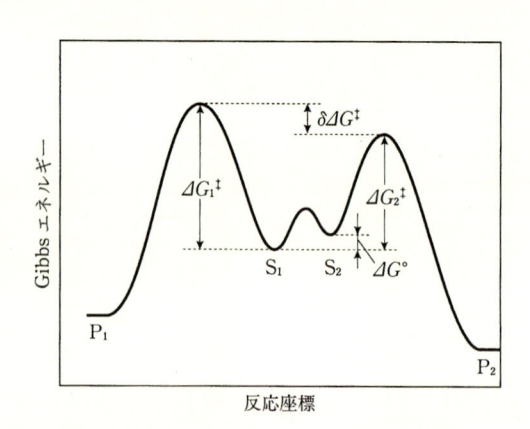

図 2.11 速い平衡状態にある反応物異性体から特異的に生成物を生じる反応系 [式 (2.11)] の自由エネルギー関係

然の帰結である．より安定な S_1 を出発物質と考え，S_2 を中間体とする P_2 生成反応と P_1 の生成反応の速度支配における生成物比を表していると考えてもよい．

2.4 遷移状態理論と反応速度

ポテンシャルエネルギーの考察から展開されてきた考え方は，自由エネルギーの観点からも成立すると考えられる．反応における自由エネルギー変化は，図 2.3 と同じように図 2.12 のような自由エネルギー断面図として書ける．生成系と反応原系とのエネルギー差 $\Delta G°$ は，反応の標準自由エネルギー変化に相当し，反応の平衡定数 K は式 (2.15) で表される．

$$K = e^{-\Delta G°/RT} \tag{2.14}$$

一方，遷移状態と反応原系とのエネルギー差 $\Delta G^{\ddagger}$ は，活性化自由エネルギーに相当する．すなわち，反応物が遷移状態 TS を経て生成物になるという反応モデルで，式 (2.15) のように反応が進むと考えられる．

$$A + B \overset{K^{\ddagger}}{\rightleftarrows} TS \rightarrow product \tag{2.15}$$

このような反応モデルに基づいて，絶対反応速度を求める理論が 1935 年に Eyring および Evans と Polanyi によって提案されている[5]．いわゆる遷移状

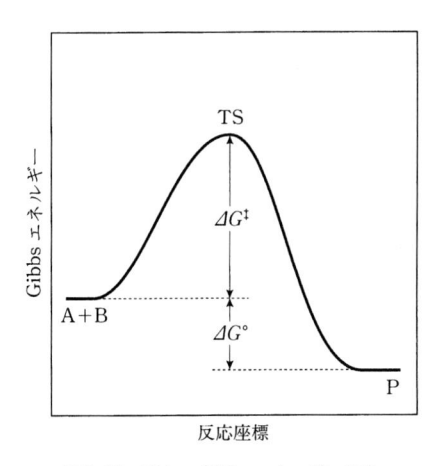

図 2.12 反応の Gibbs エネルギー変化

態理論 (transition state theory) であり，統計力学的に導かれたものである．この理論では，反応中の各分子種は熱平衡にあり，反応物と遷移状態（この状態にある原子集団を活性錯合体という）は擬平衡にある（可逆である）が遷移状態から生成物に至る過程は不可逆であり，遷移状態を越えた分子種は反応原系にもどることはないと仮定している．また，遷移状態において反応座標に沿う運動は他の運動と分離することができ，古典的な並進運動として取り扱えるものとして，統計力学の関係式を導いている．その結果は，分配関数などの代わりに平衡定数 $K^{\ddagger}$ を用いて表すと有用な熱力学関係式に変換できる．すなわち，速度定数 k は式 (2.16) のようになる．

$$k=\left(\frac{k_\mathrm{B}T}{h}\right)K^{\ddagger} \tag{2.16}$$

ここで k_B は Boltzmann 定数，h は Planck 定数であり，300 K では $k_\mathrm{B}T/h=10^{12.8}\,\mathrm{s}^{-1}$ である．もともとこの式には透過係数という経験的パラメーターが含まれているが，ほとんどの場合1と仮定されるので簡単のために省略した．

活性化 Gibbs 自由エネルギー $\Delta G^{\ddagger}$ を使って表すと，$\Delta G^{\ddagger}=-RT\ln K^{\ddagger}$ であるから，式 (2.17) の関係が得られる．

$$k=\left(\frac{k_\mathrm{B}T}{h}\right)\mathrm{e}^{-\Delta G^{\ddagger}/RT} \tag{2.17}$$

ここで $\Delta G^{\ddagger}=\Delta H^{\ddagger}-T\Delta S^{\ddagger}$ であり，活性化エンタルピー $\Delta H^{\ddagger}$ とエントロピー $\Delta S^{\ddagger}$ の項に分けて表せる．

$$k=\left(\frac{k_\mathrm{B}T}{h}\right)\mathrm{e}^{+\Delta S^{\ddagger}/R}\mathrm{e}^{-\Delta H^{\ddagger}/RT} \tag{2.18}$$

対数をとると式 (2.19) のようになるので，$\ln(k/T)$ を $1/T$ に対してプロットすると，その傾きから活性化エンタルピー $\Delta H^{\ddagger}$ が得られる．$\Delta H^{\ddagger}$ は，厳密には一定とは限らないが，通常の温度範囲では一定値として解析して差し支えない．一方，$1/T=0$ における切片から活性化エントロピー $\Delta S^{\ddagger}$ が計算できる．エントロピーは反応系の自由度と関係しており，$\Delta S^{\ddagger}$ は遷移状態と反応原系との差に由来する．

$$\ln\left(\frac{k}{T}\right)=\ln\left(\frac{k_\mathrm{B}}{h}\right)+\frac{\Delta S^{\ddagger}}{R}-\frac{\Delta H^{\ddagger}}{RT} \tag{2.19}$$

パラメーター $K^{\ddagger}$，$\Delta G^{\ddagger}$，$\Delta H^{\ddagger}$，$\Delta S^{\ddagger}$ の標準状態は，速度定数が $\mathrm{mol\,dm}^{-3}$ の濃

度とsの時間単位で表されるときには，1 mol dm^{-3}である．

反応速度の温度依存性はArrhenius式(2.20)で表されることも多い．

$$k=Ae^{-E_a/RT} \quad \text{または} \quad \ln k=\ln A-\frac{E_a}{RT} \tag{2.20}$$

ここでE_aは活性化エネルギー(activation energy)，Aは前指数因子(pre-exponential factor)といわれる．$\ln k$を$1/T$に対してプロットすると，その傾きから活性化エネルギーE_aが得られる．式(2.19)と式(2.20)の一次微分を比べると次式の関係が成り立つことがわかる．

$$E_a=\Delta H^{\ddagger}+RT \tag{2.21}$$

$$A=\left(\frac{k_B T}{h}\right)e^{(1+\Delta S^{\ddagger}/R)} \tag{2.22}$$

ここで，反応速度定数と活性化エネルギーの大きさの関係をみておこう．$\Delta G^{\ddagger}=100$ kJ mol^{-1}の反応の速度定数は，300 Kにおいて$k=10^{-4.61}$ s^{-1}，すなわち半減期は約8時間になる．また，300 Kにおける反応速度比と活性化エンタルピー差$\delta\Delta H^{\ddagger}$および活性化エントロピー差$\delta\Delta S^{\ddagger}$との関係を表2.1にまとめる．5.7 kJ mol^{-1}あるいは19 J mol^{-1} K^{-1}の違いで，約10倍の速度差になることがわかる．

ここで，ポテンシャルエネルギー(内部エネルギー)EとエンタルピーHの関係について述べておこう．両者は$H=E+PV$の関係があり，定圧過程に対しては$\Delta H^{\ddagger}=\Delta E^{\ddagger}+P\Delta V^{\ddagger}$の関係が成り立つ．$\Delta V^{\ddagger}$は活性化体積(activation volume)とよばれるが，溶液反応においてはふつう無視できるので，ポテンシャルエネルギーはエンタルピーと読み替えてもよい．活性化体積$\Delta V^{\ddagger}$

表2.1 活性化エンタルピー差と活性化エントロピー差に相当する反応速度定数比

k_a/k_b	$\delta\Delta H^{\ddagger}$/kJ mol^{-1} [a]	$\delta\Delta S^{\ddagger}$/J mol^{-1} K^{-1} [b]
2	1.73 (0.41)	5.76 (1.38)
10	5.74 (1.37)	19.1 (4.58)
10^2	11.5 (2.75)	38.3 (9.16)
10^4	23.0 (5.49)	76.6 (18.31)
10^6	34.5 (8.24)	114.9 (27.47)

a) $\delta\Delta S^{\ddagger}=0$として300 Kにおける計算値．かっこ内の数値はkcal mol^{-1}単位の値．b) $\delta\Delta H^{\ddagger}=0$としたときの計算値．かっこ内の数値はcal mol^{-1} K^{-1}単位の値．

は高圧下における速度の圧力依存性から測定でき,遷移状態したがって反応機構に対して有用な情報を提供してくれる.

2.5 活性化パラメーター

2.5.1 活性化エンタルピー

活性化エンタルピー $\Delta H^{\ddagger}$（あるいは活性化エネルギー E_a）と活性化エントロピー $\Delta S^{\ddagger}$ は反応速度定数の温度依存性の解析から求められる.$\Delta H^{\ddagger}$ の大きさは反応速度の大きさを決定づける主要因子になっているが,溶液反応においては反応に関与する結合エネルギーだけでなく溶媒和エネルギーも大きく寄与しているので,反応機構を判断するための基準としてはあまり役に立たない.

ある反応の $\Delta H^{\ddagger}$ と $\Delta S^{\ddagger}$ の間には,一連の反応条件の変化の範囲内(基質の構造変化や溶媒の変化)で,式(2.23)のように直線関係が成り立つ場合があり,等速関係則(isokinetic relationship)として,一時期物理有機化学の問題としてかなりの興味を集めた[5].しかし,この関係が成立しない例も多く,場合によっては,実験誤差を反映しているに過ぎないことさえあり,そこに物理的意味を見つけようとすることには批判的な見解が強い[6b,c].より強く結合した状態は,より束縛された状態であり,他の条件が同じならば,言い換えれば,反応機構が同じならば,$\Delta H^{\ddagger}$ が大きいほど $\Delta S^{\ddagger}$ も大きくなっても不思議ではないといえるが,それ以上のことはいえない.

$$\Delta H^{\ddagger} = \beta \Delta S^{\ddagger} + \text{constant} \tag{2.23a}$$

$$\delta \Delta H^{\ddagger} = \beta \delta \Delta S^{\ddagger} \tag{2.23b}$$

この関係は,反応温度が傾き β (K)に等しくなると,$\Delta G^{\ddagger}$ が一定 ($\delta \Delta G^{\ddagger} = 0$) になり反応速度が一定になるということから,等速関係とよばれ,β が等速温度(isokinetic temperature)とよばれる所以である.この関係が成立する場合には,この温度を境にしていくつかの問題が生じる.まず,$T=\beta$ では $\Delta H^{\ddagger} = T\Delta S^{\ddagger}$ になり,この温度より高温では $\Delta H^{\ddagger} < T\Delta S^{\ddagger}$ であり,低温では $\Delta H^{\ddagger} > T\Delta S^{\ddagger}$ となる.言い換えれば,高温では $\Delta G^{\ddagger}$ に占めるエントロピー項の割合が大きく,すなわち反応はエントロピー支配であり,低温では逆にエンタルピー支配になる.ある限られた温度範囲で,反応がエントロピー支配であ

2.5 活性化パラメーター

るとか,エンタルピー支配であるからといって,特別な意味はないということになる.

また,等速関係を満たす二つの反応基質の反応速度を比べると,$T=\beta$ を境にして相対反応性が逆転することになる.基質 A と B の速度定数の対数は式(2.23b)の関係を用いて式(2.24)のように表せるので,β を越えて温度が変化すると,この前後で対数値 $\ln(k_A/k_B)$ の符号が変わることになる.すなわち,k_A と k_B の相対的な大きさが逆転することを意味している.等速関係が成立し,しかも β が測定温度付近になることは,あまり多くないかもしれないが,現実にいくつかの例が知られているので,ある特定の温度における速度の結果を単純に比較する場合には,このような可能性についても考慮する必要がある.

$$\begin{aligned}\ln\left(\frac{k_A}{k_B}\right) &= -\frac{\delta\Delta G^\ddagger}{RT} \\ &= -\frac{(\beta-T)\delta\Delta S^\ddagger}{RT}\end{aligned} \quad (2.24)$$

活性化エンタルピー $\Delta H^\ddagger$ が,ときに負になる(温度を上げると反応が遅くなる)ことがあるが,これは律速段階の前に前段平衡がある場合に生じる現象である.みかけの $\Delta H^\ddagger$ は,前段平衡の $\Delta H°$ と律速段階の $\Delta H^\ddagger(\text{rds})$ の和になるはずであり,$\Delta H°$ が大きな負になり,律速段階の $\Delta H^\ddagger(\text{rds})$ よりも大きくなれば全反応の $\Delta H^\ddagger$ は負になることがあり得る.たとえば,フェニルクロロカルベンの多置換アルケンへの付加の $\Delta H^\ddagger$ は非常に小さく,負になる場合が知られている.その原因は,付加の前段平衡として電荷移動錯体が生成するためであろうと考えられる[7].

2.5.2 活性化エントロピー

エントロピーは反応系の自由度を表しているものと説明される.より束縛された状態はエントロピーが小さく,結合がゆるくなった状態はエントロピーが大きい.遷移状態と反応原系との差で活性化エントロピーが決まる.そこで,単分子分解反応では分子内の結合がゆるむことによって遷移状態に達するので $\Delta S^\ddagger > 0$ となる.その代表的な例が,式(2.25)や(2.26)に示すような気相にお

ける分解反応である．逆に反応(2.26)の逆反応のように，二分子反応(Diels-Alder反応)では2分子が一つの遷移状態になるので$\Delta S^\ddagger<0$になる．

$$\mathrm{H_2C-CH_2 \atop H_2C-CH_2} \xrightarrow[\Delta S^\ddagger = 45.4 \text{ J mol}^{-1}\text{K}^{-1}]{E_a = 262 \text{ kJ mol}^{-1}} 2\,\mathrm{H_2C{=}CH_2} \qquad (2.25)$$

$$\text{cyclohexyl-CH=CH}_2 \underset{\Delta S^\ddagger = -79.5 \text{ J mol}^{-1}\text{K}^{-1}}{\overset{E_a = 258 \text{ kJ mol}^{-1},\ \Delta S^\ddagger = 41.8 \text{ J mol}^{-1}\text{K}^{-1}}{\rightleftharpoons}} \text{ブタジエン} + \text{エチレン} \qquad (2.26)$$

単分子反応でも，環状遷移状態を経るような転位反応では，結合回転が制限されエントロピーは減少する．

表2.2 代表的な溶液反応の活性化エントロピーと活性化体積

No.	反応	$\Delta S^\ddagger/\text{J K}^{-1}\text{mol}^{-1}$	$\Delta V^\ddagger/\text{cm}^3\text{mol}^{-1}$
1	PhCOOCPh $\xrightarrow{\text{PhCOMe or CCl}_4}$ 2PhCO·	19	8.6
2	2 シクロペンタジエン → ダイマー	−138	−25
3	p-MeC₆H₄-O-CH₂CH=CH₂ $\xrightarrow{\text{Ph}_2\text{O or PhH}}$ 2-allyl-4-methylphenol	−29	−18
4	t-BuCl $\xrightarrow[S_N1]{\text{EtOH-H}_2\text{O}}$ t-Bu⁺ + Cl⁻	−36	−40
5	t-Bu-S⁺Me₂ $\xrightarrow[S_N1]{\text{H}_2\text{O}}$ t-Bu⁺ + Me₂S	66	10
6	EtI + Et₃N $\xrightarrow[S_N2]{\text{MeOH}}$ Et₄N⁺ + I⁻	−59	−38
7	Et₃S⁺ + Br⁻ $\xrightarrow{S_N2}$ EtBr + Et₂S	76	32
8	MeBr + EtO⁻ $\xrightarrow[S_N2]{\text{EtOH}}$ MeOEt + Br⁻	−26	−2.7
9	MeCH(OEt)₂ $\xrightarrow[\text{A1}]{\text{H}_3\text{O}^+/\text{H}_2\text{O}}$ MeCH=O⁺Et + EtOH	30	0
10	MeCO-t-Bu $\xrightarrow[\text{A1}]{\text{H}_3\text{O}^+/\text{H}_2\text{O}}$ MeCOH + t-Bu⁺	59	0
11	エチレンオキシド + H₂O $\xrightarrow[\text{A2}]{\text{H}_3\text{O}^+/\text{H}_2\text{O}}$ HOCH₂CH₂OH	−30	−8
12	MeCOEt + H₂O $\xrightarrow[\text{A2}]{\text{H}_3\text{O}^+/\text{H}_2\text{O}}$ MeCOH + EtOH	−109	−9

$$\begin{array}{c} E_\text{a} = 128 \text{ kJ mol}^{-1} \\ \Delta S^\ddagger = -29.2 \text{ J mol}^{-1}\text{K}^{-1} \end{array} \tag{2.27}$$

溶液反応における活性化エントロピーの例を表 2.2 にまとめている．溶液反応においても，ホモリシス (No.1) やペリ環状反応 (No.2 と 3) は気相反応の場合と同じような傾向を示す．しかし，イオン生成反応では溶媒の再配向が大きく寄与するので，反応原系と遷移状態における電荷分布がエントロピーに影響する．単分子分解でも中性基質の S_N1 反応 (No.4) で電荷分離が起こる場合には，$\Delta S^\ddagger$ が負になる．同じ S_N1 反応でもイオン性基質の場合 (No.5) には，反応中に電荷分離が起こらないので $\Delta S^\ddagger$ は正である．二分子反応である S_N2 反応の場合にも (No.6~8)，基質と求核種の荷電状態によって $\Delta S^\ddagger$ が特徴的な変化を示す．電荷分離を起こす反応では $\Delta S^\ddagger$ は負であるが，電荷の消失を伴う反応では逆に正になる．これらの結果は，イオン種が溶媒の配向を強めることによりエントロピーの減少を招くことに由来する．水溶液中における酸触媒反応 (No.9~12) においても，律速過程が単分子反応 (A1 機構) のときには $\Delta S^\ddagger > 0$ であるが，二分子反応 (A2 機構) のときには $\Delta S^\ddagger < 0$ である．

2.5.3 活性化体積

活性化体積 $\Delta V^\ddagger$ は，反応物のモル体積の変化に基づくものであり，反応速度の圧力依存性を 800 MPa 程度まで測定し実験的に求めることができる．束縛が強くなれば体積は小さくなり，結合がゆるめば体積が大きくなるので，$\Delta V^\ddagger$ は $\Delta S^\ddagger$ と同じような情報を与える[8]．表 2.2 に $\Delta V^\ddagger$ の値もまとめて示した．ほとんどの反応において，$\Delta S^\ddagger$ と $\Delta V^\ddagger$ はよい相関を示している．

2.6 反応速度則

上述のように，反応のエネルギーは反応速度として測定できるので，反応のエネルギーを考察し，遷移状態について知るためには反応速度の測定が不可欠である．反応速度が反応条件と反応基質の構造の変化によってどのように変化するかを調べることによって，遷移状態に関する情報が得られる．この問題に

ついては，溶媒効果，触媒作用，同位体効果，置換基効果など，項を改めて詳しく説明する．

2.6.1 反応次数

　反応速度vは，ふつう反応物または生成物の濃度の時間変化から，時間に関する微分として定義され，実験的には一般に反応物の濃度の積に比例する．しかし，化学反応の量論式は反応物と生成物のバランスシートを示しているに過ぎず，反応機構については何も語っていないので，反応式に表された反応物すべての濃度に関係するとは限らない．ここでは簡単のために，AとBが反応してCとDができる反応(2.28)で，反応速度vが式(2.29)のように表されるものとしよう．

$$aA + bB \rightarrow cC + dD \tag{2.28}$$

$$v = -\frac{1}{a}\frac{d[A]}{dt} = -\frac{1}{b}\frac{d[B]}{dt} = \frac{1}{c}\frac{d[C]}{dt} = \frac{1}{d}\frac{d[D]}{dt}$$
$$= k[A]^a[B]^b \tag{2.29}$$

比例定数kを速度定数(rate constant)といい，aとbをそれぞれAとBに関する反応次数(reaction order)，$a+b$を全反応次数という．全反応次数は，単にその反応の反応次数ということも多い．反応次数は，律速遷移状態に含まれる分子数と関係しているので，反応機構を考える上で重要である．実験的に得られるみかけの反応次数は，整数にならないこともあるが，これは複雑な反応機構に由来しているはずである．

　速度定数を決定するには，反応次数を決め，基質(反応物)濃度の時間変化を速度式に基づいて解析する必要がある．複雑な反応を実際に取り扱う場合の問題は専門書に譲るとして，代表的な例を解説する．2種類以上の基質濃度が同時に変化すると解析しにくいので，たとえばA以外の基質を大過剰に用いて反応させ，[A]の時間変化だけを測定し，その速度からAに関する反応次数を決め，さらに速度定数を決定するというような方法を取る．

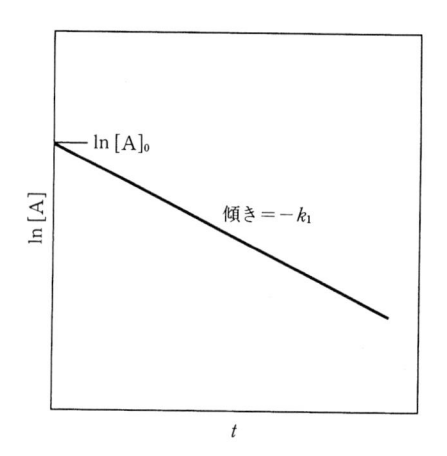

図 2.13　一次反応の対数プロット

2.6.2　速　度　定　数
a.　一　次　反　応

一次反応 A → X の反応速度は式 (2.30) で表されるので，時間 $t=0$ において $[A]=[A]_0$ とすると，式 (2.31) あるいは (2.32) の積分形が得られる．

$$-\frac{d[A]}{dt}=k_1[A] \tag{2.30}$$

$$\ln\frac{[A]_0}{[A]}=k_1t \quad \text{あるいは} \quad \ln[A]-\ln[A]_0=-k_1t \tag{2.31}$$

$$[A]=[A]_0e^{-k_1t} \tag{2.32}$$

式 (2.31) に従って $\ln[A]$ を t に対してプロットすれば，その傾きから一次速度定数 k_1 が得られる (図 2.13)．一次速度定数は，s^{-1} の単位のように 1/時間の次元をもっており，濃度単位とは無関係であり，初濃度とも関係ない．式 (2.32) からは A が時間とともに指数関数的に減少することがわかる．

b.　二　次　反　応

二次反応の場合には速度式 (2.33) を積分して，式 (2.34) が得られるので，$1/[A]$ を t にプロットすると，二次速度定数 k_2 がその傾きとして得られる (図 2.14 (a))．

$$-\frac{d[A]}{dt}=k_2[A]^2 \tag{2.33}$$

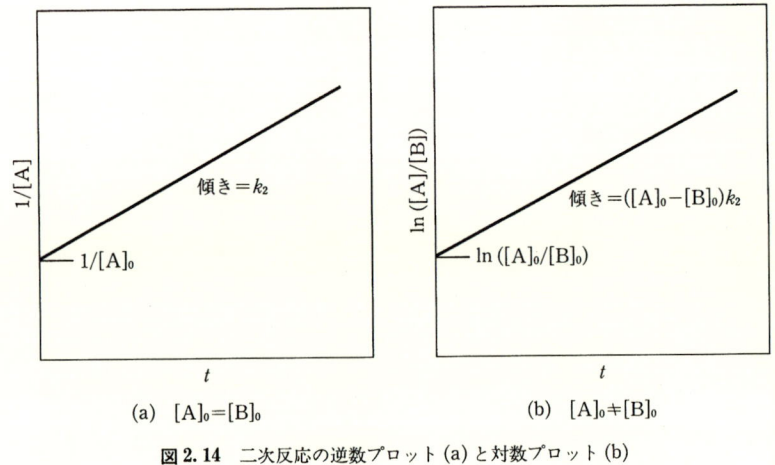

図 2.14　二次反応の逆数プロット (a) と対数プロット (b)

$$\frac{1}{[A]} - \frac{1}{[A]_0} = k_2 t \tag{2.34}$$

二次速度定数の単位は $mol^{-1} \, dm^3 \, s^{-1}$ のようになり，基質濃度が関係してくる．

また，$A+B \to X$ のような A と B との間の二次反応では，式 (2.35) の微分速度式から，$[A]_0 \neq [B]_0$ のときには (2.36) の積分式が得られる．$\ln([A]/[B])$ と t のプロットから k_2 が求められる (図 2.14 (b))．

$$-\frac{d[A]}{dt} = k_2[A][B] \tag{2.35}$$

$$\ln\frac{[A]}{[B]} - \ln\frac{[A]_0}{[B]_0} = ([A]_0 - [B]_0)k_2 t \tag{2.36}$$

A と B の初濃度が等しい ($[A]_0 = [B]_0$) ときには，速度式は式 (2.34) で表される．

反応が 50% まで進むのに要する時間，すなわち反応基質の濃度が初濃度の 1/2 になる時間を半減期 (half-life) といい，$t_{1/2}$ と表す．一次反応では式 (2.31) より式 (2.37) のようになるが，二次反応の場合 ($[A]_0 = [B]_0$) には式 (2.38) のようになり初濃度に依存する．

$$t_{1/2} = \frac{(\ln 2)}{k_1} \approx \frac{0.693}{k_1} \tag{2.37}$$

$$t_{1/2} = 1/k_2[A]_0 \tag{2.38}$$

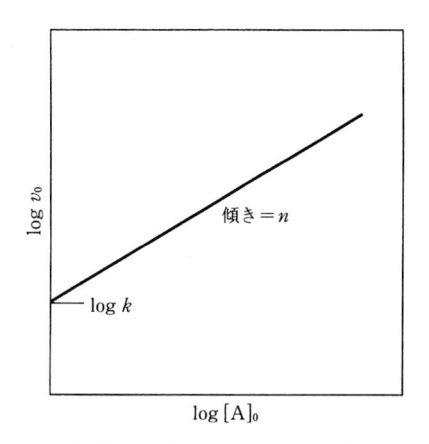

図 2.15 初速度法による反応次数の決定

c. 初 速 度 法

　速度式の積分形が得られないような複雑な反応の場合には，初速度法によって反応次数や速度式を決めることができる．初速度 (initial rate) v_0 は $t \rightarrow 0$ の極限における反応速度であり，反応開始直後の微小時間 $\varDelta t$ 内の濃度変化 $\varDelta[\mathrm{A}]$ を測定することにより求められる．

$$v_0 = \frac{\varDelta[\mathrm{A}]}{\varDelta t} = k[\mathrm{A}]_0^n \tag{2.39}$$

対数をとると式 (2.40) の関係が得られる．

$$\log v_0 = \log k + n \log[\mathrm{A}]_0 \tag{2.40}$$

したがって，$\log v_0$ を $\log[\mathrm{A}]_0$ にプロットすれば，その傾きが反応次数 n になる (図 2.15)．

2.7 実際の反応系

2.7.1 可 逆 反 応

　反応が可逆で平衡状態までしか反応が進行しない場合には，実験で得られるみかけの一次速度定数 k_{obsd} は，正逆両反応の速度定数の和になるので注意を要する．式 (2.41) の反応において反応を A から開始する場合について考えると，微分速度式は式 (2.42) のように書ける．

$$A \underset{k_{-1}}{\overset{k_1}{\rightleftarrows}} B \tag{2.41}$$

$$v = -\frac{d[A]}{dt} = k_1[A] - k_{-1}[B] = k_1[A] - k_{-1}([A]_0 - [A]) \tag{2.42}$$

ここで平衡におけるAの濃度$[A]_e$を用いて,平衡の関係$K_1 = k_1/k_{-1} = ([A]_0 - [A]_e)/[A]_e$から得られる$k_{-1}[A]_0 = (k_1 + k_{-1})[A]_e$を代入すると,式(2.43)が得られ,これを積分して式(2.44)が導かれる.

$$-\frac{d[A]}{dt} = (k_1 + k_{-1})([A] - [A]_e) \tag{2.43}$$

$$\ln([A] - [A]_e) - \ln([A]_0 - [A]_e) = -(k_1 + k_{-1})t \tag{2.44}$$

したがって,$\ln([A] - [A]_e)$をtに対してプロットすると,その傾きから$k_{\text{obsd}} = k_1 + k_{-1}$が得られる.Bから反応を開始しても結果は同じである.反応が平衡状態までしか進行しないことに注意しよう.

2.7.2 併発反応

同一の出発物から二つ以上の反応が併発して起こるような反応を併発反応(parallel reaction)という.簡単に次のようにAからそれぞれ一次反応でBとCができることを考えよう.

$$A \overset{k_1}{\underset{k_2}{\diagup\!\!\!\diagdown}} \begin{matrix} B \\ C \end{matrix} \tag{2.45}$$

逆反応がなければ生成物比[B]/[C]はそれぞれの速度定数の比k_1/k_2に等しいし,みかけの速度定数k_{obsd}は両者の和に等しい.すなわち,$k_{\text{obsd}} = k_1 + k_2$ならびに$k_1/k_2 = [B]/[C]$である.ここで注意しなければならないことは,反応速度測定のために生成物BあるいはCの増加を追跡し一次プロットを行ったとしても,個々の速度定数k_1あるいはk_2ではなく,反応物Aの減少から得られるのと同じく$k_{\text{obsd}} = k_1 + k_2$が得られることである.

このことは,たとえばBの生成に関する積分速度式を導いてみればわかる.すなわち,Aの減少についてたてた一次速度式から得られる関係式(2.46)を,$d[B]/dt = k_1[A]$に代入して積分すると式(2.47)が得られる.

$$[A] = [A]_0 \exp[-(k_1 + k_2)t] \tag{2.46}$$

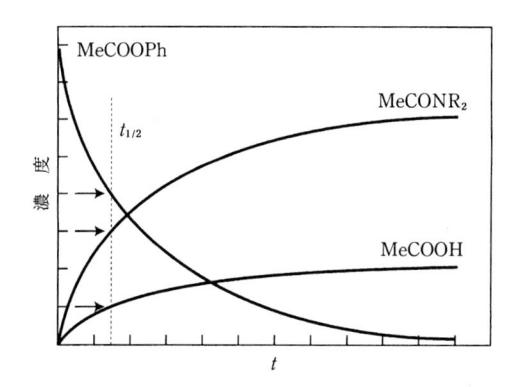

図 2.16 エステルの減少とアミド，カルボン酸の生成の時間変化

$$[\mathrm{B}] = \frac{k_1[\mathrm{A}]_0}{k_1+k_2}(1-\exp[-(k_1+k_2)t]) \tag{2.47}$$

この式に最終生成物濃度の関係 $[\mathrm{B}]_\infty = k_1[\mathrm{A}]_0/(k_1+k_2)$ を代入すると，式 (2.48) が導かれる．

$$[\mathrm{B}]_\infty - [\mathrm{B}] = [\mathrm{B}]_\infty \exp[-(k_1+k_2)t] \tag{2.48}$$

C についても，同様の関係が得られることから $[\mathrm{B}]_\infty-[\mathrm{B}]$ あるいは $[\mathrm{C}]_\infty-[\mathrm{C}]$ に関する一次プロットから $k_{\mathrm{obsd}} = k_1+k_2$ が得られることがわかる．

たとえば，過剰のアミン存在下に水溶液中でエステルを反応させると，加水分解とアミドの生成が同時に起こる．

$$\mathrm{MeCOOPh} \begin{array}{c} \xrightarrow{k_\mathrm{h}\ \mathrm{H_2O}} \mathrm{MeCOOH + PhOH} \\ \xrightarrow{k_\mathrm{a}[\mathrm{R_2NH}]\ \mathrm{R_2NH}} \mathrm{MeCONR_2 + PhOH} \end{array} \tag{2.49}$$

この反応の解析には，エステルの減少，フェノールの生成，酸の生成，あるいはアミドの生成，のいずれを測定してもよい．それぞれの濃度変化は図 2.16 に示すようになり，エステルの消失とアミドの生成あるいは加水分解による酢酸の生成の半減期は，いずれも一致している．どの測定からもみかけの速度定数として $k_{\mathrm{obsd}} = k_\mathrm{h} + k_\mathrm{a}[\mathrm{R_2NH}]$ が得られるはずである．

2.7.3 多段階反応

多くの有機反応は，中間体を経由して多段階反応として進行する．不安定な中間体 I を経て進行する二段階反応 (2.50) の速度について考えよう．

$$A \underset{k_{-1}}{\overset{k_1}{\rightleftarrows}} I \overset{k_2}{\longrightarrow} P \tag{2.50}$$

不安定中間体の濃度は反応中，常に非常に小さいはずであり，このような条件の下では定常状態近似 (stationary state approximation) を使うことができる．すなわち $d[I]/dt = 0$ という近似を用いると，A に関する擬一次速度定数として式 (2.51) が得られる．

$$k_{\text{obsd}} = \frac{k_1 k_2}{k_{-1} + k_2} \tag{2.51}$$

このとき，律速段階が第一段階であるか第二段階であるかは (k_1 と k_2 ではなく) k_{-1} と k_2 の大小によって決まる．図 2.17 のようなエネルギー図において二つのエネルギー極大点のどちらが高いかは，共通の出発点である中間体 I からみて，二つの速度定数 k_{-1} と k_2 の大きさによって計ることができるからである．

また，速い平衡として中間体 AB を生成するような反応 (2.52) においては，[A]≪[B] の擬一次反応条件で，擬一次速度定数は式 (2.53) のようになる．この速度式の形は，酵素反応における Michaelis-Menten の式と同じである．

$$A + B \overset{K_1}{\rightleftarrows} AB \overset{k_2}{\longrightarrow} P \tag{2.52}$$

$$k_{\text{obsd}} = \frac{K_1 k_2 [B]}{1 + K_1 [B]} \tag{2.53}$$

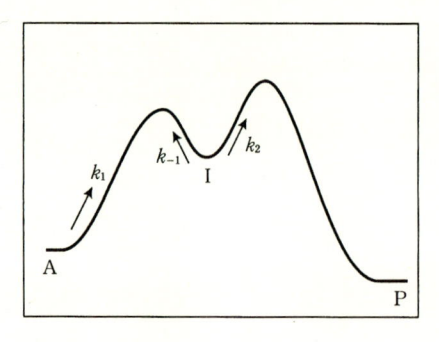

図 2.17 二段階反応のエネルギー断面図 ($k_{-1} > k_2$)

反応中間体を分析化学的に検証する方法については 1.6 節で述べたが，検出された中間体が反応経路上の真の中間体ではなく，寄生平衡として反応系に存在する非生産的な錯体であったりすることもある．よく知られている例は，芳香族求核置換反応 (2.54) における 1,3-Meisenheimer 錯体である．

(2.54)

この形式の反応は式 (2.55) のように書け，k_{obsd} は式 (2.56) で表される．

$$AB \underset{}{\overset{K_1}{\rightleftarrows}} A+B \overset{k_2}{\longrightarrow} P \qquad (2.55)$$

$$k_{obsd} = \frac{k_2[B]}{1+K_1[B]} \qquad (2.56)$$

この式は式 (2.53) と同じ形になっており，この速度論的解析では寄生平衡を見分けられない．

2.8 律速段階の変化

B が化学量論的に存在する反応物ではなく触媒である場合について考えてみよう．式 (2.50) の反応において第一段階あるいは第二段階が異なる触媒作用を受けるような場合には，その触媒濃度の変化によって律速段階が変化する可能性がある．たとえば，第一段階だけが触媒作用を受けるとすると，式 (2.51) は k_1 と k_{-1} を $k_1[C]$ と $k_{-1}[C]$ に置き換えて式 (2.57) のようになる．

$$k_{obsd} = \frac{k_1 k_2 [C]}{k_{-1}[C] + k_2} \qquad (2.57)$$

触媒濃度 [C] を増やしていくと第一段階が加速され，第二段階が律速になる可

能性がある．式 (2.57) の上では，分母の k_2 が無視できるようになり，$k_{obsd} = k_1 k_2 / k_{-1}$ となる．このような律速段階の変化を検証できれば，反応が多段階であり，中間体を経由して反応していることを証明したことになる．このようにして反応中間体の存在を証明した例を示しておく．

Schiff 塩基の生成反応は式 (2.58) のように段階的に進行し，その律速段階は pH によって変化する．低 pH では一般酸触媒作用によるカルボニル基へのアミンの攻撃が律速であり，中性以上の pH 領域では特異酸触媒作用による脱水過程が律速になる（酸触媒作用については第 8 章参照）．アセトフェノンのセミカルバゾン生成反応において，pH 4.1 のプロピオン酸緩衝溶液中で測定した擬一次反応速度定数は図 2.18 のような飽和曲線を描く[9]．プロピオン酸の触媒作用によって第一段階が加速され，この触媒作用を受けない第二段階が律速になった結果である．

$$\text{RNH}_2 + \text{C=O} \xrightleftharpoons[k_{-1}[\text{A}^-]]{k_1[\text{HA}]} \text{C(OH)(NHR)} \xrightarrow{k_2[\text{H}^+]} \text{C=NR} + \text{H}_2\text{O} \qquad (2.58)$$

ケテンジチオアセタールの酸触媒加水分解は，1.7.2 節で述べたように二重結合プロトン化を律速とし，カルボカチオンを中間体とする反応である

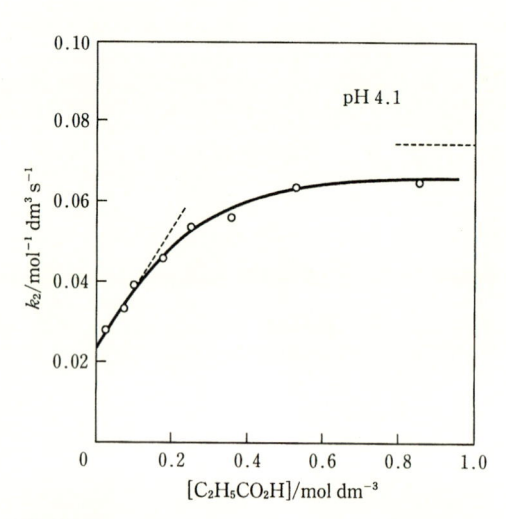

図 2.18 アセトフェノンのセミカルバゾン生成反応におけるプロピオン酸の触媒作用［文献 9］

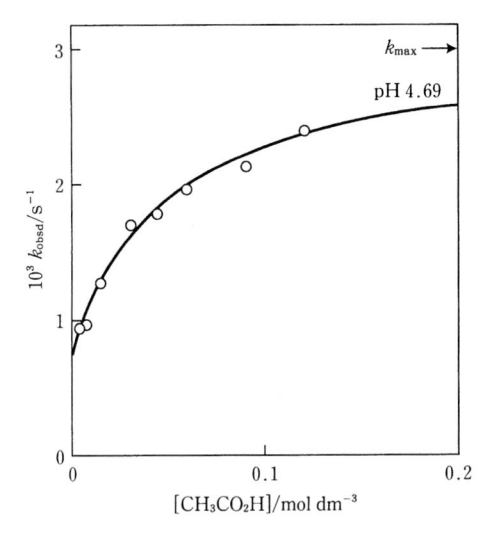

図 2.19 ケテンジチオアセタールの加水分解における酢酸の触媒作用
文献 11, Figure 2 をもとに改変.

(2.59). この反応も，第一段階だけが酸触媒作用を受けるので，緩衝溶液中で反応すると，緩衝剤濃度の増大とともに律速段階が第二段階に移行する（図 2.19）[10].

$$\begin{CD} @>{k_1[HA]}>{k_{-1}[A^-]}< \end{CD} \underset{SMe}{\overset{SMe}{\diagup}}C=CH_2 \rightleftarrows CH_3-\underset{SMe}{\overset{SMe}{C}}- \xrightarrow[k_2]{H_2O} CH_3COSMe + MeSH \quad (2.59)$$

このような律速段階の変化は，反応基質の構造を変化させることによってもみられることがあり，置換基効果解析によって検出できる（7.7.2 節参照）.

引 用 文 献

1) 野依良治, 柴﨑正勝, 鈴木啓介, 玉尾皓平, 中筋一弘, 奈良坂紘一編：大学院講義 有機化学 I, 東京化学同人 (1999).
2) G. S. Hammond, *J. Am. Chem. Soc.*, **77**, 334 (1955).
3) J. E. Leffler, *Science*, **117**, 340 (1953).
4) E. R. Thornton, *J. Am. Chem. Soc.*, **89**, 2915 (1967).
5) H. Eyring, *J. Chem. Phys.*, **3**, 107 (1935); M. G. Evans and M. Polanyi, *Trans. Faraday Soc.*, **31**, 875 (1935). 遷移状態理論について詳しくは, 専門書を参照のこと. たとえば, M. J. Pillin and P. W. Seakins, Reaction Kinetics, Oxford Univ. Press (1995); J. I.

Steinfeld, J. S. Francisco and W. L. Hase, Chemical Kinetics and Dynamics, Prentice-Hall (1989) [佐藤　伸訳，化学動力学，東京化学同人 (1995)].

6) (a) J. E. Leffler and E. Grunwald, Rates and Equilibria of Organic Reactions, John Wiley & Sons (1963) ; (b) L. P. Hammett, Physical Organic Chemistry, 2nd ed., McGraw-Hill (1970), Chapt. 12 ; (c) J. F. Bunnett, Technologies in Chemistry, Vol. 6, Investigation of Rates and Mechanisms of Reactions, 4th ed., Part I, C. F. Bernasconi, ed., John Wiley & Sons (1986), Chapt. 4.

7) N. J. Turro, G. F. Lehr, J. A. Butcher, Jr., R. A. Moss and W. Guo, *J. Am. Chem. Soc.*, **104**, 1754 (1982).

8) A. Drljaca, C. D. Hubbard, R. van Eldik, T. Asano, M. V. Basilevsky and W. J. le Noble, *Chem. Rev.*, **98**, 2167 (1998) ; R. van Eldik, T. Asano and W. J. le Noble, *Chem. Rev.*, **89**, 549 (1989) ; T. Asano and W. J. le Noble, *Chem. Rev.*, **78**, 407 (1978) ; G. Jenner, *J. Phys. Org. Chem.*, **15**, 1 (2002).

9) E. H. Cordes and W. P. Jencks, *J. Am. Chem. Soc.*, **84**, 4319 (1962).

10) T. Okuyama, *Acc. Chem. Res.*, **19**, 370 (1986).

11) T. Okuyama, S. Kawano and T. Fueno, *J. Am. Chem. Soc.*, **105**, 3220 (1983).

3

分子軌道法と分子間相互作用

3.1 分子間相互作用

　分子間にはさまざまな力が働いているが，それらは本質的に電磁気力に基づくものであり，分子を構成する原子核の正電荷と分子上に拡がった電子雲がその原因になっている．単独の分子は一定の電子分布をもっているが，ある分子が他の分子に近づくと，互いに影響を及ぼしあってその電子分布を変形させる．このような変形がさらに新しい相互作用を生み出す．これらの相互作用は大きく次の3種類に分けられる．

　その第一は，静電相互作用 (electrostatic interaction) であり，分子本来の電荷分布を保った形で分子の電荷の間に働く相互作用である．第二は，誘起相互作用 (inductive interaction) とよばれ，本来の電荷分布と変形された電荷分布の間に働く引力相互作用である．これらは，イオン電荷あるいは分子の双極子（および誘起双極子）との間に働く古典的な静電力に基づくものである．もう一つ分子内での電子の相対運動によって生じる量子力学的な相互作用として分散相互作用 (dispersion interaction) がある．これは瞬間的に偏倚した電荷分布（瞬間双極子）とそれによって変形された電荷分布（誘起双極子）の間に働く引力相互作用である．

　これらの相互作用は，ポテンシャルエネルギーとして次のように表される．静電相互作用には関与する電荷の種類によって，三つの場合がある．

　Coulomb 相互作用：イオンどうしの相互作用は，イオンの電荷 Ze，その距離 r，溶媒の比誘電率 ε を用いて，ポテンシャルエネルギー u として式 (3.1) で表される．その特徴は，$1/r$ に比例するので他の分子間力に比べて長距離でも作用し，温度によらず，溶媒の誘電率に反比例することである．

$$u = \frac{Z_1 Z_2 e^2}{\varepsilon r} \qquad (3.1)$$

イオン-双極子相互作用：電気的に中性の分子でも，分子内で電子分布に偏りがあると双極子モーメント μ が生じることになる．イオン電荷があるとその電場によって双極子は配向し，静電的な引力相互作用 u が生じる．イオンと双極子の中心を結ぶ線と双極子のなす角度を θ として式(3.2)のような関係になる．

$$u = -\frac{Z_1 e \mu_2 \cos\theta}{r^2} \qquad (3.2)$$

双極子-双極子相互作用：極性分子どうしの相互作用は，双極子が引力相互作用を示すように配向するが，熱運動のために揺らぎがありその平均値として，式(3.3)のように温度 T と分子間距離 r の6乗に逆比例する形になる．ここで k_B は Boltzmann 定数である．

$$u = -\frac{2\mu_1^2 \mu_2^2}{3 k_B T r^6} \qquad (3.3)$$

誘起相互作用：双極子は電気的な偏りであり，近接の無極性分子の電子分布にも影響を及ぼし双極子を誘起する．この誘起双極子は相手の双極子と引力相互作用をもつように配向しているので，ポテンシャルエネルギー u は熱運動(温度)に無関係に分子間距離 r の6乗に逆比例する形になる．誘起双極子は無極性分子の分極率(polarizability) α が大きいほど大きく式(3.4)のようになる．

$$u = -\frac{\alpha_1 \mu_2^2 + \alpha_2 \mu_1^2}{r^6} \qquad (3.4)$$

誘起双極子はイオンによっても生じるので，その場合には式(3.5)のように表される．

$$u = -\frac{Z_1^2 e^2 \alpha_2}{2 r^4} \qquad (3.5)$$

分散相互作用：分子内の電子は絶えず運動しているので，無極性分子においてもある瞬間には電子分布の偏りがあり双極子モーメントをもっている．この瞬間双極子のために近接分子に誘起双極子が生じて，引力が生まれる．これを London 分散力(dispersion force)という．そのポテンシャルエネルギー u は，分子の分極率 α とイオン化ポテンシャル I を用いて式(3.6)のように表される．

$$u = -\frac{3\alpha_1\alpha_2}{2r^6}\left(\frac{I_1 I_2}{I_1+I_2}\right) \tag{3.6}$$

この相互作用も，温度によらず分子間距離 r の6乗に反比例する．分極率は体積の次元をもっており，高周期元素を含む分子や π 電子系を有する分子，大きい分子の分極率が大きいので，分散力も大きくなる．分極率 α は分子がある電場 E に置かれたときの分子内の電子の偏倚しやすさを表しており，それによって生じる誘起双極子モーメント μ_I に対する比例係数として定義される（$\mu_\mathrm{I} = \alpha E$）．分子屈折も光と分子内の電子との相互作用に起因するものであり，式(3.7)のような関係（Lorentz-Lorenz 式）がある．

$$\alpha = \frac{3V_m}{4\pi N}\left(\frac{n^2-1}{n^2+2}\right) \tag{3.7}$$

ここで n は屈折率，V_m はモル体積，N は Avogadro 数である．

　以上のような相互作用のうち，Coulomb 相互作用以外の双極子効果や誘起効果に基づく相互作用を van der Waals 相互作用という．

　2分子を近づけていくと，ある距離以下になると反発相互作用を生じる．これを障害斥力といい，各分子の電子が重なりあうほど接近したときに，Pauli の原理によって電子間の反発が起こり励起状態の寄与が入ってくることによる．さらに電子による遮蔽効果が小さくなり原子核の正電荷どうしの斥力も作用する．この斥力は理論的に求めることが難しいので，経験的な近似式が提案されている．その一つが Lennard-Jones ポテンシャルエネルギー曲線であり，近距離の斥力を $1/r^{12}$ に相関させ，van der Waals の引力相互作用を $1/r^6$ に比例するものとして式(3.8)のように表現される．これは距離に関する次数にちなんで，6-12 ポテンシャルともいわれ，図2.1に示したような曲線になる．

$$u = 4D_\mathrm{e}\left[\left(\frac{\sigma}{r}\right)^{12} - \left(\frac{\sigma}{r}\right)^6\right] \tag{3.8}$$

　以上のような非特異的な相互作用のほかに，特異的な相互作用として水素結合と電荷移動相互作用がある．ヒドロキシ基のように電気陰性度の大きい原子に結合している水素は，結合電子の偏りによって電気的に陽性になっており，別のヘテロ原子にイオン半径近くまで接近すると，その非共有電子対と強い相互作用をもつことができる．このような分子間力を水素結合 (hydrogen bond) という．この水素結合には，上で述べてきた静電力，誘起効果，分散力のほか

電荷移動相互作用や交換斥力(電子の重なり)も含まれている。水素結合エネルギーは 10〜40 kJ mol^{-1} 程度であり,共有結合(210〜420 kJ mol^{-1})の 1/10 程度であるが,van der Waals 力に比べれば約 10 倍の大きさである。

電荷移動相互作用(charge-transfer interaction)は,電子対供与体-受容体相互作用ともいわれ,Lewis 塩基と Lewis 酸の相互作用とみることもできる。これは軌道間の相互作用であり,供与体の比較的高い被占分子軌道(HOMO)から,受容体の比較的低い空軌道(LUMO)へ電子が移動する形の相互作用である。

3.2 分子軌道理論と有機電子論

化学反応では,前節で述べた分子間相互作用に加えて,より近距離で働く軌道相互作用が重要になる。分子軌道理論はそのような軌道相互作用を取り扱う理論である。分子軌道といえば,読者の中には Gaussian に代表されるプログラムパッケージを用いた数値計算を思い浮かべる人がいるかもしれない。確かに理論計算の進展はめざましく,計算を含む論文の数は年々増え続けている。しかし,分子軌道理論は,理論計算が現実の大きさの有機化合物を計算できるようになるずっと以前から有機化学に大きなインパクトを与えてきた。それは,すでに 1961 年に Streitwieser が「有機化学者のための分子軌道理論」という著書を出していることからも明らかである。分子軌道理論は,精密な数値計算によることなく,分子が固有にもつ分子軌道のエネルギーと分子軌道間の相互作用の概念によって有機化合物の反応性を体系化しようとするもので,特に,フロンティア軌道理論の果たした役割は大きい[1,2]。

一方,有機化合物の反応性を理解する手段として長い歴史をもっている理論体系に有機電子論がある。有機電子論は多様な有機反応,中でもイオン反応の体系化の中から生まれてきたもので,共鳴や誘起効果などの電荷の分散による分子の安定化と静電相互作用による分子間および分子内の安定化に基づいて反応を統一的に理解しようとするものである。この静電相互作用と上記の軌道相互作用は化学反応性を支配する二つの主要な要因であり,反応のタイプによって相対的な重要性は異なる。

3.3 軌道相互作用と反応性

3.3.1 原子軌道から分子軌道へ

分子軌道とは化学結合を分子内に拡がった電子が存在する軌道という概念でとらえたもので，原子軌道 (1s, 2s, 2p…) の重ね合わせ (線形結合) で記述される．たとえば，水素原子間の原子軌道 (1s) の重ね合わせで水素分子の結合が表され，水素原子 (1s) と炭素原子 (sp^3) の重ね合わせで炭化水素の C–H 結合が表現される (図 3.1 (a) および (b))．

ここで，二つの原子軌道の相互作用により二つの分子軌道が生じる．もとの軌道が同位相で相互作用したものは安定化を受け結合性軌道となり，逆位相で相互作用したものは不安定化を受け反結合性軌道となる．相互作用の強さ，すなわち安定化，不安定化の程度は軌道の重なりが大きいほど大きく，もとの軌道間のエネルギー差が小さいほど大きくなる．また，相互作用によって生じた結合性軌道はもとの軌道の低いエネルギーの方を主成分にもち，反結合性軌道は高いエネルギーの方を主成分とすることは重要なポイントである．分子全体に拡がった分子軌道はこのような軌道がさらに相互作用したものとしてとらえることができる．

3.3.2 結合軌道の性質

結合軌道の性質を考える上で，もとになる原子軌道や混成軌道のエネルギー

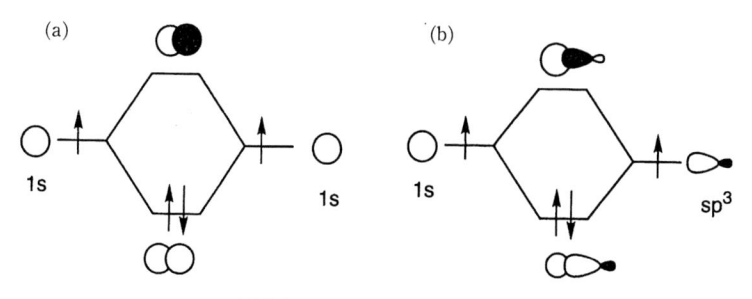

図 3.1 原子軌道から分子軌道へ
(a) H–H 軌道, (b) C–H 軌道.

表 3.1 主な原子の原子軌道エネルギーと電気陰性度

軌道	軌道エネルギー /eV	電気陰性度	軌道	軌道エネルギー /eV	電気陰性度
H (1s)	−13.6	2.1	N (2s)	−27.5	3.0
Li (2s)	−5.4	1.0	N (2p)	−14.5	
Na (3s)	−5.1	0.9	P (3p)	−11.9	2.1
C (2s)	−21.4	2.5	O (2s)	−35.3	3.5
C (sp)	−16.4		O (2p)	−17.8	
C (sp^2)	−14.7		S (3p)	−12.5	2.5
C (sp^3)	−13.9		F (2p)	−21.0	4.0
C (2p)	−11.4		Cl (3p)	−15.1	3.0
Si (3s)	−17.9	1.8	Br (4p)	−13.7	2.8
Si (3p)	−9.0		I (5p)	−12.6	2.4

を知っておく必要がある．主な原子の軌道エネルギーを Pauling の電気陰性度とともに表 3.1 にあげる．表から，軌道エネルギーは原子の電気陰性度が大きいほど，軌道の s 性が大きいほど，またその主量子数が小さいほど低いことがわかる．結合の例として，炭素-酸素の π 結合を考えてみよう．C(2p) と O(2p) とでは後者の方がエネルギーが低いので結合性軌道は酸素の p 軌道を主成分としてもち，逆に反結合性軌道では炭素の p 軌道が主成分となる．すなわち，カルボニル基の π 軌道は酸素の側で大きく拡がっており，π* 軌道は炭素に拡がりをもつことになる．

3.4　フロンティア分子軌道

分子内の結合軌道が互いに重なりあってできる分子全体に拡がった軌道を分子軌道という．分子軌道には分子内の電子が 2 個ずつ対になって低いエネルギーの軌道から順に詰まっていく．電子の詰まった軌道を被占軌道 (occupied molecular orbital)，電子の詰まっていない軌道を非被占軌道 (unoccupied molecular orbital) または空軌道 (vacant MO) という．これらの分子軌道のうち，最もエネルギーの高い被占軌道 (HOMO) と最低エネルギーの非被占軌道 (LUMO) は分子間相互作用や化学反応を考える上で最も重要であり，フロンティア分子軌道 (frontier MO) とよばれる．分子間で相互作用が起こる際には，図 3.2 に示すように 2 組のフロンティア分子軌道間の相互作用が可能であ

3.4 フロンティア分子軌道

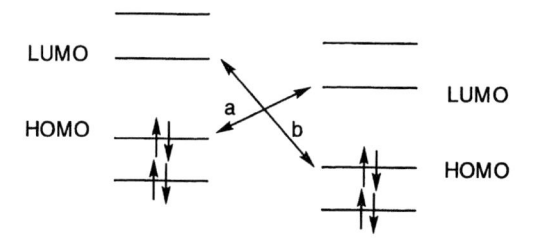

図 3.2 分子間のフロンティア軌道相互作用

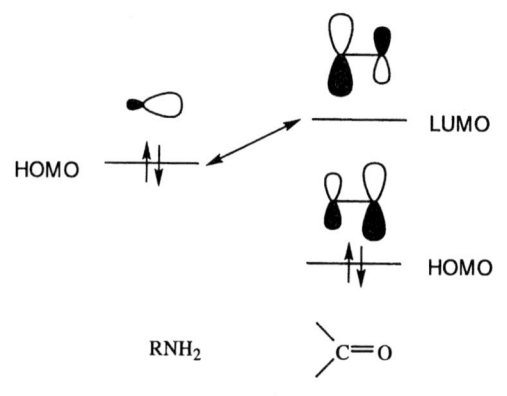

図 3.3 カルボニル基とアミンとの相互作用

る.すでに述べたように,相互作用による安定化は軌道間のエネルギー差が小さいほど大きいので,図に示す二つの相互作用のうち,相互作用 a が重要となり,その結果,より高い HOMO のエネルギーをもつ分子は電子供与体(求核種),より低い LUMO のエネルギーをもつ分子は電子受容体(求電子種)になる.

3.4.1 ホルムアルデヒドの反応

例としてホルムアルデヒドとアミンの反応を考えてみよう.図 3.3 に示すように,窒素上の非共有電子対(アミンの HOMO)はホルムアルデヒドの π 電子(ホルムアルデヒドの HOMO)よりも高エネルギーの軌道にあるので,アミンが求核種となり,ホルムアルデヒドが求電子種となる.その際,すでに説明したようにカルボニル基の LUMO の軌道は炭素の側で大きく拡がっており,

アミンはホルムアルデヒドの炭素と相互作用をする．同様に，ホルムアルデヒドと酸（たとえばH^+）との反応は，カルボニル基のHOMOの軌道の拡がりが大きい酸素上で起こる．この例にみられるように，フロンティア軌道理論によって反応のタイプと反応位置を説明することができる．このような軌道エネルギーという概念を通して反応の様式を理解するフロンティア軌道理論による説明には，原子の電気陰性度の差によって結合が分極し，分極した結合やイオン間の静電相互作用によって反応の様式が決まるとする有機電子論との類似性をみることができる．

3.4.2 アルケンのプロトン化

アルケンへのプロトン化の位置選択性についても同様の取扱いができる．図3.4にプロペンのフロンティア分子軌道を示す．プロペンではメチル基とC＝C二重結合との超共役によって系が安定化される．すなわち，メチル基のC-Hσ軌道はもとの二重結合のLUMOと同位相で相互作用し，その同位相で相互作用した軌道がHOMOに混じってくる．その結果，プロペンのHOMOでは二つの炭素上の軌道の拡がりが非対称になる．求電子種はより軌道の拡がった末端の炭素を攻撃し，第二級カルボカチオンを与える．

3.4.3 芳香族求電子置換反応

もう一つの例として，置換ベンゼンへの芳香族求電子置換反応の配向性を取り上げよう．図3.5に示すように，ベンゼンのHOMOとLUMOはそれぞれ

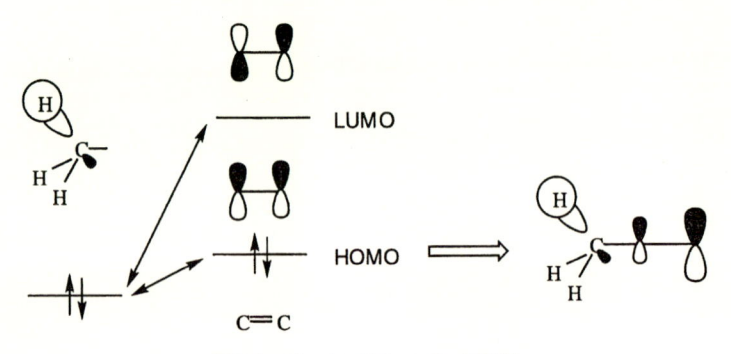

図3.4 プロペンのフロンティア軌道

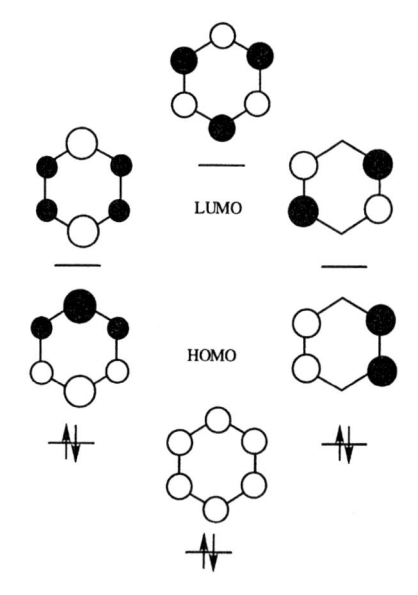

図 3.5 ベンゼンの π 軌道

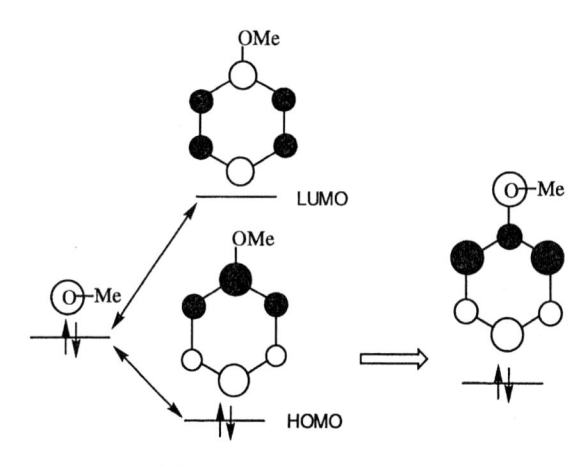

図 3.6 アニソールのフロンティア軌道

二重に縮退している．アニソールでは，対称な HOMO と LUMO がそれぞれ酸素上の非共有電子対と相互作用し，縮退はとける (図 3.6)．この相互作用によって HOMO のレベルが上がり，求電子種との反応性が高くなる．また，

LUMOは非共有電子対と同位相で相互作用し，非共有電子対と逆位相で相互作用しているHOMOの軌道に混じってくる．その結果，アニソールのHOMOではオルト位とパラ位に拡がった軌道が生成し，この位置での反応が起こりやすくなるのである．

これまで述べてきたフロンティア分子軌道による説明は，反応原系における分子の性質に基づいている．化学反応性は活性化エネルギーによって決まるものであるので，遷移状態から遠く離れた反応原系での議論は常に成立するとは限らないことに注意すべきである．特に，不安定中間体を与える反応に関しては，遷移状態の構造は中間体に似ているとするHammondの仮説にもいわれるように，中間体の安定性に基づく説明のほうが説得力がある．一方，軌道エネルギーと軌道相互作用による議論は不安定中間体についても有用であることに触れておく必要がある．たとえば，カルボカチオンの安定性については，空のp軌道と置換基のHOMOとの相互作用で説明できる．すなわち，炭素の空のp軌道のエネルギーレベルは高いので，置換基のHOMOのレベルが高いほど相互作用は大きくなる．その結果，新たにできた被占軌道はもとの置換基のHOMOよりもエネルギーレベルが低くなり，安定化が得られる．一般に，HOMOのレベルはσ軌道(C-H，C-C)，π軌道，n軌道(非共有電子対)の順に高くなるので，この順に安定化効果は大きくなる．

3.4.4 置換基効果

フロンティア分子軌道理論によれば，置換基の導入などの構造変化による反応性の変化も，軌道エネルギーの変化によって説明される．原子の電気陰性度や軌道の主量子数によって原子軌道のエネルギーが変化したのと同様に，分子軌道のエネルギーレベルは置換基の電子的性質の影響を受けるからである．すなわち，電子供与性置換基は分子軌道のエネルギーレベルを押し上げる．その結果，HOMOの反応性が上がり，分子がより求核的になるという一般的にみられる現象が生じる．逆に電子求引基によってエネルギーレベルは低くなり，LUMOのレベルが下がることによって分子はより求電子的になる．

3.5 ペリ環状反応の軌道相関

電子環状反応(electrocyclic reaction)やシグマトロピー転位(sigmatropic rearrangement)のように π 電子系を通して π 結合および σ 結合の生成と開裂が一段階で起こる反応をペリ環状反応(pericyclic reaction)という．これらの反応は軌道相互作用によって協奏的に起こる反応であり，その起こりやすさや立体選択性は軌道理論によって説明できる．軌道対称性に基づく Woodward–Hoffmann 則とフロンティア軌道論による取扱いについて簡単に解説しよう．

3.5.1 付加環化反応

Diels–Alder 反応として知られる [4+2] 付加環化反応(cycloaddition reaction)の軌道相関図を図 3.7 に示す．図の左側に反応原系の MO，右側に生成系の MO を図示した．

この反応では，ブタジエン，エテンはそれぞれ対称面をもっており，その対

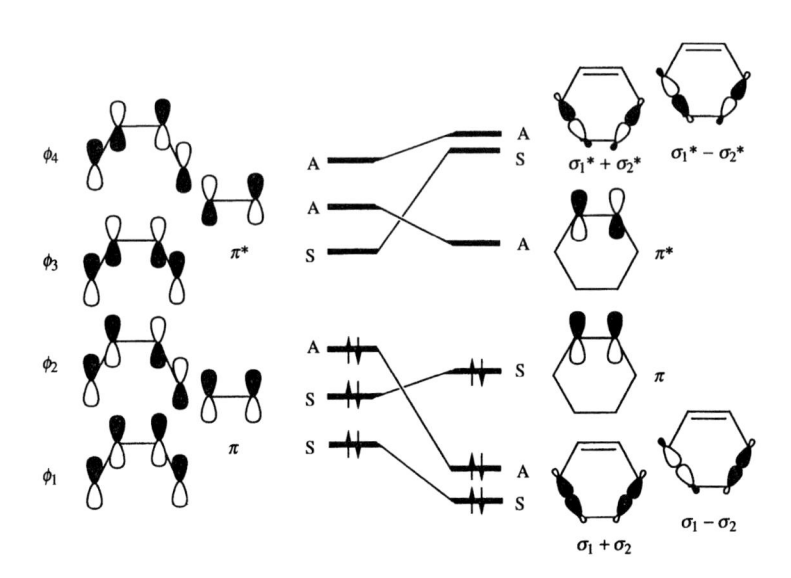

図 3.7 [4+2] 付加環化反応の軌道相関図

称性,反対称性をSおよびAで表してある.反応原系と生成系との間での軌道の対称性に注目すると,この反応では被占軌道および空軌道それぞれに対称性が保存されており,この反応が[$_\pi 4s+_\pi 2s$]の反応として対称許容であることを示している.

次に[2+2]の付加環化反応をみてみよう.この場合には,もとのπ軌道と新たにできるσ軌道の二つの対称面を考えて軌道相関図を作成する.図3.8からわかるように,反応の前後で被占軌道間に軌道の対称性の相関がなく,したがってこの反応は[$_\pi 2s+_\pi 2s$]の反応としては対称禁制である.

一方,同じ反応をフロンティア軌道論で取り扱うとどうなるだろうか.ブタジエンとエテンのフロンティア軌道は図3.9のように書ける.軌道の対称性か

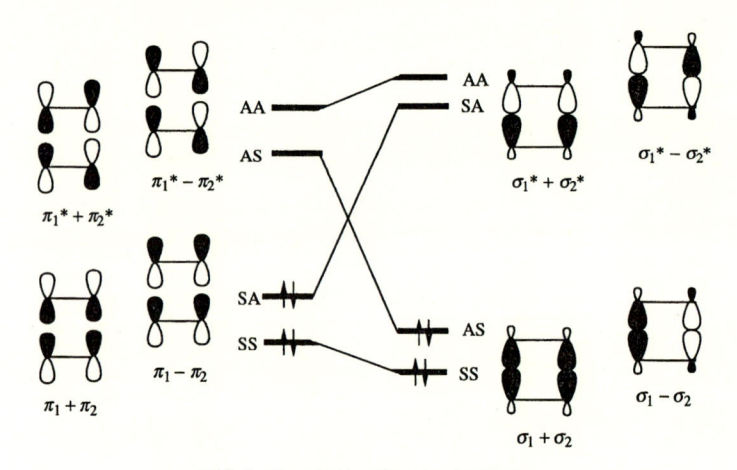

図3.8 [2+2]付加環化反応の軌道相関図

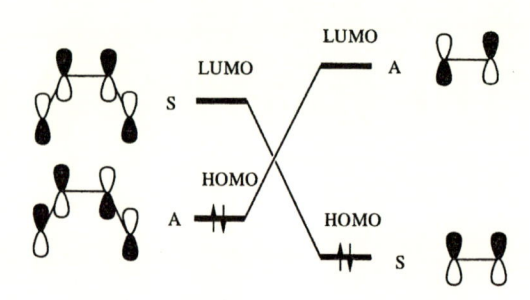

図3.9 [4+2]付加環化反応のフロンティア軌道

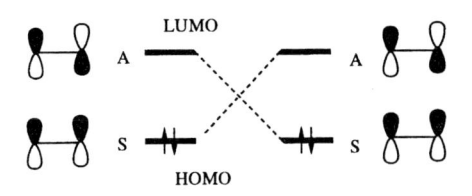

図 3.10 [2+2] 付加環化反応のフロンティア軌道

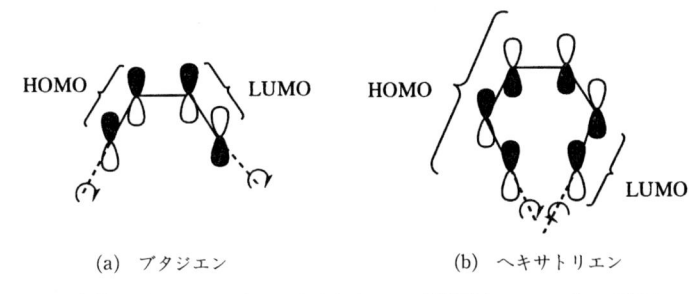

図 3.11 ブタジエンおよびヘキサトリエンの閉環反応のフロンティア軌道

ら,ブタジエンの HOMO とエテンの LUMO, およびブタジエンの LUMO とエテンの HOMO はそれぞれに相互作用が可能であり, 反応の進行とともに安定化が得られるものと考えられる. 対照的に, エテンどうしではフロンティア軌道相互作用が得られず, 反応は起こりにくいと結論される (図 3.10).

3.5.2 電子環状反応

電子環状反応は, π 電子系の両端で σ 結合を生成して閉環する反応で, ブタジエンからシクロブテンへの反応が最も簡単な反応である. 新しい σ 結合を生成する際に, 両端の π 結合が同方向に回転する場合 (同旋的 conrotatory) と逆方向に回転する場合 (逆旋的 disrotatory) とがあり, その方向性が問題となる. 上で述べた付加環化反応と同様に, 軌道の相関図を書くことによってその回転の方向を評価することができるので, 読者は自分で相関図を書いてみるとよい. ここでは, フロンティア軌道論による取扱いを説明しよう. ブタジエンの閉環反応は分子内反応であるので, ブタジエンを反応に関与する二つの官能基, すなわち二つの炭素-炭素二重結合に分けて考える (図 3.11 (a)). それぞれの HOMO と LUMO が相互作用し, 閉環して生成物を与えるが, その

際，両端の炭素-炭素結合は同方向に回転することによって結合性の σ 軌道が生成する．このことから，ブタジエンの閉環反応は同旋的に起こると結論される．

同様に，ヘキサトリエンの場合にはブタジエンの HOMO とエテンの LUMO との相互作用を考えればよい．図 3.11(b) に示したように，この閉環反応は逆旋的に起こると予想できる．

3.5.3 シグマトロピー転位

シグマトロピー転位は π 電子系に隣接する σ 結合が協奏的に分子内の別の位置に移動して π 電子系が再編成される反応である．代表的な反応例として，1-ブテンの [1,3] メチル基移動 [式 (3.9)] と 1,5-ヘキサジエンの [3,3] 転位 [式 (3.10)，Cope 転位という] をみてみよう．これらの反応は分子内反応であるので，先の電子環状反応の場合と同じく分子を二つの官能基に分け，HOMO と LUMO の相互作用を考える．[1,3] シグマトロピーでは炭素-炭素二重結合の π 軌道と末端の炭素-炭素結合の σ 軌道を考えればよい．図 3.12(a) に示すように π 軌道 (HOMO) と σ* 軌道 (LUMO) との相互作用で反応が進むとすると，メチル基が立体化学を保持したまま起こる転位は対称禁制となる．新たにできる σ 結合が同位相で相互作用するためにはメチル基が反転する必要がある．なお，転位基が水素原子の場合には立体反転による同位相の相互作用が起こり得ないので，1,3 転位は熱的に禁制になる．

$$\text{（式 3.9）} \tag{3.9}$$

Cope 転位
$$\text{（式 3.10）} \tag{3.10}$$

Claisen 転位
$$\text{（式 3.11）} \tag{3.11}$$

[3,3] シグマトロピー転位では二つのアリルラジカルのフロンティア軌道，すなわち，SOMO (singly occupied MO) 間の相互作用によって反応が進行すると考えるとよい．図 3.12(b) から，この反応は同位相で熱的に許容な反応

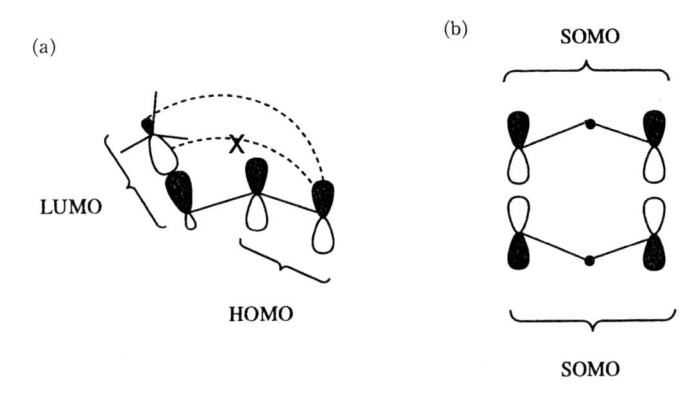

図3.12 シグマトロピー反応のフロンティア軌道

であることがわかる．1.5節で述べたClaisen転位も[3,3]シグマトロピー転位の例であり，式(3.11)のように書ける．

このように，軌道理論による解析はペリ環状反応の反応様式を理解するのに，非常に有効である．ここでは代表的な例についてのみ解説したが，取り上げなかった類似の反応例についても同様の取扱いができる．理解を深めるために各自で演習のつもりで解いてみることをお勧めする．

3.6 量子化学計算

分子軌道法が有機反応を理解する上で重要な役割を果たしていることは，広く認識されている．特に，計算機の性能の向上と使いやすいプログラムパッケージの普及により，分子軌道法による構造やエネルギーの計算は身近なものになった．しかし，あまりにも手軽に数値データを得ることができるため，何のために計算をするのか深く考えることなく，また目的にあった手法を吟味することなく漫然と計算を行いがちである．反応速度やスペクトルデータなどの数値の信頼性に対するのと同じ慎重さが，理論計算にも求められる．

分子軌道法計算によって得られる構造やエネルギーは絶対零度でのポテンシャルエネルギーに基づくものであるということも認識しておかなければならない．構造最適化はポテンシャルエネルギーの極小値に関して求められるもの

であって，自由エネルギーの極小値に関係するものではない．ポテンシャルエネルギー上で求められた遷移状態の構造や反応経路が現実の化学反応を支配している遷移状態構造や反応経路と同じである保証はないのである．本書では，読者諸氏がこれらの注意事項を考慮しつつ，実際に計算したり論文を読んだりする際に役立つと思われる理論計算に関する要点について解説する．

3.6.1 計　算　法

　非経験的分子軌道法は，近似の程度を上げると計算結果の信頼性が向上することが保証されているという点で，パラメーターの最適化によって精度を得る経験的方法よりも優れた計算法である．しかし，非経験的分子軌道法とはいっても，Schrödinger 方程式を厳密に解くわけではなく，さまざまな近似の下に解を得ることになる．近似の方向としては，計算法と基底関数という二つの要素がある．すなわち，電子間相互作用をどのように取り扱うかという問題と，原子軌道をどの程度まで精密に書き表すかという問題である．この二つの近似のバランスが悪いと，近似を上げたつもりでも逆によくない結果を与えるかもしれないことに注意が必要である．

　計算法として，最も簡単で計算時間も速いのは Hartree-Fock (HF) 法である．通常の HF 法は RHF (restricted HF) 法とよばれ，α スピンと β スピンとは区別されないので，閉殻系の分子のみに用いられる．ラジカルなどの開殻系分子には UHF (unrestricted HF) 法を用いる．HF 法では，電子間の相互作用が無視されているので，基底状態の安定構造については比較的よい結果を与えるものの，化学反応に適用する場合には注意を要する．

　電子間相互作用，すなわち電子相関を計算に取り込む方法には配置間相互作用 (configuration interaction, CI) 法と摂動 (perturbation) 法がある．配置間相互作用法では，HF 法で求めた軌道のうち，HF 法では電子の入っていない空軌道にも電子が入れる自由度を与えて波動関数を記述する．配置間相互作用の取り込み方によって，SDCI，QCIDS，MRCI などの方法がある．また，CASSCF 法では active space として選択した分子軌道のすべての励起状態を考慮して SCF 計算を行う．摂動法では，HF 法で求めた電子状態に対し，摂動理論に基づいて順次補正項を加えて電子相関の効果を取り込む．Møller-

Plesset法がよく知られており，加える補正項のレベルによって，MP2法やMP4法などがある．励起状態の寄与が重要な系の計算にはこれらの方法を用いることが不可欠である．

密度汎関数法(density functional theory, DFT)は，電子密度の汎関数を解くことによって系のエネルギーや電子状態を得るもので，計算結果には電子相関の効果が含まれている．汎関数の取り方によって種々の方法があるが，B3LYPが最もよく用いられる．DFT法は，電子相関を取り込むことができる割には計算時間が短いので盛んに用いられているが，化学反応系の記述の信頼性は必ずしも確立されてはいないので，他の計算法や類似の反応系との比較を通して，注意深く用いるべきである．

3.6.2 基底関数

分子軌道関数は原子軌道関数の線形結合で表されるが，各原子の1s, 2s, $2p_x$などの軌道は1個または複数個の基底関数とよばれる関数を用いて記述される．minimal basis set, double-zeta basis set, triple-zeta basis setなどがあり，大きな基底関数ほど軌道の形をよりよく表現できる．有機化合物の計算でよく用いられる6−31G基底関数はdouble-zeta basis setの一種で，内殻軌道を一つの基底関数，外殻軌道を二つの基底関数で記述するもので，それぞれ6個，3個および1個のGauss型関数で表現する．6−311G基底関数はtriple-zeta basis setの1種である．これ以外に結合状態の変化などによる軌道のひずみを表現するための分極関数(polarization function, ＊で表記される)やアニオンなどの空間的に拡がった軌道を表現するための関数(diffuse function, ＋で表記される)が必要に応じて加えられる．たとえば，6−31+G＊は，6−31G基底関数にpolarization functionとdiffuse functionが加わった基底関数である．

3.6.3 計算結果

有機化学者が計算によって求めるものとしては，基底状態の平衡構造や遷移状態構造とそのエネルギー，振動数，ポテンシャルエネルギー地図，反応経路などが主なものであろう．これらのうち，平衡構造はエネルギーの極小値，す

なわちエネルギーの一次微分がゼロの点として求めることができる．遷移状態は鞍部であり，反応座標の方向に沿ったエネルギーの極大値であるので，平衡構造と同じように求めることはできない．遷移状態はエネルギーの一次微分がゼロでかつ1個の負の力定数をもつ点として求められる．求まった平衡構造や遷移状態が定常点であることは，振動計算を行って確かめなければならない．平衡構造では正の振動数 $3n-6$ 個が，また遷移状態では $3n-7$ 個の正の振動数と1個の虚数の振動数が得られることが必要である．また，これらの振動数は調和振動子近似によって算出されているので，常に過大評価されている．その程度は計算法によって異なるので，計算法ごとの補正因子 (1.12 (HF), 1.04 (B3LYP), 1.06 (MP2)) で割り算することで実測値との比較が行われる．

構造最適化によって求めた遷移状態が本当に求めたい遷移状態であることは，振動計算によって得られた虚数の振動数の振動モードをみることで見当を付けることができる．しかし，より厳密には，求めた遷移状態が反応原系や生成系と最小エネルギー経路 (minimum energy path, MEP) で繋がっていることを確認することが望ましい．MEP は，遷移状態の最適化構造から固有反応座標 (intrinsic reaction coordinate, IRC) の計算を行うことで求められる．また，比較的簡単な反応の場合には，反応に関係する一つあるいは二つの自由度を固定し残りの自由度についてエネルギーを最小化する計算を繰り返すことによって，二次元あるいは三次元のポテンシャルエネルギー地図を作成することができる．反応の様子を知る上で有効である．

分子軌道法に代表される理論計算によって有機反応の経路を精密に求めることができるようになったとはいっても，それはあくまで気相での孤立した分子の話である．気相での計算が身近になったいま，理論計算のターゲットが溶液反応，あるいはもっと一般的に固相や界面を含むさまざまな反応環境における化学反応の計算に向かうことは自然の成り行きである．溶液反応の理論計算については第4章で述べる．

引用文献

1) フレミング著,福井謙一監修,竹内敬人,友田修司訳,フロンティア軌道法入門,講談社サイエンティフィク(1978).
2) 稲垣都士,石田 勝,和佐田裕昭,有機軌道論のすすめ,丸善(1999).

4
溶 媒 効 果

4.1 気相反応と溶液反応

　有機反応の反応式は，反応物から生成物にいたる化学変化を表しているが，反応系に多量に存在する溶媒分子はあからさまに書かれていないことが多い．実際には，溶媒は均一系で反応を穏和に進める上で大きな役割をはたしているだけでなく，その種類によって反応の速度や選択性に大きな影響を及ぼしている[1,2]．

　溶液反応において溶媒がいかに大きな効果をもっているかは，気相反応と比較すればわかる．たとえば，塩化メチルの塩化物イオンによる求核置換反応の速度を気相で測定したところ，水溶液中におけるよりも 10^{20} 倍も大きいことがわかった[3]．この反応 (4.1) は，気相ではまず反応原系よりも安定な会合錯体を形成し，原系のエネルギーとあまり違わない遷移状態を経て反応するのに対して，溶液中ではアニオンが溶媒和されることによって反応原系が大きく安定化され，気相でみられたような前駆錯体を形成することなく高い遷移状態を経て反応する (図 4.1)．反応速度の差異は，主として反応原系の溶媒和に基づくものである．

$$Cl^- + CH_3\text{-}Cl \rightarrow [Cl\cdots CH_3\text{-}Cl] \rightarrow [Cl\cdots CH_3\cdots Cl]^{\ddagger} \qquad (4.1)$$
$$\rightarrow [Cl\text{-}CH_3\cdots Cl] \rightarrow Cl\text{-}CH_3 + Cl^-$$

　電荷をもたない求核種（たとえばアミン）の場合には，生成物がイオンであり，事情は全く逆になる．気相における反応は，溶液におけるよりも極端に遅い．

$$(C_2H_5)_3N + C_2H_5I \rightarrow (C_2H_5)_4N^+ + I^- \qquad (4.2)$$

　塩化 t-ブチルの S_N1 反応でもよく似た結果になる．この反応は t-ブチルカ

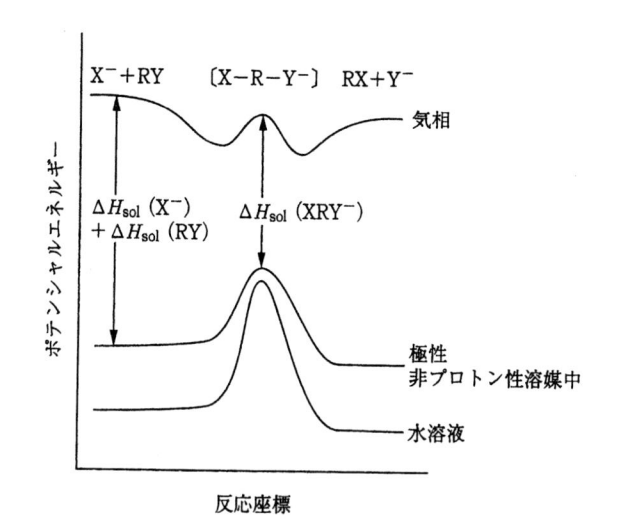

図 4.1 求核置換反応 (4.1) におけるポテンシャルエネルギー変化 [文献 3]

チオンと塩化物イオンへのイオン化反応 (4.3) に相当し，気相では 630 kJ mol^{-1} もの吸熱反応になるはずであるが，溶解熱から計算すると水溶液中ではわずかに 80 kJ mol^{-1} の吸熱反応と計算される．

$$(CH_3)_3C\text{-}Cl \rightarrow [(CH_3)_3C\cdots Cl]^{\ddagger} \rightarrow (CH_3)_3C^+ + Cl^- \qquad (4.3)$$

このように溶液反応において溶媒が大きな役割をはたしていることに疑いはない．それは，溶媒分子と溶質分子との間の相互作用の集積として現れている．そのような分子間相互作用[4]については，前章で述べた．

4.2 溶媒の分類

溶媒として使われる液体には，水から有機化合物，さらにはイオン性液体とよばれる低融点の塩まである．これらは，溶媒分子どうしおよび溶質-溶媒分子間の相互作用の種類に基づいて分類される．水素結合可能な水素，すなわちヘテロ原子に結合した水素をもつ溶媒は，プロトン性溶媒 (protic solvent) とよばれ，そのような水素をもたない非プロトン性溶媒 (aprotic solvent) と区別される．プロトン性溶媒は水素結合によってアニオンを強く溶媒和するだけでなく，ヘテロ原子上に非共有電子対をもつのでカチオンも溶媒和でき，求核

表 4.1 溶媒の物性値と極性パラメーター[a]

No.	溶媒[b]	ε	μ[c]	n_D	a[d]	δ_H[e]	$E_T(30)$[f]	E_T^N[f]
	(1) 無極性溶媒							
1	ペルフルオロヘキサン	1.57	0	1.2515	12.7	11.7		
2	ヘキサン	1.89	0	1.3749	11.8	15.0	31.0	0.009
3	シクロヘキサン	2.02	0	1.4262	10.9	16.8	30.9	0.006
4	ベンゼン	2.40	0	1.5011	10.4	18.8	34.3	0.111
5	トルエン	2.43	1.0	1.4969	12.3	18.3	33.9	0.099
6	四塩化炭素	2.30	0	1.4602	10.5	17.6	32.4	0.052
7	二硫化炭素	2.64	0	1.6275	8.48	20.3	32.8	0.065
	(2) 低極性溶媒							
8	クロロホルム	4.89	13.8	1.4459	8.48	19.5	39.1	0.259
9	ジクロロメタン	9.02	5.2	1.4242	6.49	20.1	40.7	0.309
10	1,2-ジクロロエタン	10.74	6.1	1.4448	8.33	20.0	41.3	0.327
11	クロロベンゼン	5.74	5.4	1.5248	12.4	19.8	36.8	0.188
12	ジエチルエーテル	4.42	3.8	1.3524	8.91	15.4	34.5	0.117
13	1,2-ジメトキシエタン	(7.20)	5.7	1.3796	9.55	16.8	38.2	0.231
14	ジグライム	(5.8)	6.6	1.4078	14.0		38.6	0.244
15	THF	7.47	5.8	1.4072	7.93	19.0	37.4	0.207
16	1,4-ジオキサン	2.102	1.5	1.4224	8.60	19.7	36.0	0.164
17	酢酸エチル	6.03	6.1	1.3724	8.83	18.2	38.1	0.228
18	トリエチルアミン	2.45	2.9	1.4010	13.3	15.2	32.1	0.043
19	ピリジン	13.22	7.9	1.5102	9.53	21.7	40.5	0.302
	(3) 非プロトン性極性溶媒							
20	アセトン	21.36	9.0	1.3587	6.41	22.1	42.2	0.355
21	2-ブタノン	18.85	9.2	1.3788	8.21	18.7	41.3	0.327
22	プロピレンカルボナート	62.93	16.5	1.4215	8.56	21.8	46.0	0.472
23	DMF	37.06	10.8	1.4305	11.5	24.1	43.2	0.386
24	DMA	38.30	12.4	1.4384	9.63	23.3	42.9	0.377
25	N-メチル-2-ピロリドン	(32.58)	13.6	1.4700	10.6	23.6	42.2	0.355
26	DMEU	(37.60)	13.6	(1.4707)			42.5	0.364
27	DMPU	(36.12)	14.1	1.4880	13.8		42.1	0.352
28	アセトニトリル	36.00	11.8	1.3441	4.41	24.1	45.6	0.460
29	ニトロメタン	36.16	11.9	1.3819	4.95	25.7	46.3	0.481
30	HMPA	29.00	18.5	1.4588	16.03	19.1	40.9	0.315
31	DMSO	46.71	13.5	1.4793	7.99	26.6	45.1	0.444
32	スルホラン	42.13	16.0	1.481	10.77	27.2	44.0	0.410
	(4) プロトン性溶媒							
33	酢酸	6.17	5.6	1.3719	5.15	18.9	51.7	0.648
34	ホルムアミド	111.0	11.2	1.4475	4.23	39.6	55.8	0.775
35	NMF	(182.4)	12.9	1.4319	6.05		54.1	0.722
36	NMA	191.3[g]	14.2	1.4257[g]	7.85	29.4	52.0	0.657
37	メタノール	32.35	5.7	1.3284	3.26	29.3	55.4	0.762
38	エタノール	25.00	5.8	1.3614	5.13	26.0	51.9	0.654
39	1-プロパノール	(20.45)	5.5	1.3856	6.96	24.4	50.7	0.617
40	2-プロパノール	(19.92)	5.5	1.3772	6.98	23.7	48.4	0.546
41	1-ブタノール	(17.51)	5.8	1.3993	8.79	23.3	49.7	0.586
42	t-ブチルアルコール	(12.47)	5.5	1.3877	8.82	21.6	43.3	0.389

43	TFE	(26.67)	7.6	(1.291)	5.21	23.9	59.8	0.898
45	HFIP			1.2750	7.20		65.3	1.068
46	エチレングリコール	38.66	7.7	1.4318	5.73	32.4	56.3	0.790
48	水	80.10	5.9	1.3330	1.46	47.9	63.1	1.000

a) 20℃, かっこ内の数値は 25℃.
b) ジグライム: (MeOCH₂CH₂)₂O, DMF: HCONMe₂, DMA: MeCONMe₂, HMPA: (Me₂N)₃PO, NMF: HCONHMe, NMA: MeCONHMe, TFE: CF₃CH₂OH, HFIP: (CF₃)₂CHOH,

N-メチルピロリドン: (構造式) DMEU: (構造式) DMPU: (構造式) スルホラン: (構造式)

c) 双極子モーメント $(\mu/10^{-30}$ cm). 1 Debye$=3.336\times10^{-30}$ cm.
d) 分極率 $(\alpha/10^{-30}$ m$^3)^{5)}$.
e) Hildebrandの溶解パラメーター $(\delta_H/J^{1/2}$ cm$^{-3/2})^{5)}$.
f) ソルバトクロミズムによる極性パラメーター, 25℃[6].
g) 32℃.

種としても反応できる.一方,非プロトン性極性溶媒 (polar aprotic solvent) はその非共有電子対によってカチオンを効率よく溶媒和し,塩(アニオン-カチオン対)を溶かすにもかかわらずアニオン(求核種)を溶媒和しないので,求核種の反応のよい溶媒になる.

代表的な溶媒の物性値を表4.1にまとめてあるが[2,5,6],これらの溶媒はおおむね次のように分類される.

プロトン性溶媒:水,アルコール,カルボン酸,N-メチルホルムアミド (NMF), N-メチルアセトアミド (NMA)

非プロトン性極性溶媒$(\varepsilon>15)$:アセトン,アセトニトリル,ニトロメタン,N,N-ジメチルホルムアミド (DMF),ジメチルスルホキシド (DMSO),ヘキサメチルリン酸トリアミド (HMPA),スルホラン

極性の低い非プロトン性溶媒$(15>\varepsilon>4)$:エーテル,テトラヒドロフラン (THF),ハロアルカン,ハロベンゼン,酢酸エチル

無極性(非プロトン性)溶媒$(\varepsilon<4)$:アルカン,シクロアルカン,ベンゼン,トルエン,四塩化炭素

4.3 溶液の構造

4.3.1 液体の構造と溶媒和

　気体では個々の分子が相互作用をもつことなく自由に運動しているのに対して，結晶性固体では分子間力に基づいて分子が規則正しく配列した構造をとっている．液体においては，分子は固体と変わらないほど密に存在し，互いに相互作用をもちながらも熱運動している．結晶のように規則的な構造ではないが，全く無秩序な構造をとっているわけではない．実際には，液体では近距離における分子間の関係は固体と同様にかなり規則的であるが，距離とともに分子間の相関が急速に失われる．しかも分子は，ピコ秒の時間領域で熱運動によってゆらいでいる．このような液体の描像は分子間相互作用の種類と大きさに依存している．

　氷（水の結晶）は，酸素原子を中心とする正四面体配置の水素結合を通してダイヤモンドのような格子構造を形成しているが，液体の水になると水素結合が部分的に切れて，動きやすくなった水分子が格子のすき間にもぐり込んだような形になっている（貫入モデル）と考えられている．アルコールは，水のような三次元構造はとれないが水素結合によって鎖状構造をとっている．

　非プロトン性極性溶媒の場合には，双極子-双極子相互作用によって液体構造を形成しているし，無極性溶媒でも隣接分子間では揺らぎをもちながらも一定の安定な配向をとっている．

　このような溶媒に溶質分子が溶け込むと，その分子のまわりに溶媒分子が引きつけられ，バルクの溶媒とは異なる配向をもった溶媒分子の層ができる．これを溶媒和殻 (solvation shell) といい，このような溶質分子に対する溶媒分子の近距離相互作用を溶媒和 (solvation) という．この様子は，模式的に図 4.2 のように表すことができる．

　溶質分子の正電荷に対しては溶媒分子の非共有電子対あるいは双極子の負末端を向けているし，負電荷あるいは非共有電子対に対してはプロトン性溶媒の水素（水素結合）あるいは非プロトン性溶媒の双極子の正末端を向けて，溶媒が組織化されている．

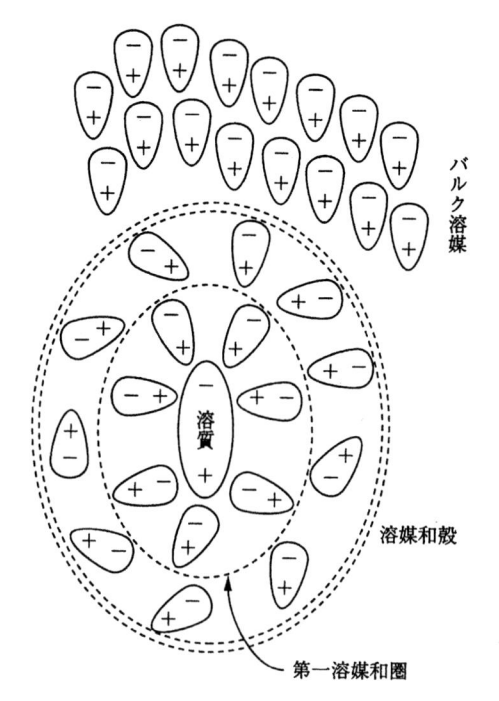

図 4.2 極性分子の溶媒和の模式図

4.3.2 分子クラスター

　弱い分子間相互作用によって結合してできた数分子ないし数百分子からなる分子集合体を，分子クラスターという[7-9]．液体をこのようなクラスターの集まりとみなして，種々の大きさのクラスターと大きな運動エネルギーをもつ遊離分子から構成されていると考える．液体内の分子はピコ秒の時間領域で回転したり入れ替わったりしているので，小さいクラスターもこの時間領域で生成したり消滅したりしていると考えられるが，数十分子からなる大きいクラスターはもっと長寿命であろう．このような分子クラスターを取り出して調べる手法がある．室温でクラスターを真空中に取り出すと，弱い結合が切れてばらばらになってしまう．しかし，超音速ジェット法という極低温に冷却された分子系を実現する方法がある．気体の断熱膨張による温度の低下を利用して，真空中にキャリヤーガスのジェット噴流をつくり，同時に噴出された溶質と溶媒分子から溶媒和クラスターをつくり出し，質量スペクトルで分析するものであ

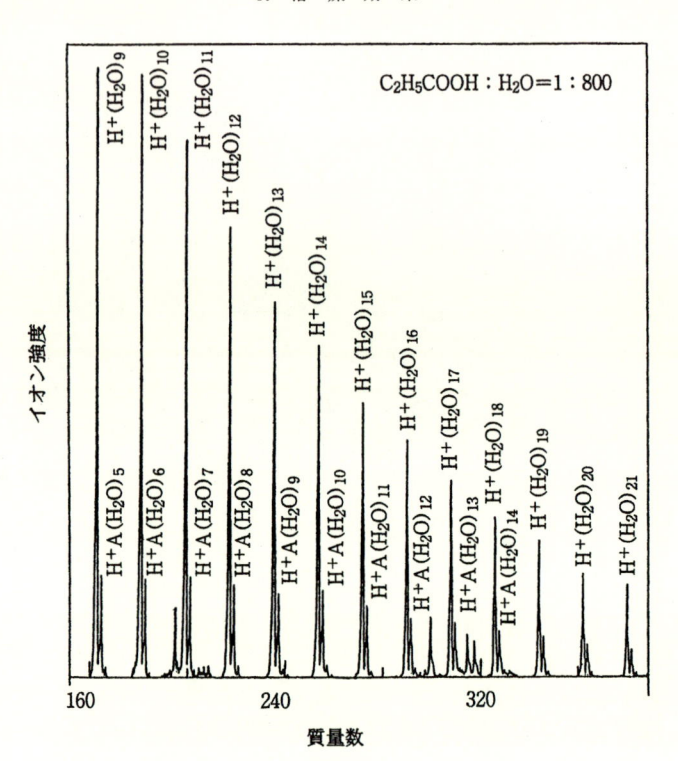

図 4.3 プロピオン酸水溶液 ($C_2H_5CO_2H : H_2O = 1 : 800$) から発生させたクラスターの質量スペクトル [文献 7, p. 267]

る.また,液体を真空チャンバー中に噴出させて,液滴から分子クラスターを取り出す手法 (液体断片化法) も開発されている.

液体断片化法によって得られた質量スペクトルの一例を図 4.3 に示す.プロピオン酸水溶液から取り出された水和クラスターのスペクトルである.溶液中の溶質と溶媒のモル比が 1/800 であるのに対して,クラスターのイオン強度比 $[H^+A(H_2O)_{n-1}]/[H^+(H_2O)_n]$ は約 1/7 であり,プロピオン酸の水和クラスターが大きく安定化されていることを示している.このような実験からカルボン酸の炭素鎖が長くなるにしたがって,クラスターの安定性が大きくなる傾向が明らかになり,水溶液中における疎水性相互作用を発現しているものと考えられた.

4.3.3 疎水性相互作用

炭化水素は水に溶けにくく，溶解すると系の Gibbs 自由エネルギーは増大する ($\Delta G>0$). 炭化水素が水に溶けるときには発熱する ($\Delta H<0$) ので，エントロピーは減少している ($\Delta S<0$) はずである．このエントロピーの減少は，溶質分子のまわりの水の構造が強化されるためであると考えられている．これは水の特異な液体構造に由来するものである．水は水素結合によるネットワークを形成しており，そのなかに無極性分子が溶けると，水分子の4個の水素結合サイトのうち少なくとも一つを不活性な溶質分子の方に向けなければならず，水素結合ネットワークが壊れる．この場合に最もよいのは，最小数の水素結合サイトを溶質分子に向けて，できるだけ多くのサイトが水素結合ネットワークに参加できるように再編成された状態である．それは溶質分子のまわりにかご状の包接構造をつくることであり，それによって4配位の水素結合を全く失うことなく再配向することができる．このようにかご状構造をとれるのは四面体配位の分子の特徴であり，無極性溶質分子による水の再配向は，もとの水の液体構造を破壊し周囲にもっと規則的な新しい水構造を形成することになるのでエントロピー的に不利な過程となる．

別々に水に溶けた無極性分子が二つあるとき，それらが凝集して合一すると，両者をとりまく組織化された水分子の数は少なくてすみ，それだけエントロピーも増大する．すなわち，水溶液中で無極性分子や分子の非極性基が凝集すると，組織化された水分子が一部解放されてエネルギー的に有利な状態になる．このような現象を疎水性相互作用 (hydrophobic interaction) という．

4.4 溶解のエネルギー

溶解に必要なエネルギーは，固体あるいは液体物質を孤立した分子にするためのエネルギーと孤立した分子 (真空または気相中) が溶媒中に移行したときに生じるエネルギー変化に分けられる．後者の Gibbs 自由エネルギー変化 $\Delta G°_{\text{solv}}$ を溶媒和エネルギーといい，このエネルギーに寄与する主な因子は次のように分けられる．

・溶解した分子が溶媒分子を排除してキャビティーをつくるためのエネ

ギー
- 溶質分子によって引き起こされる溶媒分子の配向エネルギー
- 溶質-溶媒分子間相互作用

4.4.1 キャビティーモデル

　キャビティーをつくるために失われる溶媒分子どうしの相互作用エネルギーは溶媒の気化エネルギーを用いて評価できる．単位体積当たりの蒸発熱 ΔH_{vap} を用いて，凝集エネルギー密度 c が式(4.4)のように定義されており，溶媒分子の凝集力を表している．ここで V_m はモル体積である．

$$c = \frac{\Delta H_{vap} - RT}{V_m} \quad (4.4)$$

Hildebrand は c の平方根を溶解パラメーター δ_H (solubility parameter, $\delta_H = c^{1/2}$) とよび，このパラメーターを用いると溶媒 s に溶けた溶質 i の活量係数 γ_i は式(4.5)で表されるという．

$$\ln \gamma_i = \frac{V_i(\delta_i - \delta_s)^2}{RT} \quad (4.5)$$

ここで V_i は溶質 i のモル体積，δ は溶質と溶媒の溶解パラメーターである．この式は溶質の δ_H 値が，溶媒の値に近いほどよく溶けることを示しており，「似たものは似たものをよく溶かす」という経験則を表している．δ_H 値は表 4.1 にまとめてあるが，溶媒分子どうしの相互作用の強さを表している．ペルフルオロ溶媒の δ_H 値は特に小さいのに対して，プロトン性溶媒は大きな値をもっている．

　溶質分子が半径 r の球形のキャビティーの中心にあると考えて，静電相互作用によって溶媒和エネルギーを見積もることができる．このキャビティーモデルは 1920 から 1930 年代に，M. Born, R. P. Bell, J. G. Kirkwood, L. Onsager らによって提案され，発展されたものであり，いまでも溶媒の誘電体モデルとして使われている．

　溶質がイオンであるとき，それを点電荷 q で近似し，溶媒の比誘電率を ε，キャビティーの比誘電率を 1 とすると，溶媒和エネルギー $\Delta G°_{solv}$ は式(4.6)で表される．これを Born 式という．

$$\Delta G°_{\text{solv}} = -\frac{q^2}{r}\left(\frac{\varepsilon-1}{2\varepsilon}\right) \tag{4.6}$$

溶質が極性分子であるとき,分極を受けない点双極子 μ として近似すると,Kirkwood 式(4.7)が得られる.

$$\Delta G°_{\text{solv}} = -\frac{\mu^2}{r^3}\left(\frac{\varepsilon-1}{2\varepsilon+1}\right) \tag{4.7}$$

また,キャビティーの比誘電率を2(アルカンの ε)とすると,式(4.8)の形になる.

$$\Delta G°_{\text{solv}} = -\frac{3\mu^2}{8r^3}\left(\frac{\varepsilon-1}{\varepsilon+1}\right) \tag{4.8}$$

溶媒の極性を比誘電率 ε で整理するとき,$(\varepsilon-1)/(2\varepsilon+1)$ あるいは $(\varepsilon-1)/(\varepsilon+1)$ との相関をとることがあるのは,以上のような根拠に基づいている.

4.4.2 溶媒和エネルギー

大きな溶媒和エネルギーは,電解質(塩)が水へ溶けるときにみられる.代表的なイオンの水和の Gibbs エネルギーを表4.2にまとめてある.カチオンとアニオンは常に共存しているので,個別のイオンの水和エネルギーを直接測定することはできないが,計算により各イオンに分割されている.これらの水和エネルギーは結合エネルギーに匹敵するほど大きく,実際に多くの水和塩が単離されている.結晶性の塩の溶解熱は,結晶における分子間エネルギーである格子エネルギーと溶媒和エネルギーの差で表され,格子エネルギーよりも溶媒和エネルギーの方が大きければ発熱的になるが,吸熱的な溶解もよくみられる.たとえば,NaCl の水への溶解はわずかに吸熱的である.

溶媒和エネルギーは,気相から溶媒への移行エネルギーに相当するが,水以外の溶媒についてはあまり測定値がないので,有機溶媒への溶解性については

表4.2 イオンの水和エネルギー(25℃)[5]

カチオン	$\Delta G°_{\text{solv}}/\text{kJ mol}^{-1}$	アニオン	$\Delta G°_{\text{solv}}/\text{kJ mol}^{-1}$
H^+	-1056	F^-	-472
Li^+	-481	Cl^-	-347
Na^+	-375	Br^-	-321
K^+	-304	I^-	-283
Mg^{2+}	-1838	HO^-	-439
Al^{3+}	-4531	SO_4^{2-}	-1090

溶媒間移行エネルギーに基づいて考える．溶質 X の溶媒 S_1 から溶媒 S_2 への移行の標準エネルギー $\Delta G°_t(X, S_1 \rightarrow S_2)$ はそれぞれの溶媒における活量係数 γ^1 および γ^2 によって式 (4.9) で定義される．$^t\gamma^2$ は溶媒間移行活量係数 (solvent transfer activity coefficient) とよばれる．

$$\Delta G°_t(X, S_1 \rightarrow S_2) = RT \ln(\gamma^1/\gamma^2) = RT \ln{}^t\gamma^2 \qquad (4.9)$$

活量係数 γ は蒸気圧，溶解度，あるいは分配係数などの測定から求められ，溶質どうしの相互作用に基づいている．

水からメタノールおよび代表的な非プロトン性極性溶媒への溶媒間移行 Gibbs エネルギー $\Delta G°_t(X, W \rightarrow S)$ を表 4.3 にまとめている．この値が正であるときには水の方に溶けやすく，負のときには有機溶媒の方に溶けやすいことを示している．有機分子などの電荷をもたない溶質は，いずれも負の値を示し，有機溶媒に溶けやすいことがわかる．一方，ここに取り上げたアニオンの $\Delta G°_t(X, W \rightarrow S)$ はすべて正であり，水中で安定に溶媒和されていることを示している．小さくて電荷密度の高いアニオンは，非プロトン性極性溶媒に対して特に大きな値を示し，溶媒和が失われることを示唆している．カチオンは，

表 4.3　水から有機溶媒への溶媒間移行 Gibbs エネルギー[a]

溶質	溶媒			
	CH_3OH	DMF	CH_3CN	DMSO
H^+	10.4	−18	46.4	−19.4
Li^+	4.4	−10	25	−15
Na^+	8.2	−9.6	15.1	−13.4
K^+	9.6	−10.3	8.1	−13.0
Ag^+	6.6	−20.8	−23.2	−34.8
$(CH_3)_4N^+$	6	−5.3	3	−2
F^-	16	51	71	
Cl^-	13.2	48.3	42.1	40.3
Br^-	11.1	36.2	31.3	27.4
I^-	7.3	20.4	16.8	10.4
CN^-	8.6	40	35	35
ClO_4^-	6.1	4	2	
I_2	−13.1	−23.3	−14.2	−36.5
C_2H_6	−9.7			−6.3
CH_3I	−8.0	−10.9	−10.3	−10.9
$(CH_3)_3CCl$	−17.1	−18.2		−16.5

a) 25℃における $\Delta G°_t(X, W \rightarrow S)/\text{kJ mol}^{-1}$．文献 5 および A. J. Parker, *Chem. Rev.*, **69**, 1 (1969) 記載のデータから計算．

一般的にアニオンに比べるとサイズも分極率も小さく,水素結合安定化も受けないので,溶媒の Lewis 塩基性によって強く安定化される.すなわち,DMFと DMSO のように塩基性の高い溶媒によって効率的に溶媒和されることがわかる ($\Delta G°_t(X, W \rightarrow S) < 0$).$Ag^+$ が特徴的に非プロトン性極性溶媒に高い溶解性を示すことも注目される.

溶媒間移行エネルギーの解析を化学反応の活性化エネルギーに適用して,遷移状態の移行エネルギー $\Delta G°_t(TS)$ を推算することができる.種々の溶媒についてこの推算値を適当なモデル化合物の移行エネルギーと比較して,その類似性から遷移状態構造を考察することができる[10].たとえば,塩化 t-ブチルの加溶媒分解についてメタノールからの $\Delta G°_t(TS)$ を求め,塩化テトラメチルアンモニウムの $\Delta G°_t$ に対してプロットするとよい相関が得られる.このことから遷移状態 $[Me_3C\cdots Cl]$ は $Me_4N^+Cl^-$ のイオン対とよく似ているといえる.

4.5 混合溶媒

混合溶媒は,その成分溶媒の平均的性質を示すとは限らない.2 種類の溶媒を混ぜると体積が変化することもよくあり,異なる溶媒分子間の相互作用が単一の場合とは明らかに異なることを示す.この結果は種々の性質に反映される.

4.5.1 選択的溶媒和

混合溶媒にイオンや極性分子を溶かしたときに,溶媒和殻の溶媒組成が全体の溶媒組成と異なることがよくある.成分溶媒のうち大きな負の溶媒和 Gibbs エネルギーをもつ溶媒が優先的に溶質に配位するはずであり,その結果溶媒和殻の組成が全体の組成からずれてくる.このような現象を選択的溶媒和 (selective solvation) という.硝酸銀を水-アセトニトリル混合溶媒に溶かすと,Ag^+ は選択的にアセトニトリルで,NO_3^- は水で溶媒和されることが知られている.一方,塩化カルシウムの水-メタノール溶液では,Ca^{2+} も Cl^- も主として水に溶媒和されている.Ag_2SO_4 はメタノール-DMF 混合溶媒にはよく溶けるが,それぞれの溶媒単独にはほとんど溶けない.Ag^+ が DMF で,

SO_4^{2-} がメタノールで選択的に溶媒和されるためである．Ag^+ が非プロトン性極性溶媒でよく溶媒和されることは，表4.3の溶媒間移行エネルギーの値からも明らかである．

4.5.2 混合溶媒への溶媒間移行エンタルピー

選択的溶媒和の結果は，特にプロトン性溶媒と非プロトン性溶媒の混合系で現れやすい．アセトニトリル(AN)からメタノール-AN混合溶媒(mix)への溶媒間移行エンタルピー $\Delta H°_t$ (AN → mix) を，種々のアニオンについてテトラブチルアンモニウム塩の溶解熱の測定値から計算することができる．その結果は図4.4に示すようになる[11]．電荷をもたない有機分子は，ヨウ化エチルの例のようにほとんど一定であるが，アニオンはその構造によって特徴的な変化を示す．ClO_4^- の $\Delta H°_t$ は吸熱的でメタノール含量とともに単調に増大するのに対して，Br^- やカルボキシラートは少量のメタノールによって急激な発熱的変化 ($\Delta H°_t < 0$) を示したのち，メタノール含量とともに $\Delta H°_t$ はゆるやかに増大する．吸熱的で単調な $\Delta H°_t$ の変化は主として非特異的分子間相互作用によ

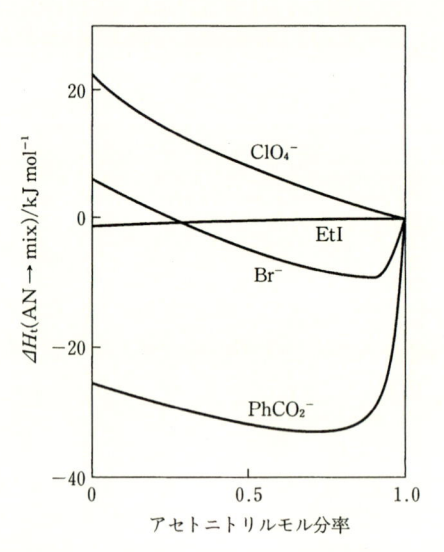

図4.4 メタノール-アセトニトリル混合溶媒への
アセトニトリルからの移行エンタルピー
文献11の図をもとに改変．

るものであり，メタノールによる $\Delta H°_t$ の急激な減少は特異的溶質-溶媒相互作用（水素結合），すなわち選択的溶媒和に基づくものであると解釈され，この相互作用パターンによりアニオンが分類されている．

混合溶媒中における求核置換反応についてこの解析を適用すると，反応遷移状態の構造を考察できる．反応(4.10)の活性化エンタルピーから遷移状態の溶媒間移行エンタルピーを推算すると，その変化は ClO_4^- の変化とよく似ていることがわかった．すなわち，この求核置換の遷移状態は，ClO_4^- の構造に類似した式(4.10)に示したようなものであると考察された[12]．

$$CH_3CH_2\text{-}I + Br^- \rightleftharpoons \left[\begin{array}{c} H\ H \\ \delta- \quad | \ | \quad \delta- \\ Br\text{---}C\text{---}I \\ | \\ CH_3 \end{array} \right]^{\ddagger} \longrightarrow CH_3CH_2\text{-}Br + I^- \quad (4.10)$$

ClO_4^-

4.5.3 水-有機溶媒混合系

水と有機溶媒の混合系の物性値は，水の特別な液体構造を反映して，特異的な変化を示すことが多い．その一例として水-アルコール系の混合熱（過剰エンタルピー）の変化を図4.5に示す[13]．水にアルコールを加えていくと，どの場合にもエンタルピーの減少がみられ，さらにアルコール組成が増えるとアルコールの種類により異なった変化を示す．アルコール分率の小さい領域のエンタルピー減少は水の水素結合強化によるものであり，全体の複雑な変化は種々の相互作用の競争的な寄与の結果であるといわれているが，詳細は明らかでない．

媒質の酸性度（プロトン化能）を示す酸度関数 H_0（5.2節参照）は，水-有機溶媒混合系において図4.6のように変化する[14]．この図は $0.1\ mol\ dm^{-3}$ のHCl溶液の H_0 の溶媒組成による変化を示しているが，同じ酸濃度でもプロトン化能が溶媒組成に大きく依存し，中間領域で極小値になる．プロトン化平衡

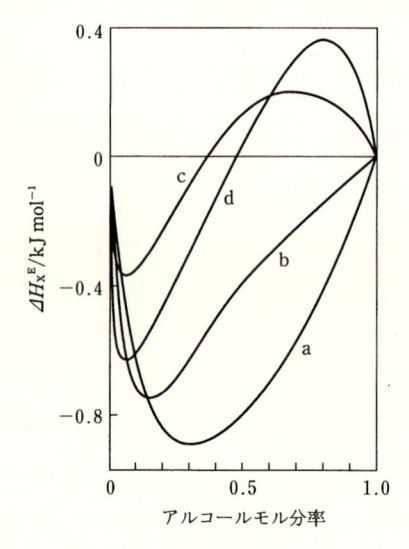

図 4.5 アルコール-水系の混合過剰エンタルピー（混合熱）(25℃)［文献 13, p. 201］
a メタノール, b エタノール, c 1-プロパノール, d t-ブチルアルコール.

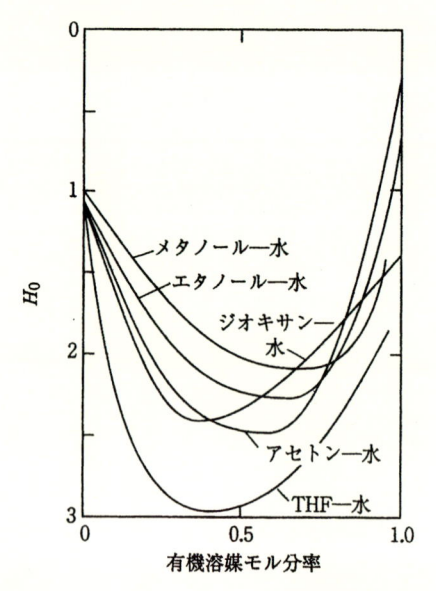

図 4.6 0.1 mol dm^{-3} の HCl を含む混合溶媒の酸度関数［文献 14, p. 163］

を式 (4.11) のように考えると，水溶液に有機溶媒を加えると有機塩基 B の活量係数が増大して H_0 が大きくなる（酸性度が小さくなる）が，さらに有機溶媒が増えて主成分になり誘電率が小さくなると，それに従って有効半径の大きい共役酸 BH^+ の方が H_3O^+ よりも溶けやすくなるので，再び酸性度が強く現れるものと説明される．酸触媒加水分解をこのような混合溶媒中で行う場合には，この点を考慮する必要がある．

$$B + H_3O^+ \rightarrow BH^+ + H_2O \tag{4.11}$$

$$H_0 = pK_a - \log\frac{[BH^+]}{[B]}$$

4.6 ソルバトクロミズム

吸収スペクトルにおいて吸収波長が溶媒の極性によって変化する現象をソルバトクロミズム (solvatochromism) という．発光スペクトルについていうこともあり，吸収強度の変化についていうこともあるが，通常は紫外可視吸収スペクトルの極大波長のシフトを対象とする．

4.6.1 吸収スペクトル

吸収波長のエネルギーは励起状態と基底状態のエネルギー差（励起エネルギー）に相当するので，それぞれの状態が溶媒効果を受けてエネルギー準位に変化が生じると，それに応じて励起エネルギーが変化し吸収波長がシフトする．紫外可視吸収スペクトルは電子状態を反映しているので，電子遷移により電子分布が変化する．すなわち，基底状態と励起状態の分子の電子分布が異なり，極性に違いがあるので，それぞれのエネルギー状態は溶媒の極性によって影響を受ける．図 4.7 に模式的に示すように，励起状態で基底状態よりも極性が大きくなる（励起状態の双極子モーメント μ_e が基底状態の μ_g よりも大きい）と，溶媒極性による安定化が励起状態で大きく，励起エネルギーが小さくなる．すなわち，溶媒極性の増大とともに吸収帯が長波長にシフトする．これを正のソルバトクロミズムあるいは赤方シフト (bathochromic shift または red shift) という．逆に，μ_e が μ_g より小さいときには溶媒極性により短波長

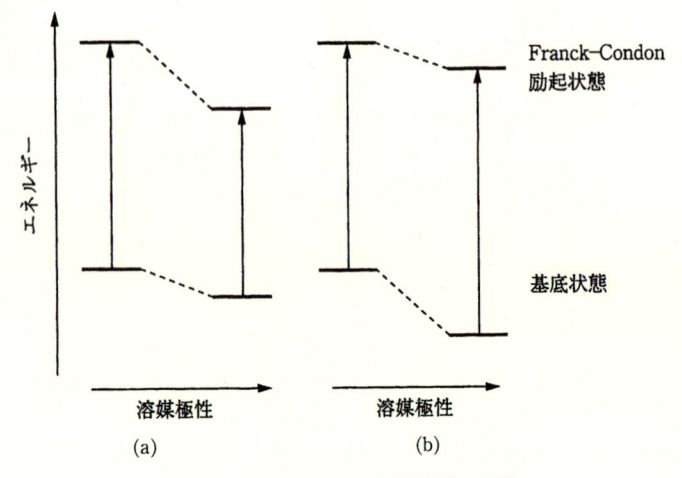

図 4.7 電子遷移に及ぼす溶媒極性の影響
(a) $\mu_g < \mu_e$ (正のソルバトクロミズム), (b) $\mu_g > \mu_e$ (負のソルバトクロミズム).

側へのシフトがみられ,負のソルバトクロミズムあるいは青方シフト (hypsochromic shift または blue shift) という.ただし,Franck-Condon 原理にいわれるように,電子遷移においては原子核配置の変化を伴わないので,溶媒の再配列も起こらない.つまり,溶媒は溶質分子が励起状態になって極性変化を起こしても,基底状態でとっていた配列のままであり,その状態で生じる分子間相互作用の変化を受ける.したがって,励起状態における効果は平衡的な溶媒和から予想されるほど大きくは現れない.すなわち,基底状態における効果の方が大きく現れやすいので,基底状態の極性が大きくて $\mu_g > \mu_e$ である場合にみられる負のソルバトクロミズムの方が,逆の場合にみられる正のソルバトクロミズムよりも顕著に観測される傾向がある.

電子遷移により大きな極性変化を起こすような分子が大きなソルバトクロミズムを示す.分子内に電子供与基と受容基を合わせもち,電荷分離型の共鳴構造式が書けるような分子は,基底状態と励起状態で電荷分離型構造の共鳴寄与が大きく変化する,すなわち電子遷移により分子内電荷移動が起こるので,極性が大きく変化し,大きなソルバトクロミズムを示す.

正のソルバトクロミズムを示す分子の代表例は,p-ニトロアニリン (**1**) やメロシアニン色素 (**2**) であり,励起状態で電荷分離した共鳴構造の寄与が大きく

なり双極子モーメントも大きくなる．

逆に，もともと分子内に分極した構造をもつベタインは負のソルバトクロミズムを示す．最も大きなソルバトクロミズムを示す物質の一つとしてよく知られているのはピリジニウム N-フェノキシドベタイン (**3**) であり，式 (4.12) に示すように，光を吸収すると分子内電荷移動が起こり，極性が小さくなる．図 4.8 にそのスペクトル変化を示したが，ジフェニルエーテル ($\lambda_{max}=810$ nm) から水 ($\lambda_{max}=453$ nm) まで，溶媒によって全可視領域を越える波長幅で吸収位置が変化するので，色の変化をみることができる．このソルバトクロミズムを用いて極性パラメーター E_T が定義されている[6,15]．

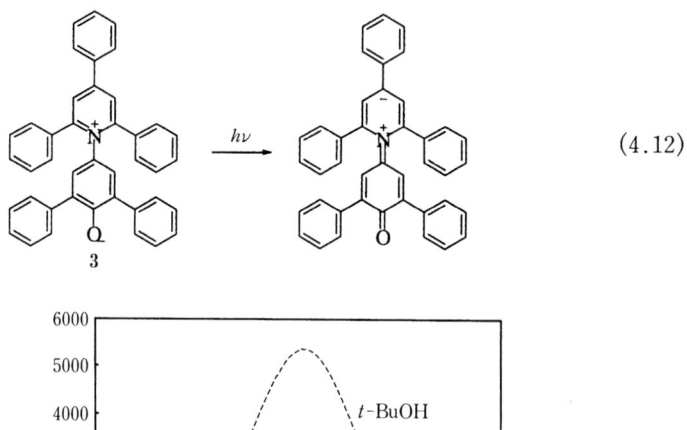

(4.12)

図 4.8 ベタイン色素 3 のアルコール中における吸収スペクトル

一般的に吸収の遷移エネルギー E_T は，kcal mol^{-1} 単位で式 (4.13) のように表される．

$$E_T = hcN\nu = (2.859 \times 10^{-3})\nu = \frac{2.859 \times 10^4}{\lambda} \tag{4.13}$$

ここで，ν と λ は吸収帯の波数 (cm^{-1}) あるいは波長 (nm) であり，c は光速度，h は Planck 定数，N は Avogadro 数である．

分子内電荷移動だけでなく，分子間の電荷移動 (CT) 錯体における電荷移動吸収も大きな溶媒効果を受ける．その代表例は，ヨウ化 1-エチル-4-メトキシカルボニルピリジニウム (**4**) にみられる負のソルバトクロミズムである．式 (4.14) に示すように CT 錯体 **4** の励起状態はビラジカルの形になり，極性が小さくなるばかりでなく双極子の向きも変化する．図 4.9 にみられるように，水溶液中ではほとんどみられない CT 吸収が溶媒の極性が小さくなるほど長波長に観測される．Kosower は，このスペクトル変化から溶媒極性パラメーター Z を提案している[17]．

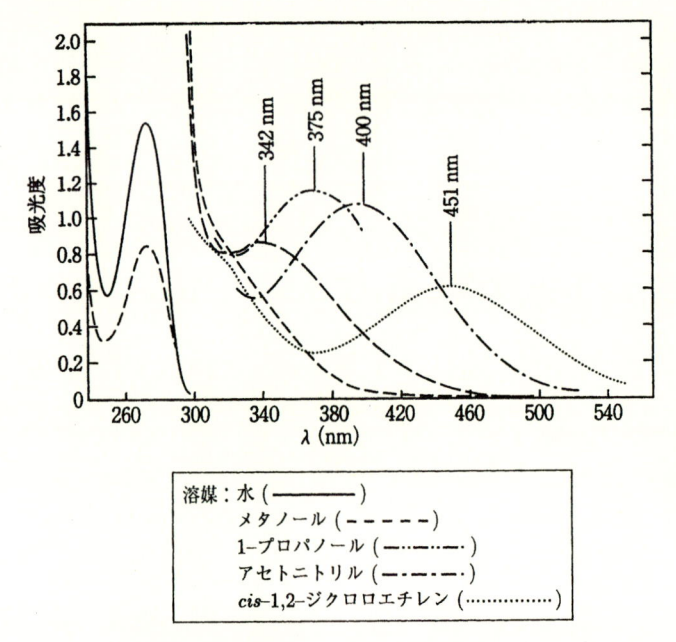

図 4.9　電荷移動錯体 (**4**) の紫外可視吸収スペクトル
文献 16, Figure 2.16 (p. 298) をもとに改変．

$$\underset{\substack{\text{CO}_2\text{CH}_3\\ \text{CH}_2\text{CH}_3}}{\text{pyridinium}^+} + \text{I}^- \rightleftharpoons \underset{\mu_g=46\times10^{-30}\,\text{Cm}}{\underset{\substack{\text{CO}_2\text{CH}_3\\ \text{CH}_2\text{CH}_3\\ \mathbf{4}}}{[\text{pyridinium}^+\cdots\text{I}^-]}} \xrightarrow{h\nu} \underset{\mu_e=29\times10^{-30}\,\text{Cm}}{\underset{\substack{\text{CO}_2\text{CH}_3\\ \text{CH}_2\text{CH}_3}}{[\text{pyridinyl}\cdot\,\text{I}\cdot]}} \quad (4.14)$$

カルボニル基の $n\to\pi^*$ 吸収帯は負のソルバトクロミズムを示すが，$\pi\to\pi^*$ 吸収帯は正のソルバトクロミズムを示す．$n\to\pi^*$ 励起状態では極性が減少するのに対して $\pi\to\pi^*$ 励起状態では極性が増大するからである．

4.6.2 蛍光スペクトル

蛍光スペクトルにも同様の溶媒効果が観測される．蛍光は，励起された分子がその一重項状態から基底状態にもどるときにみられる発光である．吸収スペクトルに反映される励起状態の溶媒配列は基底状態のままであったが，室温で観測される蛍光スペクトルは，励起状態で溶媒の再配列を起こした後で，その溶媒配列を保ったまま発光した結果として観測される．すなわち蛍光スペクトルに反映される基底状態は，励起状態の溶媒配列を保っている(図 4.10)．したがって，蛍光スペクトルは一般的に吸収スペクトルの長波長側にみられる．

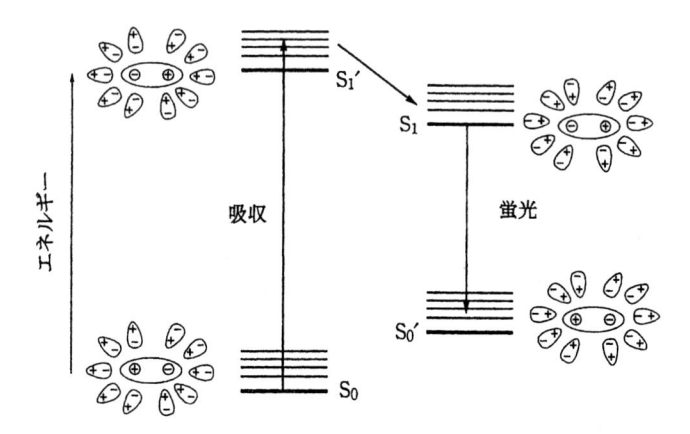

図 4.10 蛍光スペクトルに対する励起状態の溶媒配列の影響
S_1' と S_0' は励起状態と基底状態における Franck-Condon 状態を表している．

このような関係は，電子遷移が 10^{-15} 秒内に起こるのに対して，励起状態の寿命が 10^{-8} 秒程度であり，溶媒の再配列に要する時間がその中間の 10^{-12}〜10^{-10} 秒であることに由来する．

この結果は，蛍光スペクトルに対する溶媒効果にもみられ，励起一重項の極性が大きいほど大きな溶媒効果がみられる．レーザー色素としても用いられる 7-アミノクマリン **5** の蛍光スペクトルと吸収スペクトルはいずれも赤方シフトを示すが，蛍光に対する効果の方がずっと大きい．

溶媒	シクロヘキサン	アセトニトリル	水
吸収極大波長 (nm)	393	418	430
蛍光極大波長 (nm)	455	521	549

4.7 溶媒パラメーター

4.7.1 溶媒の物性値と経験的パラメーター

溶媒効果をパラメーターで表現できれば，観測データを定量化したり，比較して考察するのに便利である．そのために使われるものとして，溶媒の物性値と経験的なパラメーターがある．溶媒効果が分子間相互作用に基づいていることから，それを規定する比誘電率，分極率，屈折率などがその目的で使われる．比誘電率は静電相互作用に関係し，溶媒を均一な連続体とみなしたときの溶媒極性を表している．双極子モーメントも溶媒極性の尺度とみなせるが，これは溶媒分子の電荷分布を一次元的に表現するものに過ぎず，溶媒極性を定量化するパラメーターとしては適切ではない．分極率は van der Waals 相互作用に関係しており，分子の分極しやすさを表している．屈折率は，第3章の Lorentz-Lorenz 式 (3.7) からわかるように分極率を代表するパラメーターとして用いられる．これらはいずれも非特異的な相互作用に関係するものであり，溶媒和には水素結合や電荷移動相互作用のような特異的な相互作用が大きな役割を演じているので，これらの物性値だけでは不十分であり，それに代わ

るものとして経験的に決定されたパラメーターが広く使われている．4.4.1節で溶媒分子間の相互作用を表すパラメーターとして，溶解パラメーター δ_H があることを述べたが，溶媒和パラメーターとしてはあまり一般的ではない．

　経験的パラメーターは，ある基準プロセスに対する溶媒効果をパラメーター化したものであり，その基準プロセスが溶質-溶媒相互作用を総合的に読み取るプローブとなっている．したがって，有用なパラメーターになるためには基準プロセスの溶媒効果がよく理解されている必要がある．ある化学プロセスを経験的パラメーターで解析するということは，基準プロセスとの類似性を比較していることになる[*1]．

　もし偏倚があれば，基準プロセスをもとにしてその原因を考えることができる．したがって，経験的パラメーターを適用する場合には，その基準プロセスをよく吟味する必要がある．これまでに数多くの溶媒パラメーターが提案されてきたが，それらのなかで実際に広く用いられ，信頼性のあるパラメーターを紹介する．

4.7.2　ソルバトクロミズムに基づくパラメーター E_T

　ソルバトクロミズムは簡単に測定できるので，大きなソルバトクロミズムを示すものを基準物質に用いて溶媒パラメーターを決めることができる．その代表例がベタイン色素3に基づく $E_T(30)$ である．このパラメーターは，DimrothとReichardtによって提案され展開されてきたものであり[6,15]，非常に多くの溶媒と混合溶媒に対する $E_T(30)$ が決定されており，最も広く用いられている一般的溶媒極性パラメーターといえる．そのデータは文献[6]に詳しいが表4.1にもまとめた．$E_T(30)$ はもともと化合物番号30の遷移エネルギーという意味で用いられたが，いまでは固有のパラメーターを表している．この値はkcal mol^{-1} 単位で表されているので，SI単位を標準単位とする現在では，規格化した値 E_T^N を用いることが推奨されている[6]．

　ベタイン色素3は，フェノキシド酸素に負電荷をもっているので，非特異的な相互作用に加えて，水素結合相互作用も関与しているので注意を要する．一方，ピリジニウムの正電荷は非局在化しているので求核的な影響はほとんど受

[*1] この意味で，このような解析を類似度解析 (similarity analysis) ということがある．

けない.

4.7.3 極性パラメーター π^*

非特異的な溶媒極性は，上述のように比誘電率のような物性値でも表せるが，溶媒と特異的な相互作用をもたない基準物質のソルバトクロミズムからも経験的に求めることができる．当初いくつかの芳香族ニトロ化合物のソルバトクロミズムを平均化してパラメーターを決めることが試みられたが，類似度解析の考えから基準物質が明白であることが望ましいという見地に基づいて，4-ニトロアニソール 6 と N,N-ジエチル-4-ニトロアニリン 7 の二つの基準物質を選択した．両者を相補的に用いて広範な溶媒について極性パラメーター π^* が定義された (表 4.4)[18].

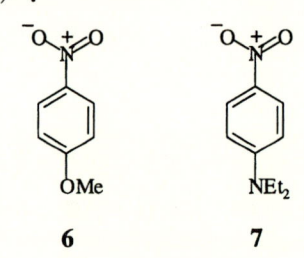

6　　**7**

表 4.4 溶媒の水素結合能パラメーター[a]

溶 媒	β	α	π^*	溶 媒	β	α	π^*
ヘキサン	0.00	0.00	−0.08	酢酸エチル	0.45	0.00	0.55
シクロヘキサン	0.00	0.00	0.00	安息香酸エチル	0.41	0.00	0.74
ジクロロメタン	0.00	(0.30)	0.82	プロピレンカルボナート	0.40	0.00	0.83
クロロホルム	0.00	(0.44)	0.58	DMSO	0.76	0.00	1.00
四塩化炭素	0.00	0.00	0.28	アセトニトリル	0.31	0.19	0.75
ベンゼン	0.10	0.00	0.59	HMPA	1.05	0.00	0.87
トルエン	0.11	0.00	0.54	DMF	0.69	0.00	0.88
クロロベンゼン	0.07	0.00	0.71	ホルムアミド	(0.55)	0.71	0.97
ニトロベンゼン	0.39	0.00	1.01	t-ブチルアルコール	(1.01)	0.68	0.41
ピリジン	0.64	0.00	0.87	2-プロパノール	(0.95)	0.76	0.48
ジエチルエーテル	0.47	0.00	0.27	1-ブタノール	(0.95)	0.79	0.46
1,4-ジオキサン	0.37	0.00	0.55	エタノール	(0.77)	0.83	0.54
THF	0.55	0.00	0.58	TFE	0.00	1.51	0.73
トリエチルアミン	0.71	0.00	0.14	メタノール	(0.62)	0.93	0.60
アセトン	0.48	0.08	0.71	酢酸		1.12	0.64
シクロヘキサノン	0.53		0.76	水[b]	0.18	1.17	1.09

a) 文献 18, 19.
b) バルク溶媒の値としては，0.47 が適当であるとされる (Y. Marcus, *J. Phys. Chem.*, **91**, 4422 (1982)).

4.7.4 水素結合能

重要な特異的溶質-溶媒相互作用の一つは水素結合であり,水素結合能は溶媒酸性と塩基性を表している.KamletとTaftらは,適当な基準化合物のソルバトクロミズムから非特異的な極性を差し引くことによって,溶媒の水素結合能を評価してパラメーター α と β を定義した(表4.4)[19].水素結合供与能(酸性)パラメーター α は,ベタイン色素3と4-ニトロアニソール6のソルバトクロミズムの差から定義し,水素結合受容能(塩基性)パラメーター β は,分子構造のよく似た4-ニトロアニリン1と N,N-ジエチル-4-ニトロアニリン7のソルバトクロミズムの差として定義した.

4.7.5 電子対供与能と受容能

溶媒による電子対供与-受容相互作用(電荷移動相互作用)がもう一つの特異的溶媒効果の原因になっている.溶媒の電子対供与能と受容能はLewis塩基性と酸性に相当するものであり,Gutmannによってドナー数 DN (donor number)とアクセプター数 AN (acceptor number)が提案されている(表4.5)[20].DN は,$SbCl_5$ と溶媒分子の1:1錯体生成反応(4.15)における発熱量 $(-\Delta H)$ を1,2-ジクロロエタン中で測定し,kcal mol^{-1} 単位で表したものである.

$$S: + SbCl_5 \xrightleftharpoons[\text{r.t.}]{ClCH_2CH_2Cl} \overset{+}{S} - \overset{-}{SbCl_5}$$

$$DN = -\Delta H \text{ (kcal mol}^{-1}) \tag{4.15}$$

一方,AN はトリエチルホスフィンオキシドの ^{31}P NMR化学シフトに基づいて定義されている.アクセプター溶媒は式(4.16)のような錯体を生成するので,その生成平衡が基準反応となっており,1,2-ジクロロエタン中における Et_3PO-$SbCl_5$ の ^{31}P 化学シフトを標準に用いている.

$$Et_3P=O + S \rightleftharpoons Et_3P^+\text{-}O\text{-}S^-$$

$$AN = \frac{\delta(S) - \delta(C_6H_{14})}{\delta(SbCl_5) - \delta(C_6H_{14})} \times 100 \tag{4.16}$$

表4.5 ドナー数とアクセプター数[19]

(a) ドナー数		(b) アクセプター数	
溶媒	DN	溶媒	AN
1,2-ジクロロエタン	0.0	ヘキサン	0.0
ベンゼン	0.1	ジエチルエーテル	3.9
ニトロメタン	2.7	THF	8.0
ニトロベンゼン	4.4	ベンゼン	8.2
無水酢酸	10.5	四塩化炭素	8.6
ベンゾニトリル	11.9	酢酸エチル	9.3
アセトニトリル	14.1	1,2-ジメトキシエタン	10.2
スルホラン	14.8	HMPA	10.6
ジオキサン	14.8	ジオキサン	10.8
プロピレンカルボナート	15.1	アセトン	12.5
ジエチルカルボナート	16.0	N,N-ジメチルアセトアミド	13.6
プロパンニトリル	16.1	ピリジン	14.2
エチレンカルボナート	16.4	ニトロベンゼン	14.8
酢酸メチル	16.5	DMF	16.0
ブタンニトリル	16.6	リン酸トリメチル	16.3
t-ブチルメチルケトン	17.0	1,2-ジクロロエタン	16.7
アセトン	17.0	プロピレンカルボナート	18.3
酢酸エチル	17.1	アセトニトリル	18.9
メチルイソプロピルケトン	17.1	スルホラン	19.2
メチルエチルケトン	17.4	DMSO	19.3
メタノール	19	ジクロロメタン	20.4
ジエチルエーテル	19.2	ニトロメタン	20.5
エタノール	20	エチレンジアミン	20.9
1,2-ジメトキシエタン	20	クロロホルム	23.1
THF	20.0	t-ブチルアルコール	27.1
リン酸トリメチル	23.0	N-メチルホルムアミド	32.1
ホルムアミド	24	2-プロパノール	33.6
DMF	26.6	1-ブタノール	36.8
N,N-ジメチルアセトアミド	27.8	1-プロパノール	37.3
テトラメチル尿素	29.6	エタノール	37.9
DMSO	29.8	ホルムアミド	39.8
N,N-ジエチルホルムアミド	31.0	メタノール	41.5
N,N-ジエチルアセトアミド	32.1	酢酸	52.9
ピリジン	33.1	TFE	53.3
HMPA	38.8	水	54.8
エチルアミン	55	ギ酸	83.6
トリエチルアミン	61	トリフルオロ酢酸	105.3

4.7.6 イオン化能と求核性

基準反応の反応速度あるいは平衡定数に基づいて,直線自由エネルギー関係を用いて決められたパラメーターも多数ある.そのなかで最もよく使われているのは,S_N1型加溶媒分解から決められたイオン化能パラメーター Y と,そ

れに基づく溶媒の求核性パラメーター N である．当初，Grunwald と Winstein は塩化 t-ブチルの加溶媒分解 (4.17) の速度から Y を提案した[21]．

$$(CH_3)_3CCl \rightarrow (CH_3)_3C^+ + Cl^- \qquad (4.17)$$

標準溶媒として 80 vol％ エタノール-水 ($Y=0$) を選び，25℃における擬一次速度定数 k_0 と各溶媒中における速度定数 k から式 (4.18) によって Y を定義すると，他の化合物の加溶媒分解反応速度が式 (4.19) で整理できる．

$$Y = \log\left(\frac{k}{k_0}\right)_{t-BuCl} \qquad (4.18)$$

$$\log\left(\frac{k}{k_0}\right)_{RX} = mY + c \qquad (4.19)$$

m は反応に固有の値であり，S_N1 型加溶媒分解では 1.0 に近い値になり，基準反応とよく似た溶媒依存性を示すことを意味する．c は定数であり，通常小さい．

このように定義されたイオン化能パラメーター Y は，当然このイオン化過程に特有の溶媒効果を反映している．その一つは，生成してくるアニオンに対する水素結合による求電子的な溶媒関与 (electrophilic solvent assistance) であり，実際にパラメーターは脱離基に依存する．さらに，S_N1 反応とはいえカチオンの生成に対してアルキル基の背面から溶媒が求核的な関与 (nucleophilic solvent assistance) を及ぼす．求核的溶媒関与の不可能な基質としてかご状化合物である 1-アダマンチル基質の反応と比較することによって，t-ブチル基質においては求核的関与が無視できないことが明らかになり，1-および 2-アダマンチル誘導体を基準基質としたイオン化能 Y_X が種々の脱離基 X について決められている[22]．その代表例として 2-アダマンチルトシラート 8 の加溶媒分解を基準反応として決められた Y_{OTs} を表 4.6 にまとめる．

8

9 (Tf = CF_3SO_2)

(Ts = Me—⟨⟩—SO_2)

溶媒の求核性が関係するような反応では式 (4.19) の c が一定ではなくなり，

表 4.6 プロトン性溶媒と混合溶媒の溶媒パラメーター

溶媒	Y_{OTs}	N_{OTs}	N_T	$E_T(30)(E_T^N)$
H_2O	4.1	-0.44	-1.38	63.1 (1.000)
MeOH	-0.92	-0.04	0.17	55.4 (0.722)
EtOH	-1.96	0.06	0.37	51.9 (0.654)
i-PrOH	-2.83	0.12		48.4 (0.546)
t-BuOH	-3.74			43.3 (0.389)
TFE	1.77	-3.07	-3.93	59.8 (0.898)
HFIP[a]	3.61	-4.27	-5.26	65.3 (1.068)
HCO_2H	3.04	-2.35	-2.44	54.3 (0.728)
CH_3CO_2H	-0.9	-2.28	-1.78	51.7 (0.648)
CF_3CO_2H	4.57	-5.56		
80%EtOH/H_2O[b]	0.00	0.00	0.00	53.7 (0.710)
60%	0.92	-0.08	-0.39	55.0 (0.750)
40%	1.97	-0.23	-0.74	56.6 (0.799)
20%	3.32	-0.34	-1.16	59.9 (0.901)

a) 3 wt%の水を含む. b) vol%.

求核性パラメーター N を用いて拡張 Grunwald-Winstein 式 (4.20) で整理することが提案された[23].

$$\log\left(\frac{k}{k_0}\right)_{RX} = mY + lN \tag{4.20}$$

溶媒の求核性パラメーター N は,メチル誘導体の S_N2 反応を基準反応として定義された.この場合も当初臭化メチルを基準にして決められたが,その後 Y_{OTs} に対応してメチルトシラートについて N_{OTs} が決められた[24].

$$N_{OTs} = \log\left(\frac{k}{k_0}\right)_{MeOTs} - 0.3\,Y_{OTs} \tag{4.21}$$

ここで溶媒極性の影響を補正するために,式 (4.20) に従って S_N2 反応にみられる平均的な m 値 (0.3) を用いている.しかし,この値には任意性があり,$m=0.55$ とした方がいいという見解もある[25].このような溶媒極性(イオン化能)の影響を避けるために,イオン性の S_N2 基質 9 (S-メチルジベンゾチオフェニウムイオン) を用いて,溶媒の求核性パラメーター N_T が提案されている[25].スルホニウムイオンのようなカチオン性基質は,イオン化においても電荷分離を生じないので $m=0$ と合理的に仮定できる.

$$N_T = \log\left(\frac{k}{k_0}\right)_{MeDBTh} \tag{4.22}$$

4.7.7 多変数解析

これまで述べてきたように,溶媒効果は非特異的効果と特異的効果に分けて考えられ,特異的効果は求電子性(酸性)と求核性(塩基性)の二つに集約できる.直線自由エネルギー関係に基づいて,経験的溶媒パラメーターの一つで行う解析は,基準プロセスとの類似度を解析することによって,問題の化学プロセスの本質を理解しようとするものである.しかし,それぞれの基準プロセスは特定の相互作用を強く反映しているものが多いので,これを補うために,二つ以上のパラメーターを用いて解析を行う試みがある.たとえば,E_T と DN を用いる解析が成功をおさめている.これは,E_T が溶媒の求電子性を含むパラメーターであり,DN で溶媒の求核性因子を補正していることになろう.

さらに進めて物理的な意味の明確なパラメーターに基づいて相関を調べれば,その係数から溶媒効果をより深く理解することができる.そのような試みはいくつか提案されているが,Kamlet, Abboud と Taft はソルバトクロミズムに基づいて決められた三つのパラメーター π^* と α, β を用いる多変数解析を提案している[19].これらは物理的意味も明確であり,一貫性をもっているので,この多変数解析が推奨される.さらに溶媒分子どうしの相互作用を補正する意味で Hildebrand の溶解パラメーター δ_H に基づく項を加えると相関が大きく改善されることから,式(4.23)が提案され広く適用されている[26].

$$p = s\pi^* + a\alpha + b\beta + h\delta_H + p_0 \tag{4.23}$$

種々の経験的パラメーターといくつかの反応について,式(4.23)に従って解析した結果を表4.7にまとめている.表の中で空欄になっているパラメーターは,その寄与が小さく除外して解析されたものである.E_T, Z, AN, Y_{OTs} が π^* と α に,N_{OTs} が π^* と β に依存するのに対して,DN は β だけに依存している.DN が溶媒塩基性だけを反映しているのに対して,他のパラメーターは非特異的効果と特異的効果の両方を反映しているということになり,合理的である.ハロゲン化 t-ブチルの加溶媒分解速度の解析の結果,塩化物と臭化物(No. 7, 8)では溶媒の求核関与が無視できない($b > 0$)のに対して,ヨウ化 t-ブチル(No. 9)の場合には $b = 0$ とみなせ,求核関与はほとんどない.

第三級アミンによる S_N2 反応(4.24)が,ほとんど溶媒極性 π^* だけで説明されるのは興味深い.一方,ジフェニルジアゾメタンと安息香酸の反応

表 4.7 多変数解析

No.	p	s	a	b	$10^2 h$	p^0	r	n
1	E_T	16.3	15.8			29.35	0.993	19
2	Z	19.4	20.5			51.46	0.998	14
3	AN	16.7	32.9			0.16	0.996	16
4	DN			38.4		-0.78	0.982	14
5	Y_{OTs}	8.58	3.58				0.991	8
6	N_{OTs}	5.54		5.65		-7.68	0.932	8
7	$\log k(t\text{-BuCl})$	5.10	4.17	0.73	0.48	-14.60	0.997	21
8	$\log k(t\text{-BuBr})$	5.77	3.16	0.46	0.31	-11.97	0.995	21
9	$\log k(t\text{-BuI})$	6.29	2.50		0.00	-10.13	0.990	21
10	$\log k(24)$	4.66				-4.18	0.988	44
11	$\log k(25)$	1.21	2.71	-3.70		0.20	0.980	44

(4.25)は，形式的にはカルベンの挿入反応とみなせるが，αとβの両方からの寄与がみられる．この反応は，律速段階でプロトン移動が起こっていると考えられ，式のなかに書かれたような遷移状態を経て進行するので，酸に対する求核的溶媒和が反応を阻害する ($b<0$). 一方，カルボキシラートイオンの生成が求電子的溶媒和で促進される ($a>0$).

$$(n\text{-}C_3H_7)_3N + CH_3I \rightarrow (n\text{-}C_3H_7)_3N^+(CH_3)I^- \tag{4.24}$$

$$\begin{array}{c}\text{(4.25 reaction scheme)}\end{array} \tag{4.25}$$

4.8 溶媒効果と反応機構

反応速度に対する溶媒効果の大きさから反応機構を解析できることは，上の例からもわかるだろう．また，溶媒効果によって反応機構が変化することもある．

4.8.1 加溶媒分解

加溶媒分解では反応物の一つが溶媒そのものであり，溶媒が反応に大きな影響を及ぼす．表4.7の多変数解析は純溶媒のデータから得られた結果である

表 4.8 加溶媒分解の Winstein-Grunwald 式による解析

トシラート	m	l
2-アダマンチル[a]	1.00	0.0
ビシクロ[2,2,2]オクチル	1.05	(0.02)
シクロヘキシル	0.75	0.23
1-エチルプロピル	0.72	0.26
イソプロピル	0.58	0.40
エチル	0.41	0.83
ベンジル	0.64	0.75
メチル[a]	0.3	1.0

a) 基準基質.

が,この反応には混合溶媒も広く用いられ,イオン化能パラメーター Y と求核性パラメーター N に基づいて式 (4.20) によって解析される (4.7.6 節参照).表 4.8 に代表的なトシラート類の加溶媒分解の m と l 値をまとめている.典型的な S_N1 反応では m は約 1 で l はほぼ 0 であるが,S_N2 では m は小さく l は 1 に近い値になる.

式 (4.20) による解析を行うためには数多くの溶媒中で速度を測らなければならないが,その簡便法として,イオン化能がほぼ等しく求核性が大きく異なるような二つの溶媒中における反応速度を比較する方法がある.たとえば,98% EtOH と酢酸を用いる.二つの溶媒中で,S_N1 反応はほぼ同じ速度になるが,S_N2 ではその速度が大きく異なると予想される.実際,その速度比 (k_{98EtOH}/k_{AcOH}) はトシラート類,MeOTs(75 ℃),EtOTs(50 ℃),i-PrOTS (25℃),1-adamantyl OTs(25℃) について,それぞれ 97, 70, 7.8 および 0.16 と報告されており,S_N2 から S_N1 への機構変化とよく対応している.

4.8.2 付加環化反応

アルケンの [$_\pi2_s+_\pi2_s$] 付加環化反応は,軌道対称性の点から禁制であり熱的には起こりがたい.そのため双性イオン (あるいはビラジカル) を中間体として段階的に進行するか,[$_\pi2_a+_\pi2_s$] 型の遷移状態を経る軌道対称性許容の協奏反応となる.協奏反応の遷移状態では電荷分離が起こらないので溶媒効果をあまり受けないと予想されるが,双性イオンを生成する反応は大きな溶媒効果を受けるはずである.

ビニルエーテル類とテトラシアノエチレン (TCNE) は,すみやかに反応し

てシクロブタン誘導体を生じる．この反応は極性溶媒中で大きく加速される．たとえば，溶媒をシクロヘキサンからアセトニトリルに変えると反応速度は約 10^4 倍になり，双性イオン中間体を経る反応機構とよく一致している．β-置換ビニルエーテルを基質に用いたとき，立体化学が保たれないこともこの二段階機構を支持する[27]．

$$\text{(4.26)}$$

一方，ジフェニルケテンとスチレンの [2+2] 付加環化反応は，事実上全く溶媒効果を受けない．ブロモベンゼンと DMF 中における反応速度比は 1.2 であり，この反応は協奏的な $[_\pi 2_a + _\pi 2_s]$ 反応で進行している[28]．

$$\text{(4.27)}$$

ジフェニルケテンとビニルエーテルの付加環化反応は，スチレンの場合よりも数百倍速く進み，小さいけれども溶媒効果を受ける．アセトニトリルとシクロヘキサン中の反応速度比は 163 であり[29]，この反応は協奏的に進行しているものの，二つの結合生成の程度がアンバランスであり，遷移状態でかなりの電荷分離が起こっているのであろうと説明されている[30]．

$$\text{(4.28)}$$

α-メチルビニルエーテルは，さらに 50 倍ほど高反応性であり，ケテンのカルボニル基側と反応してメチレンオキセタンを生成し，ついで開環し双性イオン中間体を経て共役エノンを与える[31]．

$$\text{(4.29)}$$

4.8 溶媒効果と反応機構

ジメチルケテンとエナミンの反応では，シクロブタノンとともに六員環生成物が生じる．これらは，それぞれ協奏反応と双性イオンを経る反応で生成するものと考えられる．両反応経路の溶媒依存性は大きく異なるので，生成物比は溶媒によって変化する．イオン反応経路は，シクロヘキサン中の8%からアセトニトリル中では57%まで増える[32]．

$$(4.30)$$

溶媒	c-C_6H_{12}	C_6H_6	C_6H_5Cl	$CHCl_3$	CH_3COCH_3	CH_3CN
イオン機構の%	8.0	10.6	27.2	37.7	47.9	57.0

Diels-Alder 型の [4+2] 付加環化反応においても，溶媒によって協奏反応から双性イオン機構に変化するような例がある．式 (4.31) のホモフランと TCNE の反応は，CH_2Cl_2 や $CHCl_3$ 中では [4+2] 付加環化生成物を与えるが，アセトニトリル中では [2+2] 付加環化体が主生成物になる[33]．[2+2] 生成物は，1,4-双極性遷移状態から双性イオンを生じ，環化して得られると考えられる．

$$(4.31)$$

4.8.3 異性化反応

アゾベンゼンのシス-トランス異性化は，N=N結合まわりの回転あるいはN原子上の反転で起こる［式(4.32)］．電子求引基と電子供与基で非対称に置換された，いわゆるプッシュ-プル(push-pull)型アゾベンゼンの熱異性化は大きな溶媒効果を受ける．たとえば，4-ジメチルアミノ-4′-ニトロアゾベンゼンの場合，ヘキサンからホルムアミドまで溶媒を変えると，10^6倍近い加速がみられる．これは，回転機構において，遷移状態でp軌道が直交し完全に電荷分離が起こることによっている．このことは反応速度に対する圧力効果からも確認されている[34]．

$$(4.32)$$

しかしながら，プッシュ-プル型アゾベンゼンの電子供与基の効果を変化させると，回転機構の電荷分離遷移状態の安定化が不十分になり，非極性溶媒では電荷分離を伴わない反転機構で進行するようになる．図4.11にアゾベンゼン 10~13 の異性化の活性化Gibbsエネルギーと溶媒極性パラメーター π^* をプロットしている[36]．12のようにジメチルアミノ基の共役が二つのオルトメチル基によって阻害されると，溶媒の極性が少し小さくなっただけで溶媒効果がみられなくなる．反応機構は，置換基の変化だけでなく，溶媒の極性によっても変動することがわかる．

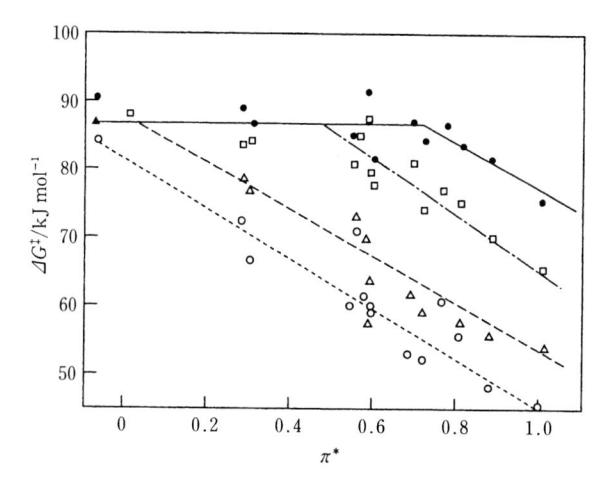

図 4.11 アゾベンゼンの異性化反応の活性化 Gibbs エネルギーと溶媒極性 [文献 35]
○ (1), △ (2), ● (3), □ (4).

10

11

12

13

　キラルなアリルスルホキシドのラセミ化は，少し加熱する (60℃) だけで容易に進行し，反応速度はエタノール中におけるよりもシクロヘキサン中における方が 30 倍大きい[36]．スルホキシドの結合は極性が大きいが，遷移状態では極性が小さくなっていると考えられる．これは単純な立体反転によるラセミ化ではなく，協奏的なアリル転位を経て，式 (4.33) に示すようにスルフェン酸エステルを中間体として可逆的に進行しているものと説明される．

$$\text{(S)-スルホキシド} \rightleftharpoons [\text{遷移状態}] \rightleftharpoons \text{スルフェン酸エステル}$$
$$(\mu: 約 13\times10^{-30}\text{ Cm}) \qquad\qquad (\mu: 約 5\times10^{-30}\text{ Cm})$$
$$\Updownarrow$$
$$(R)\text{-スルホキシド} \tag{4.33}$$

4.9 理論的取扱い

　第3章で述べたように，分子軌道法に代表される理論計算によって有機反応の経路を精密に求めることができるようになった．とはいっても，それはあくまで気相での孤立した分子の話である．気相での計算が身近になったいま，理論計算のターゲットが溶液反応，あるいはもっと一般的に固相や界面を含むさまざまな反応環境における化学反応の計算に向かうことは自然の成り行きである．溶媒効果の計算法にはいろいろあり，いまなお新しい計算法の開発が活発に行われている．化学反応を記述するためには結合の開裂や生成を伴う部分を分子力場(molecular mechanics, MM)法ではなく，分子軌道法などの量子力学(quantum mechanics, QM)法で取り扱う必要がある．現在用いられている計算法には，限られた数の溶媒分子を含む系全体をQMで取り扱う方法(超分子法)，バルクの溶媒を連続媒体とみなし静電相互作用のみを考慮する連続体モデル法，多数の溶媒分子を含む系をMM法で計算し計算結果を統計処理する分子シミュレーション法，反応基質と溶媒をそれぞれQM法およびMM法で取り扱うQM/MM法，および溶媒配置の統計的重みを含んだ積分方程式理論に基づく相互作用点モデル(reference interaction site model, RISM)法などがある[1]．

コラム　理論とモデル

　実験に対して理論という言葉があり，実験室でフラスコを振る仕事に対して計算機を使って行う仕事を理論研究という人もいる．理論はある仮定に基づいて組み立てられるものである．すなわち，実際の系をモデル化し，そのモデルに基づいて理論が構築される．溶媒の理論におけるモデルは，たとえば溶媒の連続誘電体モデルや相互作用点モデルであり，分子間相互作用の計算においてはイオンを点電荷としたり，分子を双極子としてモデル化している．

　このようなモデルに基づいて理論を構築し，理論予測が行われる．一方，このモデルに基づいて計算機のなかであらゆる可能な状態を実現して，その平均をとることによって観測値を計算する手法を計算機シミュレーションという．ときに計算機実験ともいわれる所以である．シミュレーションの結果は実測値と比較されモデルの妥当性が判断される．一方，シミュレーション結果は理論予測と比較され，理論の妥当性が検討される．この関係は図をみるとわかりやすいだろう．

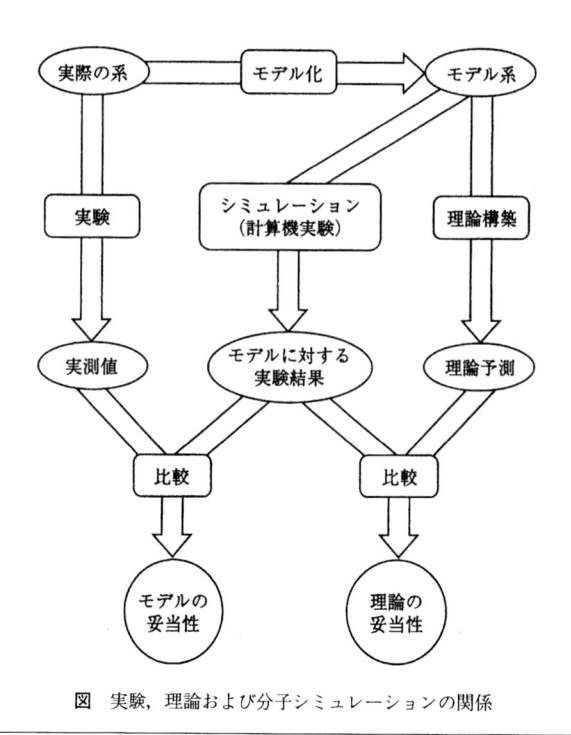

図　実験，理論および分子シミュレーションの関係

4.9.1 超分子法

　超分子法は気相での理論計算法をそのまま液相に持ち込み，溶媒分子を含む系全体を超分子とみなして計算する方法である．十分な精度の計算を行うためには取り込める溶媒分子の数に限りがあるので，現状では溶液反応というにはほど遠く，クラスターの計算に留まらざるを得ない．しかし，この方法は気相での計算結果の積み重ねの上に立っているので，結果の評価が明確である点に利点がある．また，超分子法と後に述べる連続体モデル法を組み合わせて，近接の溶媒とバルクの溶媒の効果を評価する方法も有効である．

　塩化メチルの加水分解反応 [式 (4.34)] を例に取り，超分子法の有効性をみてみよう[37]．Ingold の分類によれば，脂肪族求核置換反応はアニオン性求核種と中性分子が反応する type I と中性分子どうしが反応してイオン対を生成する type II に分けられる．反応 (4.34) の生成物は形式的にはイオン対 ($CH_3OH_2^+$ と Cl^-) であり，type II に分類される．気相中ではイオン対が安定化を受けないために反応の進行とともにエネルギーは一方的に上昇して生成物を与えないが，水中では溶媒和による大きな安定化を受けて反応が進行する．

$$nH_2O + CH_3Cl \rightarrow CH_3OH + HCl + (n-1)H_2O \tag{4.34}$$

　反応に関与する水分子の数 (n) を 1 から 13 まで変化させた計算によると，$n=1$ (気相反応) や $n=2$ では遷移状態が現れないが，$n \geq 3$ では遷移状態が存在することがわかった．HF/6-31+G* レベルの計算では，$n=3$ では反応は大きな吸熱反応で，遷移状態の構造は生成系に近い．ところが，n が増大するにつれて反応は発熱的になり，$n=13$ の系では -6.7 kJ mol^{-1} と，実験値の傾向と一致するようになる．また，活性化エネルギーについても計算値 (109.5 kJ mol^{-1}) は実験値 (111.2 kJ mol^{-1}) とよく一致している．$n=13$ の系の遷移状態では，CH_3Cl を水分子が均等に取り巻いて，水のネットワーク構造が存在している (図 4.12)．

　興味深いことに，$n=3$ や 6 の系でも，バルクの水の効果を連続体モデルで評価して加えると，反応のエネルギー変化をよく再現した．このことは，溶媒と反応物との特異的相互作用が少数の水分子を直接計算に入れることでかなりの程度評価できていることを示している．

　超分子モデルによる計算の最大の利点は，溶媒分子の挙動を分子レベルでみ

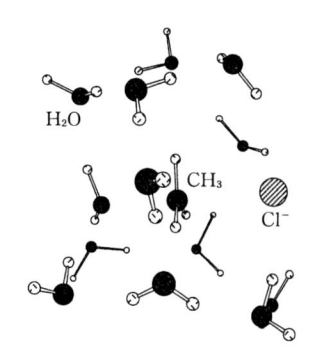

図 4.12 反応 (4.34) の遷移状態構造 ($n=13$) [文献 37]

ることができる点にある.反応 (4.34) では,求核攻撃する H_2O はそのまま CH_3Cl と反応して一旦 $CH_3OH_2^+$ を生成し,その後 O から Cl^- への連続的なプロトン移動が起こっていることがわかった.求核攻撃とプロトン移動が異なる時間スケールで起こっていることは分子動力学計算によっても確かめられている[37].このような水のネットワークを介してのプロトン移動の現象は,連続体モデルや古典的なモデルの水を用いる分子シミュレーション法では表現できない.

4.9.2 モンテカルロ法

モンテカルロ (Monte Carlo, MC) 法は代表的なシミュレーション法である.MC 法では,溶質分子のまわりに多数の MM のモデル溶媒分子を置き,乱数を発生することによって溶媒分子の配置を多数求め,それらを統計処理することによって物理量を求める.よく知られた MC 法の計算例に t-BuCl の加水分解反応がある [式 (4.35)][38].

$$(CH_3)_3C\text{-}Cl \rightarrow (CH_3)_3C^+Cl^- \rightarrow (CH_3)_3C^+ \cdots OH_2 \cdots Cl^- \rightarrow (CH_3)_3C^+ + Cl^- \quad (4.35)$$
接触イオン対　　　溶媒介在イオン対　　　　遊離イオン

この研究例では,水中における t-Bu^+ と Cl^- の接触イオン対の解離のエネルギー変化を計算している.まず最初に QM 法によってこの反応の主たる反応座標である C-Cl 結合の距離を少しずつ変化させて,各点で部分構造最適化を行い,気相での"仮想的な"反応経路に沿った基質の構造変化を求めた.つい

で，求めた反応経路上の各点における溶媒和エネルギーを求めるために，イオン対と MM モデルの水分子 (TIP4P) 250 個を入れた立方体のセルを繰り返し 3 方向に並べたものを想定した．セルを繰り返し置くことによってセルの表面効果を取り除くことができる．溶質-溶媒，溶媒-溶媒間の相互作用エネルギーは，原子-原子間の二体相互作用の和として，静電相互作用と Lennard-Jones 型ポテンシャル [式 (2.1)] を用いることによって評価し，25℃, 1 気圧下での NPT (温度，圧力一定) アンサンブルによって発生させた多数 ($\sim 10^6$) の溶媒配置のエネルギーを統計処理することで系全体の溶媒和エネルギーを求めた．統計摂動理論を用いて C–Cl 結合距離の変化に対する系全体の自由エネルギー変化を算出したところ，2.9Å の距離に接触イオン対，5.5Å に溶媒介在イオン対の存在が認められた．また，両イオン対間のエネルギー障壁は約 8 kJ mol^{-1} であった．この反応の気相での計算ではイオン対生成物が安定構造としては得られないことを考えると，得られた結果は MC シミュレーションの有効性を示しているといえる．

4.9.3 分子動力学法

分子動力学 (MD) 法では，通常あらかじめ QM 法によって気相での遷移状態を求め，MC 法と同様に溶媒分子の初期配置を決める．ついでポテンシャルエネルギーの一次微分としての分子間力とランダムに与えた初期運動ベクトルから Newton の古典的運動方程式を解いて微小時間後の各原子の配置を計算する．この微小時間変化の計算を繰り返して反応物の構造変化と溶媒分子の配置の経時変化を追跡する．最後に，このようなトラジェクトリー (軌跡) を多数求めて統計処理を行う．原子間相互作用の関数には，通常 MC 法と同様に Lennard-Jones 型の二体ポテンシャルが用いられる．トラジェクトリーの計算は遷移状態からではなく反応原系から行うこともできるが，反応原系から遷移状態を越えるようなトラジェクトリーは希少現象であり，大きなエネルギーを与えない限り起こりにくいので，遷移状態を初期構造とするのがふつうである．

MD 法の計算例としては，type Ⅰ の置換反応である Finkelstein 反応 [式 (4.36)] がよく知られている[39]．この反応についてはすでに詳細な MO 計算が

行われ，MO計算によるポテンシャルエネルギー面を再現するような古典的なポテンシャル関数 (London-Eyring-Polanyi-Sato, LEPS 関数) が求められている．この研究では，計算を簡単にするために Me 基を一つの原子とみなし，対応する LEPS 関数を用いて MD 計算を行った．遷移状態構造に対し 256 個の水分子を置き，0.5 fs の時間幅のトラジェクトリーを 100 本求めた．500 fs 後に得られたイオン-双極子錯体を初期状態とみなし，そこから遷移状態へ至る過程として結果を解析した．

$$Cl^- + CH_3Cl \rightarrow [Cl\cdots CH_3\cdots Cl]^{\ddagger} \rightarrow CH_3Cl + Cl^- \tag{4.36}$$

計算の結果，反応は (1) イオン-双極子錯体内での CH_3Cl の振動励起，(2) 溶媒から CH_3Cl へのゆっくりとしたエネルギーの移動，(3) 運動エネルギーからポテンシャルエネルギーへの急激な変化とそれに伴う電荷状態の変化の三つの過程を経て進行することが示された．また，溶媒配置の大きな変化の後に反応物内の急激な電荷の移動が起こっていることがわかった．このように，MD 法では化学反応に伴うエネルギー移動の過程や溶媒構造の変化と反応物の電荷の変化の非同期性などの実験では知ることのできない知見が得られる．

MC 法と MD 法には類似の経験ポテンシャルを使い多数の計算結果を統計処理して平均的描像を求めることなど，シミュレーションとして多くの共通点がある．一方で，この二つの手法には大きな違いもある．MC 法では与えられた反応物の構造に対する溶媒和を求める手法であるため，反応を検討するためには，あらかじめ反応座標に沿った反応物の構造変化を求めておく必要がある．これに対し，MD 法では計算に時間の概念が入っており，トラジェクトリーとして反応の経過をみることができるが，MC 法には不要な力の計算が必要である．他方，これらの分子シミュレーションが共通にもつ弱点は，計算時間の制約のため分子間相互作用を経験ポテンシャルで表すことである．反応の進行につれて基質の各原子の性格が変化するのであるから，厳密にいえば分子間相互作用を単純な経験的ポテンシャルで表現することは困難である．そのためには，個々の反応について，たとえば QM 法で求めた可能なすべての相互作用を再現するような経験ポテンシャルを作成しなければならない．上に述べた MC 法による t-BuCl の反応の研究例でイオン解離の段階が計算されていなかったのは，C-Cl 結合のイオン化の過程の溶媒和を記述する経験ポテンシャ

ル関数の問題があったからである.各原子上の電荷の定義もまた,同様な意味で問題となる.これらの経験ポテンシャルに由来する問題点を回避するためには,分子間相互作用を QM 法で求めることが有効である.その場合には,相互作用の信頼性は用いた QM 法の精度から評価することができるからである.プログラムの開発と計算機の能力の向上によって,今後これらの ab $initio$-MC や ab $initio$-MD 法が有機溶液反応の有効な計算手段になると考えられる.実際,最近そのような計算例が報告され始めている[40].

4.9.4 QM/MM 法

QM/MM 法は,重要な部分だけを QM 法で計算し,その他の部分,たとえば溶媒を MM 法で取り扱う方法で,タンパク質や大きな有機化合物を意味のある精度で計算する方法として発展してきた.QM/MM 法によって酵素反応の遷移状態の構造最適化が行われている[41].これらの例では,反応の中心部分を半経験的分子軌道法 (AM1 あるいは PM3),まわりの酵素を MM で取り扱うことによって,遷移状態構造の完全最適化や部分最適化が行われた.酵素の立体配座によって複数の類似の遷移状態構造が得られているが,それらの比較から,共通の遷移状態の性質が抽出されている.溶液反応への応用では,QM/MM 法単独による反応の遷移状態の計算例はみられないが,重要な第一配位圏の溶媒を QM,外側の溶媒を MM によって取り扱うなどの方法で,将来超分子計算法の発展系として有用性が示されるようになると期待される.

QM/MM 法はすでに述べたシミュレーションの手法と組み合わせて用いられる.すなわち,MC や MD の各ステップにおけるエネルギーや力場の計算を MM 計算のみで行うのではなく反応基質については QM 計算を行うことによって,量子化学的な精度でシミュレーションを行おうというものである.研究例の一つに Menschutkin 反応の計算がある.

Menschutkin 反応は type II の置換反応の一つで,大きな溶媒効果を受けることで知られており,溶媒効果の計算法をテストする格好の反応である.式 (4.37) の Menschutkin 反応についての QM/MM-MC 法によるシミュレーションでは,反応基質である NH_3 と CH_3Cl を QM,溶媒の水を MM で取り扱っている[42].QM 法としては計算の速い半経験的分子軌道法 (AM1) を用い,

4.9 理論的取扱い

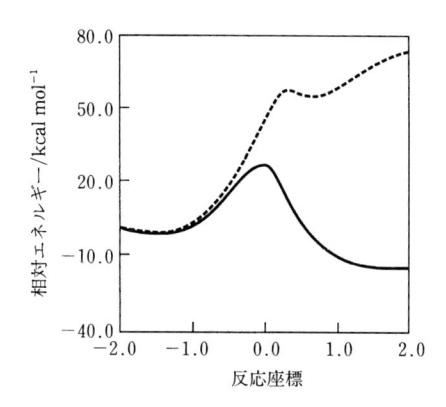

図 4.13 Menschutkin 反応の QM/MM-MC 法による
シミュレーション［文献 42］

水には TIP3 モデルを使った．AM1 を用いることの正当性は，気相の反応に関する *ab initio* MP4/6−31+G* の計算結果と比較することで確保した．MC 計算によって，N-C 距離と C-Cl 距離の二次元の等自由エネルギー線図を書き，溶液中での反応経路や遷移状態構造を決定した．計算の結果得られた反応の自由エネルギー変化から，気相（破線）と液相（実線）での相違は明らかである（図 4.13）．反応座標に沿った遷移状態の位置が溶液中では反応原系に近くなっており，いわゆる Hammond の仮説が成立していることがわかる．

$$NH_3 + CH_3Cl \rightarrow [NH_3 \cdots CH_3 \cdots Cl]^{\ddagger} \rightarrow NH_3^+ \text{-} CH_3 + Cl^- \quad (4.37)$$

4.9.5 RISM-SCF 法

MC 法が数多くの溶媒配置の統計処理によって溶媒効果の物性値を求めるのに対し，積分方程式理論に基づく RISM 法は直接微視的な事象の出現確率を計算できるので，シミュレーションと同様な結果をより短時間に計算できる．RISM と非経験的分子軌道法を融合した理論計算法（RISM-SCF）は，溶媒については統計的な情報しか得られないので MC 法や MD 法のように溶媒分子一つひとつの構造や挙動をみることはできないため，構造式で化学を理解したい有機化学者には若干の不満が残るものの，溶液化学計算の最も有力な方法の一つであり，今後さらに改良が加えられて発展する可能性を秘めている．

先に示した Menschutkin 反応［式 (4.37)］は RISM-SCF 法によっても検討

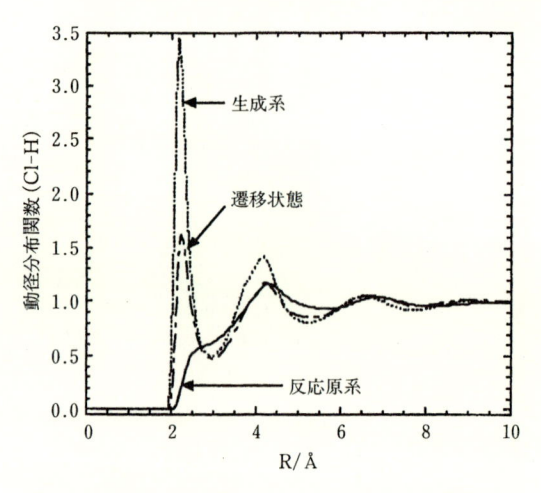

図 4.14 Menschutkin 反応 (4.37) における Cl 原子まわりの動径分布関数 [文献 43]

されている．RISM-SCF 法の結果は，先の QM/MM 法の結果とおおむね同じであり，図 4.13 と類似のエネルギー変化が得られている．RISM-SCF 法では，溶媒和の様子は動径分布関数によって表現される．図 4.14 に塩素原子周辺の水の水素原子の動径分布関数を示した．反応原系ではみられなかったピークが生成系では非常に強く現れている．生成系を強く安定化して反応を引き起こしている原因の一つが，この生成したイオンの水和であることがわかる．水素結合に相当する 2 Å あたりの強いピークは遷移状態においても 50% 近くまで現れており，特異的相互作用の重要性を示している．

4.9.6 連続体モデル

有機化学者が最も扱いやすい溶媒の計算法は，連続体モデルであろう．連続体モデルでは，溶媒を個々の分子の集合としてではなく，全体として溶質分子の電子状態に影響を及ぼす特定の誘電率をもった場 (連続誘電体) としてとらえ，その場の中にある溶質について量子化学的に計算する．この取扱いには溶質-溶媒間の特異的な相互作用は含まれておらず，いわゆるバルクの溶媒の効果のみが評価される．したがって，溶媒和，脱溶媒和の現象は表現できない．溶媒を非常に単純化したモデルであるが，計算が簡単であるため QM 法と組

み合わせて盛んに用いられている．連続体モデルにはいろいろな近似法があるが，最も簡単な取扱いは self-consistent reaction field (SCRF) 法である．この計算法では，溶媒に球形のキャビティーをあけ，その中に入っている溶質とまわりの溶媒との静電的相互作用を評価する．まず，気相であらかじめ求めた溶質の電荷分布がもつ静電場によって溶媒が分極し，ついで分極した溶媒がつくる静電場によって溶質分子の電荷分布が変化する．その変化を理論式の近似解を求めることで決定する．このサイクルを self-consistent になるまで繰り返して，系全体のエネルギーを求めるのである．溶媒の誘電率とキャビティーの半径が入力パラメーターになる．キャビティーの半径は溶質の形によるが，Gaussian のような理論計算パッケージにはその大きさを決めるためのオプションがついている．

　PCM (polarizable continuum model) 法では連続誘電体のもつ電場をキャビティー表面上の電荷分布として表現することで，溶質分子の形状に即した形のキャビティーの取扱いを可能にした．さらに，溶媒と溶質の静電相互作用について理論式を数値的に解く点が SCRF 法と異なる点である．連続体モデルによる溶媒効果の計算結果はキャビティーの取り方に大きく依存するが，PCM モデルは単純な球形のキャビティーを仮定する SCRF 法に比べて信頼性は高い．この他に，連続誘電体ではなくキャビティーのまわりに仮想電荷を置くことによって溶質-溶媒静電相互作用を求める方法もある．COSMO (conductor-like screening method) 法，や GCOSMO 法はその代表的なものである．すでに述べたように連続体モデルは溶媒効果の一側面しか考慮しておらず，しかもキャビティーの取り方などに任意性がある．また，計算に含まれる種々のパラメーターを実験値あるいは QM 法から求めた値にフィッティングして求めているので，フィッティングに用いられた小分子やそれらの類似化合物の計算ではよい結果を与えても，大きな有機分子や遷移状態などでも同じ精度が得られる保証はない．計算結果が実験値と一致したとしても，溶媒効果の本質をとらえているかどうか，慎重な考察が必要である．

　ここでは有機溶液反応の計算法のうち特に重要なものを取り上げた．それぞれの方法には特徴と特有の限界がある．論文に書かれた結果をみる際には，計算法の長所と限界を理解した上で読む必要があることはいうまでもない．

引用文献

1) 奥山　格，有機化学反応と溶媒，丸善 (1998).
2) C. Reichardt, Solvents and Solvent Effects in Organic Chemistry, 3rd ed., VCH, Weinheim (2003).
3) W. H. Olmstead and J. I. Brauman, *J. Am. Chem. Soc.*, **99**, 4219 (1977).
4) J. N. Israelachvili, Intermolecular and Surface Forces, 2nd ed., Academic Press (1992) [近藤　保，大島広行訳，分子間力と表面力，朝倉書店 (1996)].
5) Y. Marcus, Ion Solvation, John Wiley & Sons (1985).
6) C. Reichardt, *Chem. Rev.*, **94**, 2319 (1994).
7) 梶本興亜編，クラスターの化学，培風館 (1992)；日本化学会編，季刊化学総説 38，マイクロクラスター科学の新展開，学会出版センター (1998).
8) 日本化学会編，季刊化学総説 25，溶液の分子論的描像，学会出版センター (1995).
9) 奥山　格，友田修司，山高　博編，有機反応論の新展開，東京化学同人 (1995)，第III部.
10) M. H. Abraham, *Prog. Phys. Org. Chem.*, **11**, 1 (1974).
11) 近藤泰彦，有機反応論の新展開，奥山　格，友田修司，山高　博編，東京化学同人 (1995)，第 8 章および引用文献.
12) Y. Kondo, M. Ittoh and S. Kusabayashi, *J. Chem. Soc., Faraday Trans. I*, **78**, 2793 (1982).
13) E. D. Amis and J. F. Hinton, Solvent Effects on Chemical Phenomena, Vol. 1, Academic Press (1973), pp. 198-201.
14) R. H. Boid, Solute-Solvent Interactions, J. F. Coetzee and C. D. Ritchie, eds., Marcel Dekker (1969), Chapt. 3.
15) K. Dimroth, C. Reichardt, T. Siepmann and F. Bohlmann, *Ann. Chem.*, **661**, 1 (1963).
16) E. M. Kosower, An Introduction to Physical Organic Chemistry, John Wiley & Sons (1968).
17) E. M. Kosower, *J. Am. Chem. Soc.*, **80**, 3253 (1958).
18) C. Laurence, P. Nicolet, M. T. Dalati, J. -L. M. Abboud and R. Notario, *J. Phys. Chem.*, **98**, 5807 (1994).
19) J. -L. M. Abboud, M. J. Kamlet and R. W. Taft, *Prog. Phys. Org. Chem.*, **13**, 485 (1981)；M. J. Kamlet and R. W. Taft, *J. Am. Chem. Soc.*, **98**, 377, 2886 (1976).
20) V. Gutmann and E. Wychera, *Inorg. Nucl. Chem. Lett.*, **2**, 257 (1966)；V. Gutmann, The Donor-Acceptor Approach to Molecular Interactions, Plenum Press (1978).
21) E. Grunwald and S. Winstein, *J. Am. Chem. Soc.*, **70**, 846 (1948).
22) (a) T. W. Bentley and P. v. R. Schleyer, *Adv. Phys. Org. Chem.*, **14**, 1 (1977). (b) T. W. Bentley and G. Llewellyn, *Prog. Phys. Org. Chem.*, **17**, 121 (1990).
23) S. Winstein, E. Grunwald and H. W. Jones, *J. Am. Chem. Soc.*, **73**, 2700 (1951)；S. Winstein, A. H. Feinberg and E. Grunwald, *J. Am. Chem. Soc.*, **79**, 4146 (1957).
24) F. L. Schadt, T. W. Bentley and P. v. R. Schleyer, *J. Am. Chem. Soc.*, **98**, 7667 (1976).
25) D. N. Kevill and S. W. Anderson, *J. Org. Chem.*, **56**, 1845 (1991).

26) (a) M. J. Kamlet, P. W. Carr, R. W. Taft and M. H. Abraham, *J. Am. Chem. Soc.*, **103**, 6062 (1981); (b) R. W. Taft, M. H. Abraham, R. M. Doherty and M. J. Kamlet, *J. Am. Chem. Soc.*, **107**, 3105 (1985); (c) M. H. Abraham, R. H. Doherty, M. J. Kamlet, J. M. Harris and R. W. Taft, *J. Chem. Soc., Perkin Trans. II*, **913** (1987).
27) R. Huisgen, *Acc. Chem. Res.*, **10**, 117, 199 (1977).
28) J. E. Baldwin and J. A. Kapecki, *J. Am. Chem. Soc.*, **92**, 4868 (1970).
29) R. Huisgen, L. A. Feiler and P. Otto, *Chem. Ber.*, **102**, 3444 (1969).
30) G. Swieton, J. v. Jouanne, H. Kelm and R. Huisgen, *J. Chem. Soc., Perkin Trans. II*, **37** (1983).
31) T. Machiguchi, J. Okamoto, J. Takachi, T. Hasegawa, S. Yamabe and T. Minato, *J. Am. Chem. Soc.*, **125**, 14446 (2003).
32) R. Huisgen and P. Otto, *J. Am. Chem. Soc.*, **91**, 5922 (1969).
33) R. Herges and I. Ugi, *Angew. Chem., Int. Ed. Engl.*, **24**, 594 (1985).
34) T. Asano and T. Okada, *J. Org. Chem.*, **49**, 4387 (1984); **51**, 4454 (1986).
35) D. -M. Shin and D. G. Whitten, *J. Am. Chem. Soc.*, **110**, 5206 (1988).
36) P. Bickert, F. W. Carson, J. Jacobs, E. G. Miller and K. Mislow, *J. Am. Chem. Soc.*, **90**, 4869 (1968); R. Tang and K. Mislow, *J. Am. Chem. Soc.*, **92**, 2100 (1970).
37) H. Yamataka and M. Aida, *Chem. Phys. Lett.*, **289**, 105 (1998); M. Aida and H. Yamataka, *J. Mol. Struct. (Theochem)*, **461-462**, 417 (1999); M. Aida, H. Yamataka and M. Dupuis, *Theor. Chem. Acc.*, **102**, 262 (1999).
38) W. L. Jorgensen, J. K. Buckner, S. E. Hunston and P. J. Rossky, *J. Am. Chem. Soc.*, **109**, 1891 (1987).
39) B. J. Gertner, R. M. Whitnell, K. R. Wilson and J. T. Hynes, *J. Am. Chem. Soc.*, **113**, 74 (1991).
40) H. Yamataka and M. Aida, *Bull. Chem. Soc. Jpn.*, **75**, 2555 (2002).
41) A. J. Turner, V. Moliner and I. H. Williams, *Phys. Chem. Chem. Phys.*, **1**, 1323 (1999); M. Garcia-Viloca, À. González-Lafont and J. M. Lluch, *J. Am. Chem. Soc.*, **123**, 709 (2001).
42) J. Gao and X. Xia, *J. Am. Chem. Soc.*, **115**, 9667 (1993).
43) K. Naka, H. Sato, A. Morita, F. Hirata and S. Kato, *Theor. Chem. Acc.*, **102**, 165 (1999).

5

酸・塩基と求電子種・求核種

　酸・塩基の定義に，Brønsted-Lowry の定義と Lewis の定義があることはよく知られているとおりである．前者はプロトンの授受を基準にしており，後者は電子対の授受に基づいている．酸性度と塩基性度はいずれも平衡における熱力学的な量として定義されている．一方，求電子種 (electrophile) と求核種 (nucleophile) は Lewis 酸・塩基に対応するものであるが，その反応性が注目されており，求電子性と求核性は速度論的な性質である．

5.1 Brønsted 酸と塩基

5.1.1 酸性度定数

　Brønsted の定義によれば，酸はプロトン供与体であり，塩基はプロトン受容体である．すなわち，酸塩基反応は次のような平衡反応で表される．

$$\text{HA} + \text{B:} \rightleftharpoons \text{A:}^- + \text{BH}^+ \tag{5.1}$$
　　酸　　塩基　共役塩基　共役酸

溶液中における酸の解離において，プロトンは裸では存在できないので，溶媒分子と結合してオニウムイオンになっている．溶媒分子が塩基として働いているのであり，たとえば，水溶液中では酸解離平衡は次のようになる．

$$\text{HA} + \text{H}_2\text{O} \overset{K_a}{\rightleftharpoons} \text{A:}^- + \text{H}_3\text{O}^+ \tag{5.2}$$

酸解離定数 (acid dissociation constant) K_a は，希薄溶液においては化学種の活量係数が1とみなせるので濃度を用い，また溶媒の活量が定義により1であることから水の濃度項を省くと，式 (5.3) のように書ける．この平衡定数は酸性度定数 (acidity constant) ともいわれる．

5.1 Brønsted酸と塩基

表5.1 酸性度定数

	酸	共役塩基	pK_a
	H_2O	HO^-	15.74
	H_3O^+	H_2O	-1.74
	HI	I^-	-10
	HBr	Br^-	-9
	HCl	Cl^-	-7
	HF	F^-	3.17
	$HClO_4$	ClO_4^-	-10
	H_2SO_4	HSO_4^-	-3
	HSO_4^-	SO_4^{2-}	1.99
	HNO_3	NO_3^-	-1.64
	H_3PO_4	$H_2PO_4^-$	1.97
	$H_2PO_4^-$	HPO_4^{2-}	6.82
	H_2S	HS^-	7.0
	NH_3	NH_2^-	35
	NH_4^+	NH_3	9.24
有機酸	CH_3OH	CH_3O^-	15.5
	CH_3CH_2OH	$CH_3CH_2O^-$	15.9
	$(CH_3)_2CHOH$	$(CH_3)_2CHO^-$	17.1
	$(CH_3)_3COH$	$(CH_3)_3CO^-$	19.2
	CF_3CH_2OH	$CF_3CH_2O^-$	12.4
	C_6H_5OH	$C_6H_5O^-$	9.99
	CH_3OOH	CH_3OO^-	11.5
	HCO_2H	HCO_2^-	3.75
	CH_3CO_2H	$CH_3CO_2^-$	4.76
	$C_6H_5CO_2H$	$C_6H_5CO_2^-$	4.20
	$C_6H_5SO_3H$	$C_6H_5SO_3^-$	-2.8
	CH_3SH	CH_3S^-	10.33
	C_6H_5SH	$C_6H_5S^-$	6.61
	$C_6H_5NH_2$	$C_6H_5NH^-$	27.7
	CH_3CONH_2	CH_3CONH^-	15.1
炭素酸	$HC{\equiv}N$	$^-C{\equiv}N$	9.1
	$HC{\equiv}CH$	$HC{\equiv}C^-$	25
	$H_2C{=}CH_2$	$H_2C{=}CH^-$	44
	H_3CCH_3	$H_3CCH_2^-$	50
	CH_4	CH_3^-	49
有機塩基の共役酸	$CH_3NH_3^+$	CH_3NH_2	10.64
	$(CH_3)_2NH_2^+$	$(CH_3)_2NH$	10.73
	$(CH_3)_3NH^+$	$(CH_3)_3N$	9.75
	$(CH)_4NH_2^+$	pyrrole	-3.8
	$(CH)_5NH^+$	pyridine	5.23
	$(imidazole)H^+$	imidazole	6.99
	$C_6H_5NH_3^+$	$C_6H_5NH_2$	4.60
	$4\text{-}ClC_6H_4NH_3^+$	$4\text{-}ClC_6H_4NH_2$	4.00
	$4\text{-}NO_2C_6H_4NH_3^+$	$4\text{-}NO_2C_6H_4NH_2$	0.99
	$2,4\text{-}(NO_2)_2C_6H_3NH_3^+$	$2,4\text{-}(NO_2)_2C_6H_5NH_2$	-4.48

2,4,6-$(NO_2)_3C_6H_2NH_3^+$	2,4,6-$(NO_2)_3C_6H_2NH_2$	−10.04
$CH_3C≡NH^+$	$CH_3C≡N$	−12
$(C_6H_5)_2C=NH_2^+$	$(C_6H_5)_2C=NH$	7.2
$CH_3OH_2^+$	CH_3OH	−2.2
$(CH_3)_2OH^+$	$(CH_3)_2O$	−3.8
$(CH_3)_2C=OH^+$	$(CH_3)_2C=O$	−7.2
$[CH_3COOEt]H^+$	CH_3COOEt	−6.5
$[CH_3CONH_2]H^+$	CH_3CONH_2	−0.6
$(CH_3)_2S=OH^+$	$(CH_3)_2S=O$	−1.5
RNO_2H^+	RNO_2	−12

$$K_a = \frac{[A^-][H_3O^+]}{[HA]} \quad (5.3)$$

Brønsted酸の強さは塩基に対するプロトン供与能であり,酸性度定数は溶媒の水分子に対するプロトン供与能を表していることになる.有機酸のような弱酸の K_a は通常非常に小さな値になるので,その負の対数値を pK_a と定義して,酸の強さを表すパラメーターとして用いる.したがって,pK_a 値が小さいほど強酸であるということになる.一方,塩基の強さはプロトン受容能で表されるが,反応(5.2)の逆反応は塩基がオキソニウムイオン(H_3O^+)からプロトンを受け入れる過程となっているので,共役酸の pK_a 値(塩基 B の pK_{BH^+} ということにする)を塩基性度の尺度として用いることができる.すなわち,pK_{BH^+} 値が大きいほど B は強塩基である.pK_a を式(5.4)のように書き直すと,溶液中において酸と共役塩基の濃度が等しくなる pH が pK_a 値に相当することがわかる.式(5.4)は Henderson-Hasselbalch 式といわれる.

$$\begin{aligned}\mathrm{p}K_a &= -\log K_a \\ &= \mathrm{pH} + \log\frac{[HA]}{[A^-]}\end{aligned} \quad (5.4)$$

水溶液における代表的な酸および有機化合物の共役酸の pK_a を表5.1にまとめる.

5.1.2 気相における酸性度と塩基性度

Brønsted酸塩基の強さを,水溶液中における水へのプロトン移動平衡として考えてきたが,溶媒分子が平衡にかかわり,イオン種の溶媒和エネルギーは非常に大きいので大きな溶媒効果を受ける.溶媒効果を考察するためには,気

相における酸性度あるいは塩基性度を知る必要がある．気相におけるプロトン移動平衡は，イオンサイクロトロン共鳴あるいはパルス高圧イオン源質量分析法によって測定できる．塩基に対するプロトン化反応 (5.5) のエンタルピー変化の負の値をプロトン親和力 (proton affinity, PA) といい，その Gibbs 自由エネルギー変化の負の値を気相塩基性度 (gas-phase basicity, GB) という．代表的なデータを表 5.2 に示す．これらの値が大きいほど強塩基である．

表 5.2 気相におけるプロトン親和力 (PA) と塩基性度 (GB)

塩基	酸	$PA(\Delta G°)$/kJ mol^{-1}	$GB(\Delta H°)$/kJ mol^{-1}
CH_3^-	CH_4	1715.0	1749.0
NH_2^-	NH_3	1660.6	1691.6
HO^-	H_2O	1607.1	1634.7
F^-	HF	1529.0	1554.0
Cl^-	HCl	1373.0	1395.0
Br^-	HBr	1331.0	1353.0
I^-	HI	1293.7	1315.0
CH_3O^-	CH_3OH	1569.0	1596.0
$C_2H_5O^-$	C_2H_5OH	1555.0	1583.0
$(CH_3)_3CO^-$	$(CH_3)_3COH$	1540.0	1567.0
$C_6H_5O^-$	C_6H_5OH	1432.0	1461.0
CH_3COO^-	CH_3COOH	1511.0	1540.0
$C_6H_5^-$	C_6H_6	1643.9	1680.7
$HC\equiv C^-$	$HC\equiv CH$	1546.8	1580.0
$CH_3COCH_2^-$	CH_3COCH_3	1514.0	1544.0
$^-CH_2NO_2$	CH_3NO_2	1463.0	1493.0
$^-CH_2CN$	CH_3CN	1528.0	1560.0
$^-CH(CN)_2$	$CH_2(CN)_2$	1376.0	1405.0
CH_4	CH_5^+	543.5	520.6
NH_3	NH_4^+	853.6	819.0
H_2O	H_3O^+	691.0	660.0
HF	H_2F^+	484.0	456.7
HI	H_2I^+	627.5	601.3
$H_2C=CH_2$	$[H_2C=CH_2]H^+$	680.5	651.5
$HC\equiv CH$	$[HC\equiv CH]H^+$	641.4	616.7
CH_3OH	$CH_3OH_2^+$	745.3	724.5
$(CH_3)_2O$	$(CH_3)_2OH^+$	792.0	764.5
$(CH_3)_2C=O$	$(CH_3)_2C=OH^+$	812.0	782.1
$(CH_3)_2S$	$(CH_3)_2SH^+$	830.9	801.2
CH_3NH_2	$CH_3NH_3^+$	899.0	864.5
$(CH_3)_2NH$	$(CH_3)_2NH_2^+$	939.5	896.5
$(CH_3)_3N$	$(CH_3)_3NH^+$	948.9	918.1
$C_6H_5NH_2$	$C_6H_5NH_3^+$	882.5	850.6
pyrrole	$(CH)_4NH_2^+$	875.4	843.8
pyridine	$(CH)_5NH^+$	930.0	898.1

$$B + H^+ \rightarrow BH^+ \tag{5.5}$$

$$PA = -\Delta H°, \quad GB = -\Delta G°$$

気相酸性度は，この逆反応を考えればよいので，PA あるいは GB がプロトン解離の $\Delta H°$ あるいは $\Delta G°$ に相当する．

気相では化学種の正味の電荷が酸と塩基の強さを決める重要な因子になっている．NH_3 よりも I^- の方が強塩基であり，NH_4^+ は HI よりも強酸である．ROH や RNH_2 では，アルキル基が大きいほど酸性度も塩基性度も大きい．アルキル基の分極率のためにカチオン (共役酸) かアニオン (共役塩基) かにかかわらず荷電種が安定になるからである．したがって，アルコールやアミンは H_2O や NH_3 と比べても強酸で強塩基である．ハロゲン化物についていえば，酸性度は HF < HCl < HBr < HI の順に大きくなるが，塩基としても同じ序列 HF < HCl < HBr < HI で強くなる．中性の分子では大きい分子の方が強酸・強塩基になる傾向がある．

5.1.3 酸性度を支配する因子

表 5.1 と表 5.2 から種々の化合物の酸性度と塩基性度がわかる．これらの大きさを決めている因子を整理して考えてみよう．

a. 中心原子

電荷をもたない分子の酸解離はアニオンの安定性によるので，周期表の同一周期では電気陰性度の大きい元素の水素化物の酸性度が大きい ($CH_4 < NH_3 < H_2O < HF$)．しかし，同じ族の元素では重元素の水素化物の方が強酸である (HF < HCl < HBr < HI, $H_2O < H_2S$)．この傾向は，共役塩基のアニオンのサイズが大きくなるにつれて電荷の分散が大きくなり安定化するためであり，気相酸性度について述べたことと同じである．しかし，中性分子の塩基性については，後述するように，気相と溶液中では序列が変化することが多い．同一元素に注目すると，その混成状態が酸性度に影響している．sp, sp^2, sp^3 混成の炭素に結合した水素を比べるとこの順に酸性度は低下している．s 性の大きい原子の方がより強く電子を保持しており，電気陰性度が大きいということができる．アセチレンの酸性度が大きいことはこの因子によって説明される．ニトリルの窒素の塩基性度が小さいのも同じ理由による．

b. 電子求引基の効果

同じような官能基の酸性度は,分子の他の部分(置換基)の電子求引性が大きいほど大きくなる.共役塩基のアニオンを安定化するからである.カルボン酸がハロゲン置換により強酸性になるのは,この電子効果によって説明される.安息香酸のフェニル基の置換基の電子効果については,Hammett 則として定量化されている (7.3 節参照).

c. 共 役 効 果

酸性度と塩基性度に対する共役効果の影響は,示唆に富む有機化合物の構造効果の例として枚挙にいとまがない.アルコールに比べてカルボン酸がより強い酸であり,スルホン酸が強酸であることは共役アニオンの共鳴構造で示されるように電荷が酸素に分散して安定化されることによる.同じ要因により,HClO, HClO$_2$, HClO$_3$, HClO$_4$ の pK_a=7.5, 2, -1, -10 も説明できる.

脂肪族アルコールよりフェノールの酸性が強く,アルキルアミンよりもアニリンの塩基性が弱いのは,フェニル基とヘテロ原子上の非共有電子対との共役に基づく.さらにこれらの酸塩基のパラ位の置換基の共役効果も pK_a に大きな影響を及ぼす.

炭素酸の pK_a の大きさは,共役塩基であるカルボアニオンの共役安定化に支配されるものが多い.その代表例はエノラートであるが,この問題については 5.5 節で詳しく述べる.

窒素塩基の塩基性度を比べると,イミンと比較してアミジンやグアニジンは共役酸のカチオンが共鳴安定化されているだけ強塩基になっているといえる.イミンの正確な pK_{BH^+} は測定されていないが,窒素が sp^2 混成になっているだけ弱塩基である.中性の強塩基として有機反応にも用いられる DBN や DBU はアミジンの一種である.

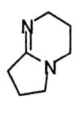

DBN   DBU

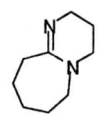

	イミン	アミジン	グアニジン
塩基	Me−C(NH)−Me	Me−C(NH)−NH$_2$	H$_2$N−C(NH)−NH$_2$
pK_{BH^+}	約8	12.4	13.6
共役酸	Me−C(⁺NH$_2$)−Me	Me−C(δ+NH$_2$)−NH$_2$(δ+)	H$_2$N(δ+)−C(δ+NH$_2$)−NH$_2$(δ+)

d. 立 体 効 果

　プロトンはそのサイズが非常に小さいために，プロトン移動に対する立体効果はあまり現れない．2,6-ジアルキルピリジンのpK_{BH^+}は，次のように電子供与性のために無置換体よりも大きくなるが，ジt-ブチル体の場合に初めて小さい値をとる．これは，プロトン化に対する立体効果ではなく，共役酸（ピリジニウムイオン）の溶媒和に対する立体障害の結果プロトン化が阻害されるためである．このような溶媒和に対する立体障害の影響は，オルト置換フェノールやアニリンにも同じようにみられる．

	ピリジン	2,6-ジメチル	2,6-ジイソプロピル	2,6-ジ-t-ブチル
pK_{BH^+}	4.38	5.71	5.34	3.58

　共役効果が立体的に阻害される例も多い．アニリンやフェノールのようなフェニル誘導体において，p-ニトロ基の電子求引効果がm-置換基によって阻害されるのはその一例である．p-ニトロ基の効果は，無置換体においては$\Delta pK_a=2.9$になるが，3,5-ジメチル体においては1.9しかない．

	フェノール	p-ニトロフェノール	3,5-ジメチルフェノール	3,5-ジメチル-4-ニトロフェノール
pK_a	10.0	7.14	10.17	8.25

　π電子系に隣接する窒素原子が橋頭位に組み込まれると共役できなくなり，その塩基性は非環状の共役化合物よりも強くなる．N,N-ジメチルアニリンの窒素の非共有電子対はベンゼン環にほぼ直交して共役できるが，ベンゾキヌクリジンの窒素非共有電子対はベンゼン環と同一平面内にあり共役できない．同

じ事情は次の二つのアミドにおいてもみられる.

pK_{BH^+}　　5.06　　　　　　7.79　　　　　　　0.1　　　　　　　5.33

1,8-ビス(ジエチルアミノ)-2,7-ジメトキシナフタレンはプロトンスポンジともよばれる強塩基である. その pK_{BH^+} は 16.3 と N,N-ジメチルアニリンよりも 10^{10} 以上強い塩基になっている. これは近接する二つの窒素上の非共有電子対間の立体反発と, 共役酸のプロトンの分子内水素結合による安定化からきている. メトキシ置換基も共役効果により塩基性を強める働きをしている.

$$pK_{BH^+} = 16.3 \tag{5.6}$$

e. 分子内水素結合

プロトンスポンジの強塩基性の原因の一つは分子内水素結合による共役酸の安定化であった. ジカルボン酸の解離は, モノアニオンの分子内水素結合によって影響されることが多い. サリチル酸の第一解離は共役塩基における分子内水素結合により促進され, フェノール OH の解離は阻害されている. この第二解離の阻害は, 共役塩基におけるジアニオンの静電反発も作用している. 対応する p-ヒドロキシ安息香酸の $pK_{a1}=4.48$, $pK_{a2}=9.09$ である.

$$pK_{a1} = 2.98 \quad pK_{a2} = 12.62 \tag{5.7}$$

f. 溶媒効果

溶液中では酸および塩基種の溶媒和の違いによって, その強さに対する溶媒効果が異なる. 中性の酸の解離はプロトン移動によってアニオン性共役塩基と溶媒のカチオン性共役酸を生成して電荷分離を起こすことになる. その結果, このような酸の pK_a は大きな溶媒効果を受ける. 一方, 正電荷をもつ酸はプロトン移動の後でも, 中性の共役塩基と溶媒の共役酸を生じることになり, 荷

表 5.3　pK_a 値に対する溶媒効果

酸	H$_2$O	MeOH	DMSO
HCl	−7	1.2	2.0
MeCO$_2$H	4.76	9.6	12.6
PhOH	10.0	14.2	16.4
NH$_4^+$	9.24	10.8	10.5
Et$_3$NH$^+$	10.72	10.9	9.0
MeOH	15.5	18.2	29.0
H$_2$O	15.74	18.6	31.4

電状態の変化が小さく溶媒効果も小さい．その極端な結果が表 5.2 にまとめた気相データにみられた．表 5.3 には，代表的な酸のメタノールとジメチルスルホキシド (DMSO) 溶液における pK_a を水溶液のものと比較して示す．たとえば，水溶液における pK_a を比べると酢酸はトリエチルアンモニウムイオンより約 10^6 倍強い酸であるが，DMSO 中ではアンモニウムイオンの pK_a がほとんど変化しない (少し減少する) のに酢酸の pK_a は 12.6 まで増大するので，両者の相対酸性度は逆転する．

　溶媒和に対する立体障害が酸性度に影響を及ぼす例については d 項で述べた．アンモニアから第三級アミンまでの塩基性の序列は気相では，この順に大きくなるのに対して，水溶液中では不規則である．

$$\text{NH}_3 < \text{MeNH}_2 < \text{Me}_2\text{NH} > \text{Me}_3\text{N}$$
$$\text{p}K_{\text{BH}^+}\quad 9.24\quad 10.64\quad 10.75\quad 9.27$$

この不規則性は，アルキル基の電子供与性による塩基性度の増大とアンモニウムイオンの水素結合による溶媒和の効果が拮抗するためであると説明できる．この現象は，理論計算の格好の対象として多くの研究が報告されており，水素結合に基づく説明は基本的には正しいと思われるが，水素結合に関与する水分子だけでなく水の溶媒構造の変化も重要な役割を演じていると考えられている．

5.2　媒質の酸性度

　酸分子の酸性度は，溶液中における解離平衡定数として pK_a で表されるが，強酸のような酸性媒質の酸性度はどう考えたらよいのだろうか．酸性水溶液中

で塩基 B に対するプロトン化は,式 (5.8) のように書け,共役酸 BH^+ の pK_a を pK_{BH^+} とすると,式 (5.4) と同様に式 (5.9) の関係が導かれる.すなわち,pH が小さいほどプロトン化された $B(BH^+)$ の割合が多くなることを示しており,pH はその媒質のプロトン化能として酸性度を表しているものとみなせる.pH が小さいほど媒質の酸性度は大きい.

$$H_2O^+ + B: \rightleftharpoons BH^+ + H_2O \tag{5.8}$$

$$pH = pK_{BH^+} - \log\frac{[BH^+]}{[B]} \tag{5.9}$$

5.2.1 酸 度 関 数

酸素や窒素のようなヘテロ原子を含む典型的な有機化合物は,非常に弱い塩基としてプロトンを受け入れることができる.これらの弱塩基の(共役酸の) $pK_a(pK_{BH^+})$ は,通常負の値であり(表 5.1),"pH"<0 の強酸中ではじめてプロトン化されることを意味する.このような強酸性媒質の "pH" はもはや $-\log[H^+]$ で表せるものではない.媒質のプロトン化能を表す酸性度パラメーターとして H_0 を用い,式 (5.9) の pH の代わりに導入すると式 (5.10) が得られる.

$$H_0 = pK_{BH^+} - \log\frac{[BH^+]}{[B]} \tag{5.10}$$

強酸中では活量係数が無視できなくなるので,K_{BH^+} を書き直すと式 (5.11) および (5.12) のようになるので,H_0 は式 (5.13) で表せる.

$$K_{BH^+} = \frac{\gamma_B[B]a_{H^+}}{\gamma_{BH^+}[BH^+]} \tag{5.11}$$

$$pK_{BH^+} = -\log\frac{a_{H^+}\gamma_B}{\gamma_{BH^+}} + \log\frac{[BH^+]}{[B]} \tag{5.12}$$

$$H_0 = -\log\frac{a_{H^+}\gamma_B}{\gamma_{BH^+}} = pH - \log\frac{\gamma_B}{\gamma_{BH^+}} \tag{5.13}$$

すなわち,H_0 は $pH(=-\log a_{H^+})$ を基質の活量係数の比で補正したものになっている.弱塩基として,プロトン化によってスペクトル変化を示すようなもの(指示薬)を用いれば $[BH^+]/[B]$ 比を簡単に決めることができるので,式 (5.10) に従って H_0 を計算できる.活量係数比 γ_B/γ_{BH^+} が一連の類似の化合物(たとえばアニリン類)ではほぼ一定(後述の ϕ が一定)とみなせる場合には,pH

領域から強酸領域にわたって pK_{BH^+} と H_0 を順次決定していくことができる.ニトロアニリン類(pK_{BH^+} については表5.1参照)を指示薬に用いて決定された強酸媒質の酸性度パラメーター H_0 は, Hammett 酸度関数 (acidity function) とよばれ, 広く用いられている[1]).

表5.4に硫酸, 過塩素酸, 塩酸の酸濃度と H_0 の関係を示し, 図5.1に種々の酸水溶液の H_0 を酸濃度にプロットして示している. $\log[H^+] < -H_0$ であり, 強酸溶液の酸性度は実際の酸濃度よりも急速に増大していることがわかる. すなわち, 強酸のプロトン化能は酸濃度から予想されるよりもずっと大き

表5.4 強酸水溶液の H_0 酸度関数

酸濃度/mol dm^{-3}	H$_2$SO$_4$	HClO$_4$	HCl
1	-0.25	-0.32	-0.21
2	-0.85	-0.82	-0.67
5	-2.28	-2.33	-1.76
10	-4.92	-6.12	-3.53
12	-6.13	$-8.22^{a)}$	$-4.24^{b)}$
18	$-10.10^{c)}$		

a) 70% HClO$_4$=11.7 mol dm^{-3}.
b) 濃塩酸.
c) 濃硫酸 (約 97 wt%).

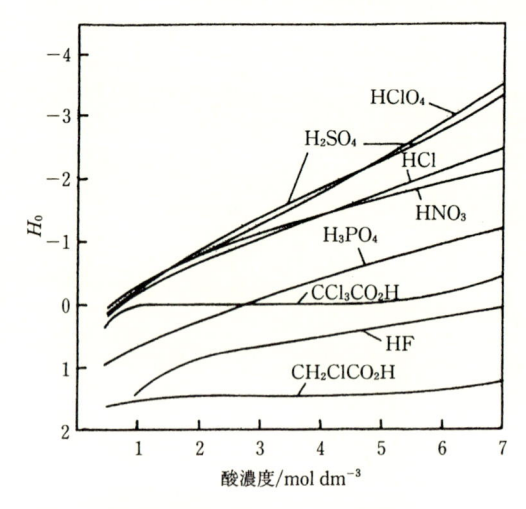

図5.1 種々の酸水溶液の H_0 酸度関数
文献 2, Figure 3.19 をもとに改変.

い．それは，プロトンが十分溶媒和されていないからである．水の活量 a_{H_2O} が強酸中では小さくなっており，プロトンがあまり水和されていないので，基質の塩基に配位しやすくなるものと考えられる．$-H_0$ の増大傾向は酸の種類によっても大きく異なっている．表5.4に示した酸のなかでは過塩素酸が最も強酸である．

　Hammett酸度関数 H_0 はアニリン類を指示薬として決められたが，対象の基質の種類が異なると酸媒体のプロトン化能（γ_B/γ_{BH^+} 比，したがって酸度関数）も異なる．すなわち，指示薬の種類によって何種類もの酸度関数が定義されることになる．硫酸について，ベンズアミドとトリフェニルメタノール類を用いて決められた酸度関数 H_A および H_R を H_0 とともに表5.5に示している．強酸中では $H_A>H_0$ であり，$H_R<H_0$ である．アミドのプロトン化は酸素に起こり，正電荷は共鳴によって窒素にも拡がっているので，プロトン化アミドはアニリニウムイオンよりも多数の水分子で水和されていると考えられている．その結果，水の活量が小さい強酸中ではアニリンに比べてプロトン化されにくいので $H_A>H_0$ となっている．表5.5には水の活量 a_{H_2O} データも示している．

表5.5　硫酸水溶液の酸度関数，水の活量，および過剰酸性度パラメーター

H_2SO_4 wt%	$-H_0$	$-H_A$	$-H_R$	$\log[H^+]$	$\log a_{H_2O}$	X
5	−0.09		0.07	−0.206	1.699	0.103
10	0.35	0.29	0.72	0.118	1.654	0.231
15	0.70	0.70	1.32	0.315	1.603	0.387
20	1.06	1.00	1.92	0.461	1.546	0.573
25	1.40	1.25	2.55	0.577	1.481	0.790
30	1.73	1.50	3.22	0.673	1.406	1.038
35	2.05	1.74	4.00	0.756	1.317	1.317
40	2.42	2.00	4.80	0.828	1.213	1.628
45	2.86	2.24	5.65	0.891	1.088	1.969
50	3.30	3.51	6.60	0.947	0.939	2.345
55	3.80	2.77	7.67	0.992		2.763
60	4.37	3.10	8.92	1.033		3.238
65	5.06	3.39	10.17	1.078	0.250	3.795
70	5.82	3.74	11.52	1.097		4.459
75	6.64	4.15	12.82			
80	7.46	4.62	14.12	1.163	−1.184	6.150
85	8.28	5.02	15.42			
90	9.01	5.57	16.72	1.024	−2.854	7.985
95	9.81		18.08	0.743	−3.646	8.989
98			19.64	0.462	−4.303	10.132

酸度関数 H_R は，平衡反応 (5.14) を基準にして式 (5.15) から (5.17) のように定義される ($R=Ar_3C$). この平衡はトリフェニルメタノールを強酸に溶かすことによって達成されるが，水分子の脱離を含んでいるので，水の活量が単なるプロトン化の場合よりもさらに大きく影響する．この結果として強酸では H_R の絶対値は H_0 よりも約 2 倍程度大きくなっている．

$$R^+ + 2H_2O \xrightleftharpoons{K_{R^+}} ROH + H_3O^+ \tag{5.14}$$

$$K_{R^+} = \frac{a_{H^+}\gamma_{ROH}[ROH]}{a_{H_2O}\gamma_{R^+}[R^+]} \tag{5.15}$$

$$pK_{R^+} = H_R + \log\frac{[R^+]}{[ROH]} \tag{5.16}$$

$$H_R = -\log\frac{a_{H^+}\gamma_{ROH}}{a_{H_2O}\gamma_{R^+}} \tag{5.17}$$

このように強酸中では水の活量が非常に小さくなるので，酸度関数は酸および塩基性基質の水和の程度に依存して変化することになる．そこで Yates と McClleland[3] は，各種の塩基 S に対して H_0 の代わりに mH_0 を用いて式 (5.18) を適用した．pK_{SH^+} は $\log([SH^+]/[S])=0$ のときの mH_0 になる．

$$\log\frac{[SH^+]}{[S]} = -mH_0 + pK_{SH^+} \tag{5.18}$$

一方，Bunnett と Olsen[4] は式 (5.19) のように，活量係数比の間に比例関係があると仮定した．

$$\log\frac{\gamma_S\gamma_{H^+}}{\gamma_{SH^+}} = (1-\phi)\log\frac{\gamma_B\gamma_{H^+}}{\gamma_{BH^+}} \tag{5.19}$$

この式に $H_0+\log[H^+] = -\log(\gamma_B\gamma_{H^+}/\gamma_{BH^+})$ のような関係を用いると，式 (5.20) が導かれる．

$$H_0 + \log\frac{[SH^+]}{[S]} = \phi(H_0+\log[H^+]) + pK_{SH^+} \tag{5.20}$$

式 (5.20) に基づいて，$H_0+\log([SH^+]/[S])$ を $H_0+\log[H^+]$ に対してプロッ

5.2 媒質の酸性度　　　　　　　　　　　　　　　　　　　135

表5.6　媒体酸性度に対する塩基プロトン化の依存性

塩基	pK_{SH^+}	ϕ	[SH$^+$]/[S]	
			60% H$_2$SO$_4$	75% H$_2$SO$_4$
Me$_2$O	−2.52	0.82	0.11	0.38
Me$_2$S	−6.95	−0.26	0.02	13.5

トすることにより，個別の塩基SについてϕとpK_{SH^+}を求めることができる．ϕは溶媒和パラメーターともよばれ，それぞれの塩基の溶媒和の程度を表している．ニトロアニリン類(Hammett塩基)では$\phi=0$であり，強く溶媒和されている塩基(例：アミド)では$\phi>0$，あまり溶媒和されていない塩基(例：スルフィド，インドール)では$\phi<0$となる．ケトンはその構造によって$\phi=0.56\sim-0.11$の広範な値をとる．なお式(5.18)のmは$(1-\phi)$とほぼ等価とみなせる．

このように溶媒和の異なる基質の塩基性度(プロトン化の割合)は，酸の強さ(媒質の酸性度)によって異なることになる．その顕著な例は，エーテルとスルフィドである(表5.6)．ジメチルエーテルとジメチルスルフィドのpK_{SH^+}は−2.52と−6.95であり，前者の方が(弱酸性溶液では)塩基性は強いことになるが，ϕは大きく異なり，強酸中では後者の方がよりプロトン化されている．

5.2.2　過剰酸性度パラメーター

以上のように酸度関数が一義的に定義できないことから，上のような現実的な整理法が提案されているが，これらはいずれもH_0を基準に用い，活量係数比γ_B/γ_{BH^+}の一定性の仮定の上に，直線自由エネルギー関係［式(5.19)の比例関係］を仮定していることになる．そこでH_0を用いないで，直線自由エネルギー関係だけに基づいて強酸の酸性度を定量化するために，過剰酸性度(excess acidity) Xによる取扱いが提案された[5]．これは，当初Marziano, CiminoとPasseriniによって提案され，CoxとYatesによって展開されてきたものである．Xは基準塩基(ニトロアニリン) B_0に関する式(5.19)の活量係数比として式(5.21)で定義し，式(5.22)の直線自由エネルギー関係として表す．この活量係数比は酸濃度と実際の媒質の酸性度の違いを表しているの

で，過剰酸性度とよばれており，表5.5に示したような値になる．

$$X = \log \frac{\gamma_{B_0} \gamma_{H^+}}{\gamma_{B_0H^+}} \tag{5.21}$$

$$\log \frac{\gamma_B \gamma_{H^+}}{\gamma_{BH^+}} = m^* X \tag{5.22}$$

式(5.9)にこの関係を代入して書き直すと式(5.23)が得られる．この式に基づいて強酸中における pK_{BH^+} を決定できる．

$$\log \frac{[BH^+]}{[B]} - \log[H^+] = m^* X + pK_{BH^+} \tag{5.23}$$

コラム　George Olah と超強酸中のカチオン中間体

George A. Olah (1927年ハンガリー生まれ，南カリフォルニア大学教授)は，「超強酸を用いるカルボカチオンの化学への貢献」に対して，1994年度のノーベル化学賞を授与された．それまで短寿命の反応中間体として仮定されてきたカルボカチオンを，溶液中に実在するものとしてNMRやIRスペクトルによって研究した．

超強酸の中には以前から無機化学者によって使われていたものもあり，1972年にカナダのR. J. Gillespieによって100%硫酸よりも強いプロトン化能をもつ酸 ($H_0 < -12$) として定義された．超強酸は，H_0 が -10 程度の強酸(HA)にさらに強い酸(HB)またはLewis酸(L)を加えてプロトン化能(H_2A^+による)を増強することによって得られる．

$$HA + HB \rightleftarrows H_2A^+ + B^-$$
$$2HA + L \rightleftarrows H_2A^+ + LA^-$$

超強酸のなかでも特に強い酸性媒質になるのは，FSO_3H ($H_0 = -15.1$) と SbF_5 の混合物であり，"Magic Acid(マジック酸)"(商品名となっている)とよばれる．この名称の誕生は，1966年の冬にさかのぼる．Olahグループのある研究員がクリスマスパーティーのろうそくをひとかけ FSO_3H-SbF_5 混合物に入れてみたところ，簡単に溶けて ^1H NMR は t-ブチルカチオンの鋭いピークだけを示した．このことに驚いた研究員たちは，この混合物を Magic Acid というようになった．この超強酸中では，長鎖の脂肪族化合物までが分裂して最も安定な t-ブチルカチオンのかたちになってしまう．

超強酸中でカルボカチオンが安定に存在できるのは，対アニオンの求核性が乏しいからである．ふつうアニオンの負電荷は非共有電子対に由来し，それが求核性の原因になっている．強酸の共役塩基であるスルホナートイオンの電荷は分散し，強い水素結合溶媒和で安定化されている．カルボカチオンの観測によく用いられるのは，低温で液体 SO_2 に Lewis酸 SbF_5 と HF を添加した条件である．対アニオン

一般的に基質 S を基準とする酸度関数 H_S は式(5.24)で表せ，H_0 では $m^* = 1$ である．

$$-H_S = \log[H^+] + m^* X \tag{5.24}$$

5.2.3 超強酸

100%硫酸 ($H_0 = -12$) よりも強い酸(媒質)を超強酸(superacid)という．たとえば，25 wt% の SO_3 を含む発煙硫酸の H_0 は約 -13.7 である．このような超強酸としては表5.7に示すようにスルホン酸誘導体のような Brønsted 酸

はアート型のアニオン SbF_6^- であり，中心原子の形式負電荷は非共有電子対に由来するものではないので，求核性も示さない．

$$\text{Me-C(Me)(Me)-OH} \longrightarrow \text{Me-C(Me)(Me)-OH}_2^+ \longrightarrow \text{Me-C}^+\text{(Me)Me} \quad \delta_H \ 4.15\ \text{ppm}$$
$$\delta_{C^+}\ 335.2\ \text{ppm}$$

$$\text{H-F} \longrightarrow \text{F-SbF}_5 \longrightarrow \text{SbF}_6^-$$

このように超強酸中で観測されたもののなかには，アルケンの臭素化の反応中間体として重要なブロモニウムイオンや芳香族求電子置換あるいは加溶媒分解(隣接フェニル基関与)における中間体のベンゼニウムイオンがある．その NMR 化学シフトを下に示しておこう．

		δ_H	δ_C			δ_C
(bromonium)		5.84	52.2			60.7
δ_H 5.53	o	9.42	186.6			68.8
	m	8.40	136.9	o		171.8
	p	9.20	178.1	m		133.4
				p		155.4

マジック酸中では，メタンがプロトン化された5配位のメトニウムイオンが生成し，メタンの重合も起こす．さらに超求電子種の新しい化学も展開している．

$$CH_4 + H^+ \rightleftharpoons [H_3C\text{-}^H_H]^+ \underset{+H_2}{\overset{-H_2}{\rightleftharpoons}} CH_3^+ \longrightarrow [H_3C\text{-}^{CH_3}_H]^+ \overset{-H^+}{\longrightarrow} H_3C\text{-}CH_3$$
$$CH_3^+$$

5配位のカルボニウムイオンは，上のように表現することが提案されているが，これは次のように炭素と2個の原子が三中心二電子結合で結ばれていることを表している．

$$\left[\begin{array}{c} H\ H \\ H\text{-C} \\ H\ H \end{array}\right]^+$$

表 5.7 代表的な超強酸とその酸度関数

酸	$-H_0$
$H_2S_2O_7$	14.44
$ClSO_3H$	13.80
FSO_3H	15.07
CF_3SO_3H	14.1
$C_2F_5SO_3H$	14.0
$n\text{-}C_4F_9SO_3H$	13.2
$HF\text{-}SbF_5$ (1 mol %)	20.5
$FSO_3H\text{-}SbF_5$ (10 mol %)	18.94
$FSO_3H\text{-}SbF_5$ (90 mol %)	26.5
$C_4F_9SO_3H\text{-}SbF_5$ (10 mol %)	18.19

のほか，SbF_5 のような Lewis 酸およびそれらの混合物がある．FSO_3H と SbF_5 の混合物は Magic Acid (マジック酸) とよばれ，90 mol % の SbF_5 を含むマジック酸の H_0 は -26.5 になる．液体 HF の H_0 は -11.03 であるが SbF_5 を少量添加すると強力な超強酸になり，マジック酸以上に強力な酸性媒質をつくれる[6]．

超強酸中では，カルボカチオンやオニウムイオンのようなカチオン性中間体が安定に存在でき，それらのスペクトルが観測されている．また水素分子のプロトン化により H_3^+ イオンを生成し，飽和炭化水素の C-H や C-C 結合にもプロトン化して，この結合を開裂させる．

5.2.4 強塩基性媒質

pH14 以上の強塩基性水溶液の脱プロトン化能も，強酸媒質の酸度関数と同じように酸度関数 H_- で定義される．水酸化物の高濃度水溶液の H_- が種々のアミン類の脱プロトン化平衡によって決められている．使う指示薬によって H_- の値は影響を受けるが，強酸の酸度関数の場合ほど大きくはない．その代表的な例を表 5.8 に示す．アルカリ金属が Li, Na, K と変化するに従って，塩基濃度とともに H_- は急速に増大する．対カチオンの影響が小さくなるためであろう．

水-有機溶媒混合系では水の含量が少なくなるに従って，脱プロトン化能 H_- が急速に増大する．水酸化物イオンに対する水素結合溶媒和が小さくな

表5.8 アルカリ金属水酸化物の水溶液の酸度関数 H_- (25℃)

[MOH]/mol dm^{-3}	NaOH	KOH	LiOH
1	14.02	14.11	13.96
2	14.37	14.51	14.26
4	14.95	15.15	14.58
6	15.40	15.72	
8	15.75	16.33	
10	16.20	16.90	
12	16.58	17.39	
14	16.93	17.95	

り,塩基活性が大きくなるためであろう.強塩基による反応が非プロトン性極性溶媒中で行われる所以である.

5.3 Lewis酸と塩基

Lewis酸と塩基は,電子対受容体と電子対供与体として定義される.AlCl$_3$,ZnCl$_2$,BF$_3$のような金属塩がLewis酸の代表例であり,プロトンH$^+$自体もLewis酸の一つである.プロトン受容体として定義されるBrønsted塩基は,同時にLewis塩基でもある.Brønsted酸はプロトン化塩基ということができる.Brønsted塩基の塩基性度はプロトン移動平衡から,プロトンへの電子対供与能として定義されたが,Lewis塩基性度は相手のLewis酸によって変化する.Lewis酸性度もLewis塩基の種類に依存する.

たとえば,H$^+$に対してはハロゲン化物イオンのなかでF$^-$が最も強い塩基であるが,Ag$^+$に対しては逆順になりI$^-$が最も安定な錯体をつくる.BF$_3$はPH$_3$よりもNH$_3$と安定な錯体を形成するが,Ag$^+$とはPH$_3$の方がより安定な錯体をつくる.このようにLewis酸性度と塩基性度を一つの尺度で表すことはできない.

Pearson[7]は酸と塩基を軟らかい酸塩基と硬い酸塩基に分類し,定性的に「軟らかい酸は軟らかい塩基と結合しやすく,硬い酸は硬い塩基と結合しやすい」ことを指摘した.この考え方をHSAB原理(hard and soft acids and bases principle)という.

表 5.9 Lewis 酸と塩基の HSAB 原理による分類

	硬い	中間	軟らかい
酸	BF_3, $B(OH)_3$, CO_2, SO_3, H^+, Li^+, Mg^{2+}, Al^{3+}, Fe^{3+}, RCO^+	BR_3, SO_2, Zn^{2+}, Fe^{2+}, NO^+, R_3C^+	$[BH_3]$, キノン, Ag^+, Hg^+, Hg^{2+}, M^0(金属), HO^+, RO^+, RS^+, RSe^+, Br^+, I^+, CH_3^+, RCH_2^+
塩基	NH_3, RNH_2, H_2O, ROH, OH^-, O^{2-}, RO^-, F^-, Cl^-, RCO_2^-, SO_4^{2-}, CO_3^{2-}	$PhNH_2$, C_5H_5N, N_3^-, SO_3^{2-}, Br^-	R_3P, $(RO)_3P$, RSH, H^-, R^-, SCN^-, CN^-, S^{2-}, RS^-, $S_2O_3^{2-}$, I^-

硬い酸塩基の一般的特徴は，中心原子が小さく，電気陰性度が大きく，分極率が小さく，高い電荷密度をもっていることであり，軟らかい酸塩基は逆の性質をもっている．軟らかい塩基は高い原子価殻に電子対をもっていて酸化されやすい．代表的な Lewis 酸と塩基を硬いものと軟らかいものと中間的なものに大きく分類すると表 5.9 のようになる．

分子軌道の観点からみると，硬い酸の LUMO エネルギーは高く，硬い塩基の HOMO エネルギーは低いので，両者のフロンティア軌道のエネルギー差が大きく，軌道相互作用は小さい．しかし，それぞれ正と負の電荷密度が高く，大きな静電相互作用をもつので，硬い酸と塩基の反応は電荷制御であるといえる．これに対して，軟らかい酸と塩基の LUMO と HOMO のエネルギー差は比較的小さく軌道相互作用が大きいので，これらの反応は軌道制御であるといえる．

有機反応における求電子種と求核種は，それぞれ Lewis 酸と Lewis 塩基であり，求核種は電子対を出して求電子種と結合する．したがって，その反応選択性は HSAB 原理によってよく説明できる．二，三の反応例をあげると次のようなものがある．

$$\text{Me-C(=O)-SR} + RO^- \rightleftharpoons \text{Me-C(=O)-OR} + RS^- \tag{5.25}$$

$$\tag{5.26}$$

$$(5.27)$$

カルボニル炭素は硬く,より硬い酸素と強い結合をつくるので,式(5.25)の平衡はチオエステルよりもオキシエステルの方に偏っている.式(5.26)のラクトンにおいては,カルボニル炭素が飽和炭素よりも硬いので,求核種の硬さによって位置選択性を示す.式(5.27)のオキシカルボカチオンにおいては,正電荷をもつ炭素のほうが電荷をもたない炭素よりも硬い.より硬い酸素アニオンは荷電炭素で反応し,臭化物イオンはより軟らかい炭素と反応して開環する.

5.4 求核種と求電子種

5.4.1 求核性

酸性度と塩基性度は酸解離平衡定数のような熱力学量から定義されたが,求核性と求電子性は有機反応の速度から定義される.求核性は,Lewis 塩基性と同じように,求電子中心に依存するが,典型的な反応としてメチル誘導体の S_N2 反応の速度から,直線自由エネルギー関係に基づいて求核性パラメーターが決められている.Swain と Scott は当初水溶液中におけるブロモメタンの S_N2 反応速度から,種々の求核種の求核性 n を決めた[8a]が,のちにメタノール中におけるヨードメタンの S_N2 反応(5.28)に基づいて n_{MeI} が決められた[8b].表 5.10 に n_{MeI} をまとめておこう.メタノール中で決められた n_{MeI} は水中で決められた n とほぼ直線関係にあり, $n_{MeI}=1.4n$ である.

$$\text{MeI} + \text{Nu}^- \xrightarrow{\text{MeOH}} \text{Me-Nu} + \text{I}^- \tag{5.28}$$

$$n_{MeI} = \log \frac{k_{Nu}}{k_{MeOH}} \tag{5.29}$$

一般的に求核置換反応の速度は式(5.30)のように表される. s は反応に特有のパラメーターであり,求核性に対する依存度を表している.代表的な例を表 5.11 に示す.この関係は飽和炭素における求核置換反応の反応速度をうまく

表 5.10 求核性パラメーター

求核種	n_{MeI}	H	E_n	求核種	n_{MeI}	H	E_n
MeOH	0.0			Cl^-	4.37	-5	1.24
MeO^-	6.29	17.2		Br^-	5.79	-7	1.51
PhO^-	5.75	11.74	1.46	I^-	7.42	-8	2.06
$MeCOO^-$	4.3	6.50	0.95	NH_3	5.50	11.0	1.36
HOO^-	(7.8)	13.2		Et_3N	6.66	12.4	
PhSH	5.70			imidazole	4.97	8.73	
PhS^-	9.92	8.35	(2.9)	$PhNH_2$	5.70	6.34	(1.78)
HS^-	(8)	8.7	2.10	H_2NNH_2	6.61	9.8	
SO_3^{2-}	8.53	9.0	2.57	$HONH_2$	6.60	7.7	
SCN^-	6.70	1	1.83	N_3^-	5.78	6.5	(1.58)
CN^-	6.70	10.8	2.79	NO_2^-	5.35	5.1	1.73
F^-	(2.7)	4.9	-0.27				

表 5.11 求核置換反応の s 値[a]

基 質	s
CH_3Br	0.71
CH_3I	0.82
$ClCH_2CO_2^-$	0.71
$BrCH_2CO_2^-$	0.79
$ICH_2CO_2^-$	0.95
$PhCH_2Cl$	0.62
PhCOCl	1.02

a) P. R. Well, *Chem. Rev.*, **63**, 171 (1963). n に対するデータを 1.4 のファクターで補正.

表現できるが，カルボニル化合物への求核付加反応にはよくあわない．カルボニル炭素は飽和炭素に比べると硬い求電子中心である．

$$\log \frac{k_{Nu}}{k_0} = s n_{MeI} \tag{5.30}$$

Edwards[9] は，求核性が塩基性だけでなく軟らかさにも依存することを考慮して二つのパラメーターで表すことを提案した．塩基性パラメーター H は pK_a により，軟らかさを表すパラメーターとして酸化電位 E_n を用いた．E_n は，求核種のモル屈折 R_{Nu} から定義した分極率パラメーター P と H の一次結合 ($E_n = 3.60 P + 0.624 H$) で表せることから，式 (5.31) の関係が提案されている．すなわち，求核性を軟らかさ P と硬さ H で表現している．表 5.10 には E_n と H をまとめた．

5.4 求核種と求電子種

表 5.12 カルボカチオンに対する求核性

求核種 (溶媒)	N_+
H_2O (H_2O)	0
MeOH (MeOH)	0.5
CN^--(H_2O)	3.8
OH^--(H_2O)	4.5
N_3^--(H_2O)	5.4
CN^--(MeOH)	5.9
MeO^--(MeOH)	7.5
N_3^--(MeOH)	8.5
CN^--(DMSO)	8.6
CN^--(DMF)	9.4
N_3^--(DMSO)	10.7
PhS^--(MeOH)	10.7
PhS^--(DMSO)	13.1

$$\log \frac{k_{Nu}}{k_0} = aP + bH \tag{5.31}$$

$$H = pK_a + 1.74 \tag{5.32}$$

$$P = \log \frac{R_{Nu}}{R_{H_2O}} \tag{5.33}$$

その後,Ritchie[10] は安定なトリアリールメチルカチオンやジアゾニウムイオンを求電子種として求核種との反応速度を測定し,求電子種の種類によらず一定の求核性を示すこと,すなわち選択性一定の関係を見いだした.水を基準として,異なる溶媒中の求核種の反応速度を直接比べ,パラメーター N_+ を定義した (表 5.12).

$$\log \frac{k_{Nu}}{k_0} = N_+ \tag{5.34}$$

Mayr ら[11] は,この関係をさらに発展させて求核性とともに,種々のカチオン種の求電子性も定義している.求核種としてはアミンからアルケンや芳香族化合物まで中性分子を対象としており,式 (5.35) のような反応を含む.

$$R^+ + PPh_3 \longrightarrow R\text{-}\overset{+}{P}Ph_3 \tag{5.35a}$$

$$R^+ + \text{(alkene)} \longrightarrow \text{(cation)} \xrightarrow{X^-} \text{(product)} \tag{5.35b}$$

$$R^+ + \text{(benzene)} \longrightarrow \text{(arenium)} \xrightarrow[-HX]{X^-} \text{(R-arene)} \tag{5.35c}$$

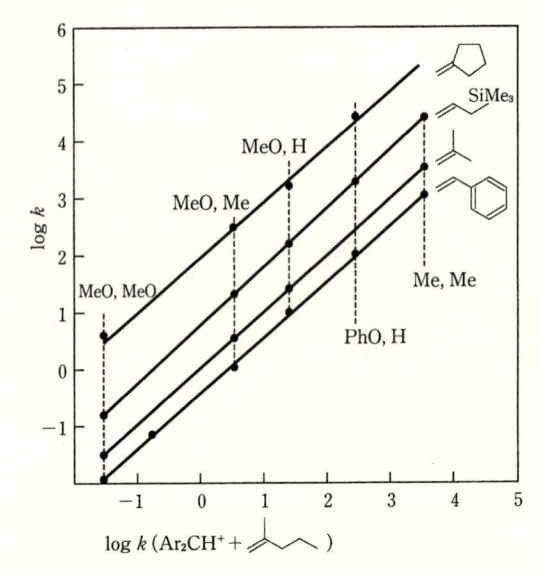

図 5.2 ジアリールカルベニウムイオン $(p\text{-}XC_6H_4)(p\text{-}YC_6H_4)CH^+$ とアルケンの反応における選択性一定の関係 [文献 11] 図中の置換基はカルベニウムイオンの X, Y を表す.

$$R^+ + \diagup\!\!\!\diagdown MY_3 \longrightarrow R\diagup\!\!\!\diagdown MY_3 \xrightarrow[-MY_3X]{X^-} R\diagup\!\!\!\diagdown \quad (5.35d)$$
(M = Si, Ge, Sn)

$$R^+ + HSiR'_3 \xrightarrow{-RH} SiR'^+_3 \xrightarrow{X^-} XSiR_3 \quad (5.35e)$$

たとえばジアリールカルベニウムイオンとアルケンの反応では,図 5.2 に示すような傾き 1 の良好な直線関係が得られる.これらの反応の速度に基づき,求電子性と求核性のパラメーター E と N を定義すると,一般的に求電子種と求核種の反応速度はこれら二つのパラメーターの和で表せる.このようにして決められた E と N をグラフで表すと図 5.3 のようになり,それらの和が $\log k$ に相当する.図 5.3 では,同じレベルにある求電子種と求核種が反応するとき,その速度定数が $k = 10^{-5}\,\text{mol}^{-1}\,\text{dm}^3\,\text{s}^{-1}$ になるように表示してある.

$$\log k = E + N \quad (5.36)$$

5.4.2 α 求核種

求核種の反応性が中心元素の分極率に大きく依存することを述べてきたが,

5.4 求核種と求電子種　　145

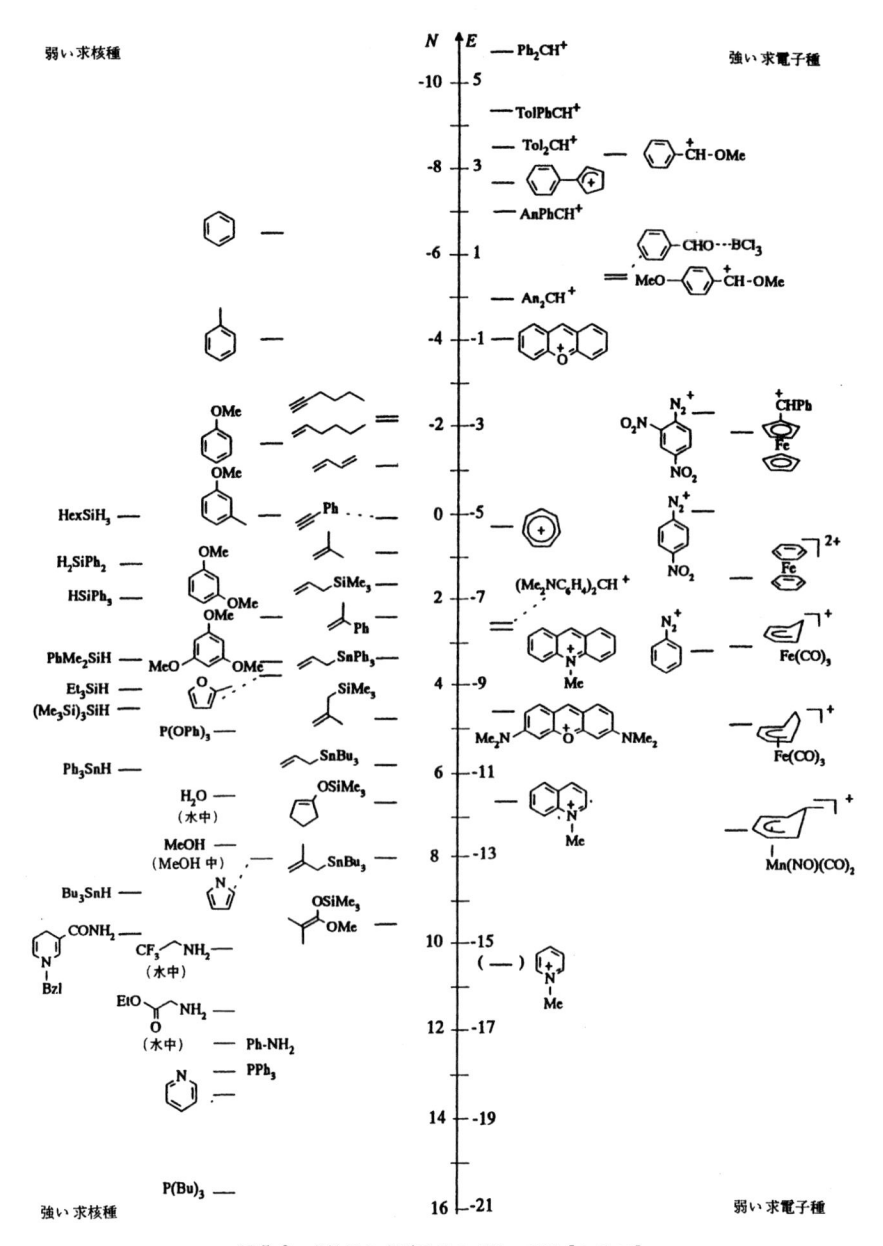

図 5.3　求核性と求電子性のグラフ表現 [文献 11]

中心元素が同一である場合には，求核性は塩基性とよい相関を示す．しかし，求核中心の隣接原子上に非共有電子対をもつ求核種は，一般的にその塩基性から予想されるよりも大きな求核性を示すことが知られている．そのような求核性の増大効果を α 効果といい，α 効果を示す求核種を α 求核種とよぶ．たとえば，HOO^-，NH_2OH や NH_2NH_2 などが代表的な α 求核種であり，表5.10 の中でも $pK_a(H)$ に比べて大きな求核性を示す傾向がみられる．HOO^- の $pK_a(pK_{BH^+})$ は 11.8 で HO^- の pK_a (15.7) に比べて小さく，はるかに弱い塩基であるが，メチル p-ニトロベンゾアートに対する S_N2 反応性は 2000 倍も大きい．

α 効果の原因は，単に非共有電子対があることによって求核種あるいは塩基が不安定になったということではない．そのような効果は，求核性と塩基性の両者に同じように効くはずだからである．α 効果は HSAB 原理によって説明できる．第3章で述べたフロンティア軌道相互作用によれば，反応中心の非共有電子対と隣接する原子の非共有電子対の相互作用により，求核種あるいは塩基の HOMO のレベルが上昇する．その結果，軌道相互作用が重要な軟らかい酸との反応性が上昇するのである．すでにみたように，プロトンは代表的な硬い酸であり，カルボカチオンあるいは中性の飽和炭素は軟らかい酸である．

また，通常の求核種とは異なる溶媒効果がみられることが多く，溶媒による遷移状態の安定化が α 効果の発現に関係しているという意見もある．

5.4.3 多中心求核種

エノラートイオンのような共役型アニオンは，分子内に複数の求核中心をもっており，このような求核種を多中心求核種(ambident nucleophile)[*1] という．その例には，次のようなものがあり，CN^- のように共役系になっていないものもある．芳香族化合物，アレン，アミドのように電荷をもたない有機化合物は，ふつう求核剤とはいわないので多中心求核種に分類されることも少ないが，求核種であることに違いはないので下のリストに加えた．求核中心となり得る原子を矢印で示している（形式電荷をもたない原子が求核中心となる場

[*1] ambident nucleophile の訳語は，一般化したものがなくカタカナ表記も多い．「共役アニオン」で置き換えた例もあるが，あまり適切とはいえない．

5.4 求核種と求電子種

合には非共有電子対を表示した).

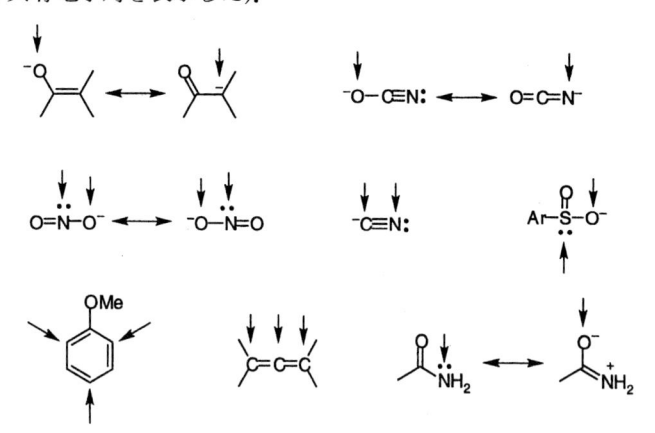

[構造式群: エノラート共鳴構造, シアン酸イオン共鳴構造, 亜硝酸イオン共鳴構造, シアン化物イオン, アレーンスルフィン酸イオン, アニソール, アリル型炭素求核種, アセトアミドの共鳴構造]

非対称な場合には反応相手の求電子種によって選択性が出てくるが,その選択性は多くの場合 HSAB 原理によって説明できる.単純なエノラートイオンに対してハロゲン化アルキルは C-アルキル化を起こすが,ハロゲン化シリルやハロゲン化アシルはより硬い酸素で優先的に反応する.

$$\text{(5.37)}$$

安定なアセト酢酸エチルのエノラートやスルフィン酸イオンのアルキル化の位置選択性は,求電子種(アルキル化剤)の脱離基にも依存する.スルフィン酸イオンの反応例を式 (5.38) に示す.軟らかいアルキル化剤は硫黄で反応してスルホンを与えるが,硬いアルキル化剤は酸素で反応してスルフィン酸エステルを生じる.

$$\text{Tol–S(=O)–O}^-\text{K}^+ + \text{RX} \longrightarrow \text{Tol–S(=O)}_2\text{–R} + \text{Tol–S(=O)–OR} \quad (5.38)$$

(Tol = p-MeC$_6$H$_4$)

RX	Tol–S(O)$_2$–R	Tol–S(O)–OR
PhCH$_2$Br (MeCN)	100	0
MeI (MeCN)	100	0
(MeO)$_2$SO$_2$ (CH$_2$Cl$_2$)	50	50
MeS$^+$(O)Ph$_2$ClO$_4^-$ (CH$_2$Cl$_2$)	44	56
Et$_3$O$^+$BF$_4^-$ (CH$_2$Cl$_2$)	0	100

シアン化物イオンや亜硝酸イオンは，銀イオンが存在するか否かによって異なる選択性を示す．銀イオンがあるとより硬い求核中心で反応するために，生成物はニトリルからイソニトリルに，またニトロアルカンから亜硝酸アルキルに変化する．

$$H_3C-C{\equiv}N \longleftarrow \cdots \cdot :C{\equiv}N: \cdots Ag^+ \longrightarrow \bar{C}{\equiv}N-CH_3 \quad (5.39)$$

$$NO_2^- + RCH_2Br \begin{array}{c} \nearrow RCH_2-NO_2 \\ \searrow \\ Ag^+ \quad RCH_2-O-N=O \end{array} \quad (5.40)$$

スルフィン酸イオン，シアン化物イオンや亜硝酸イオンの反応における選択性の発現は共役とは関係ない．

5.4.4 求 電 子 性

適当な基準となる求核種に対する反応速度が定量的に決められれば，求電子種の求電子性パラメーターを定義できる．しかし，有機反応で重要な求電子種の反応性の幅は非常に大きく統一的な基準求核種に対する反応性を決めることは不可能であり，求核種に提案されたようなパラメーターは定義されていない．5.4.1 節の最後に述べた Mayr の E パラメーター(図 5.3 参照)が唯一のものである．種々のデータからおおよその目安としてまとめられた数値として

表 5.13 水溶液中におけるおよその求電子性

求電子種	log (相対速度)
Cl^+, $H_2NO_2^+$	7
Br^+	6
$HN_2O_5^+$	5
NO_2^+	4
Cl_2, I^+, NOBr, $NOHSO_4$	3
$H_2NO_3^+$, H_2ClO^+	2
Br_2, NOCl, H_2BrO^+, H_2IO^+	1
NO^+, Br_3^-	0
PhN_2^+, N_2O_4	-1
HClO, HBrO, N_2O_3	-2
Hg^+	-4
I_2	-5

5.5 カルボアニオンとカルボカチオン

表5.13のようなものがある[12]．数値は相対反応性の対数値である．

5.5 カルボアニオンとカルボカチオン

カルボアニオンとカルボカチオンは有機反応の不安定中間体として重要であ

コラム　求電子種と求核種および化学種と分子種

　有機化学の分野で重要な反応種である「求電子種」と「求核種」の用語が，教科書によって，求電子試薬（求核試薬），求電子剤，求電子体などと混乱している．英語ではelectrophile (nucleophile) とelectrophilic reagent (nucleophilic reagent) の2種類の用語が使い分けられているにもかかわらず，文部省学術用語集（化学編）で両者を区別せずに「求電子試薬（求核試薬）」と指定していることに，混乱のもとがある．学術用語集ではreagentを「試薬」と指定しているが，この用語についても異論が多く，「反応剤」という用語が一般化しつつある．
　一方，「分子種」と「化学種 (chemical species)」という用語もよく使われるが，この区別もあまり意識されていない．IUPAC Glossary of Terms used in Physical Organic Chemistry (*Pure Appl. Chem.*, **55**, 1281 (1983)) では，chemical speciesは「実験の時間尺度で同じ分子エネルギー状態の化学的に同一なmolecular entityの集合体である」と定義している．molecular entityは「化学的にまた同位体の観点からも別のものと確認できる原子，分子，イオン，イオン対，ラジカル，錯体，配座異性体などのことである」と定義しており，これを「分子種」というべきであろう．この用語は，微視的な分子レベルでの用語であり，どこまで区別するかは問題の精確さによる．たとえば，「水素分子」というだけで十分なこともあろうが，電子状態，振動状態や核スピン状態などまでも区別して別の「分子種」として表す必要があることもあろう．「分子 (molecule)」と「化合物 (compound)」の違いが，ちょうど「分子種」と「化学種」の違いに相当する．
　英語では，electrophile (nucleophile) の方がelectrophilic reagent (nucleophilic reagent) よりも分子的な視点を強く意識している．一方，日本語の「試薬」はびんに入っている「化学試薬」を連想させ，「…剤」は「還元剤」「解熱剤」「消毒剤」「乾燥剤」などのように，いずれも分子的視点に欠ける．分子レベルで反応機構を論じるような場合には，分子的視点の明確な用語が適切であり，分子種や化学種の用語が広く用いられていることに鑑み，本書ではelectrophile (nucleophile) に対応させて「求電子種（求核種）」を用い，electrophilic reagent (nucleophilic reagent) に対応させて「求電子剤（求核剤）」も用いることにした．

り，その安定性から関連する基質の反応性を予測できる．ここでは，これらの熱力学的安定性を決めている因子について，酸塩基の立場からみておこう．

5.5.1 カルボアニオン

カルボアニオンの熱力学的安定性は，炭素酸の pK_a 値からわかる．表 5.1 の pK_a から，炭化水素は $CH_4 < H_2C=CH_2 < HC\equiv CH$ の順に酸性が強くなり，カルボアニオンは $H_3C^-(sp^3) < H_2C=CH^-(sp^2) < HC\equiv C^-(sp)$ の順に炭素の混成状態に依存して安定になることを述べた．

カルボアニオンの安定化に寄与する置換基の電子的要因は共役と電子求引性であり，$CH_4(pK_a=49)$ に置換基を導入したときに pK_a がどのように変化するか，表 5.14 に示している．ここに取り上げた置換基はいずれもカルボアニオンを共役によって安定化している．ニトロ基やカルボニル基は電子求引効果も大きく，カルボアニオン安定化に大きな効果をもっている．エノラートの化学によく登場するアセト酢酸エチル $MeCOCH_2COOEt$ は $pK_a=10.7$ である．フェニル基やニトロ基はその数とともに，安定化効果が減衰している．共役に必要な平面性が保てなくなるためである．それに対してシアノ基は，そのような効果の減衰はみられず，$HC(CN)_3$ は炭素酸としては最も高い酸性度を示す．

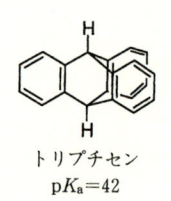

トリプチセン
$pK_a=42$

トリフェニルメタンの pK_a は 31.5 であるのに対して，トリプチセン ($pK_a=42$) のようにベンゼン環が生じてくるアニオンの非共有電子対と直交していると共役効果はみられないにもかかわらず，フェニル基の電子求引効果によっ

表 5.14 炭素酸の pK_a に対する置換基の効果

X	Ph	CN	NO_2	COMe	COOEt
H_3CX	41	28.9	10.2	19.3	25.6
H_2CX_2	33.4	11.2	3.6	8.84	13.3
HCX_3	31.5	−5.1	0.2	5.86	

てメタンよりはわずかに酸性になっている.逆に,下に示すように環状構造でベンゼン環の共役が保たれるようにするとpK$_a$は小さくなる.これらの化合物は,ベンゾシクロペンタジエンの構造をとっている.シクロペンタジエンのpK$_a$(16)は,共役塩基シクロペンタジエニドの6π電子系の芳香族性によるものである.その効果はベンゼン環が縮環することによって小さくなっている.これは,負電荷が非局在化すると,もとのベンゼン環の芳香族性が減じるためである.

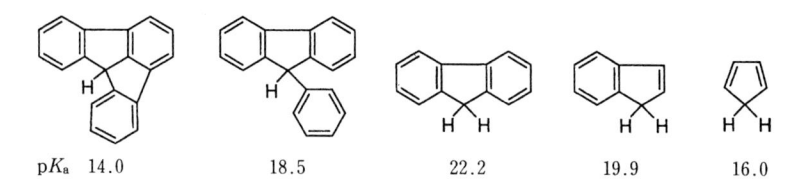

| pK$_a$ | 14.0 | 18.5 | 22.2 | 19.9 | 16.0 |

硫黄官能基もカルボアニオン安定化に寄与する.有機化学で重要な硫黄化合物のpK$_a$値を下に示す.

pK$_a$ 31.1	(CH$_3$)$_2$SO 33	(CH$_3$)$_2$SO$_2$ 23

カルボアニオンの気相における安定性は,プロトン付加反応 [式(5.41)] のエンタルピーから,プロトン親和力(proton affinity, PA)として評価できる.表5.15に代表的なカルボアニオンのPA値を示す.安定性の傾向はpK$_a$値にみられたものとあまり変わらない.

$$R^- + H^+ \rightarrow RH \qquad \Delta H° = -PA \qquad (5.41)$$

表5.15 カルボアニオンのプロトン親和力

カルボアニオン	PA/kJ mol^{-1}
CH$_3^-$	1743
PhCH$_2^-$	1586
HC≡C$^-$	1571
NCCH$_2^-$	1557
MeCOCH$_2^-$	1543
MeSO$_2$CH$_2^-$	1534
Ph$_2$CH$^-$	1525
NO$_2$CH$_2^-$	1501
シクロペンタジエニド	1490
(MeCO)$_2$CH$^-$	1438
(NC)$_2$CH$^-$	1406

5.5.2　カルボカチオン

カルボカチオンは Lewis 酸であり，その水和反応の平衡定数 K_{R^+} [あるいは pK_{R^+}，式 (5.14)〜(5.16) 参照] でその安定性を表せる．表 5.16 に，安定なカルボカチオンの pK_{R^+} と水溶液中における寿命をまとめている．トリ (アミノフェニル) メチルカチオン塩はクリスタルバイオレットとよばれる色素であり，その pK_{R^+} 値からわかるように pH 9.4 以下で 590 nm に吸収を示す．トロピリウムイオンは環状 6π 電子系の七員環カチオンとして安定である．硫黄で安定化されたカチオンが特に水溶液中で安定なことも特徴的である．

カルボカチオンから脱プロトン化すると C=C 二重結合が生成する [式 (5.42)]．これはカルボカチオンの Brønsted 酸性に相当し，平衡定数 K_a が測定されている例は少ないが，下に二，三の例をあげておく．このようなカチオンは水溶液中で水和生成物 (アルコール) と脱プロトン化生成物 (オレフィン) とを同時に与えている．

$$H_3C\text{-}C^+R_2 + H_2O \xrightleftharpoons{K_a} H_2C=CR_2 + H_3O^+ \quad (5.42)$$

Me–C⁺(S–S 環)	Me–C⁺(C₆H₄OMe-p)₂	Me–C⁺(Ph)₂
pK_a　1.71	−4.4	−9.4

表 5.16　カルボカチオンの pK_{R^+} と寿命[a]

カルボカチオン[b]	pK_{R^+}	$1/k_{H_2O}$ (s)
$(p\text{-}Me_2NC_6H_4)_3C^+$	9.36	
$(p\text{-}Me_2NC_6H_4)_2C^+Ph$	6.94	5×10^3
$C_7H_7^+$	4.7	0.4
$p\text{-}MeOC_6H_4\text{-}C^+$(S–S 環)	4.1	5.5×10
$p\text{-}MeOC_6H_4\text{-}C^+$(O–O 環)	1.1	8×10^{-4}
$(p\text{-}MeOC_6H_4)_3C^+$	0.82	0.1
$(c\text{-}C_3H_5)_3C^+$	−2.34	
$(p\text{-}MeOC_6H_4)_2C^+H$	−5.71	8×10^{-6}
Ph_3C^+	−6.63	7×10^{-6}
PhC^+Me_2	−12.3	7×10^{-10}
Ph_2C^+H	−13.3	$\sim10^{-9}$
Me_3C^+	−16.4	10^{-11}

a) 20〜25℃ における水溶液中での寿命．
b) $C_7H_7^+$ = トロピリウムイオン，$c\text{-}C_3H_5$ = シクロプロピル．

カルボカチオンの気相における安定性は，対応するラジカルのイオン化ポテンシャル (ionization potential, IP) あるいはヒドリドイオン親和力 (hydride ion affinity, HIA) で表される．これらのデータを表5.17にまとめる．カルボカチオンが安定であるほど，IP と HIA はともに小さい値を示す．

$$R\cdot + e \to R^+ + 2e \quad \Delta H° = IP \tag{5.43}$$

$$R^+ + H^- \to RH \quad \Delta H° = -HIA \tag{5.44}$$

表5.17 カルボカチオンのヒドリドイオン親和力とラジカルのイオン化ポテンシャル

カルボカチオン[a]	HIA/kJ mol^{-1}	IP/kJ mol^{-1}
CH_3^+	1310	949.3
$CH_3CH_2^+$	1130	795.0
Me_2CH^+	1050	725.9
Me_3C^+	979	667.3
$c\text{-}C_3H_5CH_2^+$	1010	—
$CH_2=CHCH_2^+$	1070	774
$PhCH_2^+$	993.7	745
Ph_2CH^+	—	703
$c\text{-}C_3H_3^+$	941	636
$c\text{-}C_5H_5^+$	1080	812
$c\text{-}C_7H_7^+$	837	573

a) $c\text{-}C_3H_5=$シクロプロピル，$c\text{-}C_3H_3=$シクロプロペニル，$c\text{-}C_5H_5=$シクロペンタジエニル，$c\text{-}C_7H_7=$トロピリウム．

引用文献

1) L. P. Hammett and A. I. Deyrup, *J. Am. Chem. Soc.*, **54**, 2721 (1932) ; L. P. Hammett, Physical Organic Chemistry, 2nd ed., McGraw-Hill (1970), Chapt. 9 ; C. H. Rochester Acidity Functions, Academic Press (1970).
2) R. H. Boyd, Solute-Solvent Interactions, J. F. Coetzee and C. D. Ritchie, ed., Marcel Dekker (1969), Chapt. 3.
3) J. F. Bunnett and F. P. Olsen, *Can. J. Chem.*, **44**, 1899 (1966).
4) K. Yates and R. A. McClelland, *Prog. Phys. Org. Chem.*, **11**, 323 (1974).
5) R. A. Cox, *Acc. Chem. Res.*, **20**, 27-31 (1987) ; *Adv. Phys. Org. Chem.*, **35**, 1-66 (2000).
6) G. A. Olah, *Angew. Chem.*, **75** 800 (1963) ; G. A. Olah, G. K. S. Prakash and J. Sommer, Superacids, John Wiley & Sons (1985).
7) R. G. Pearson, *J. Am. Chem. Soc.*, **85**, 3533 (1963) ; R. G. Pearson and J. Songtad, *J. Am. Chem. Soc.*, **89**, 1827 (1967) ; T.-L. Ho, Hard and Soft Acids and Bases Principle in Organic Chemistry, Academic Press (1977).
8) (a) C. G. Swain and C. B. Scott, *J. Am. Chem. Soc.*, **75**, 141 (1953) ; (b) R. G. Pearson, H. Sobel and J. Songtad, *J. Am. Chem. Soc.*, **90**, 319 (1968).

9) J. O. Edwards, *J. Am. Chem. Soc.*, **76**, 1540 (1954) ; **78**, 1819 (1956).
10) C. D. Ritchie, *Acc. Chem. Res.*, **5**, 348 (1972) ; *Can. J. Chem.*, **64**, 2239 (1986).
11) H. Mayr and M. Patz, *Angew. Chem. Int. Ed. Engl.*, **33**, 938 (1994) ; 奥山　格, 友田　修司, 山高　博編, 有機反応論の新展開, 東京化学同人 (1995), p. 33.
12) J. E. Dixon and T. C. Bruice, *J. Am. Chem. Soc.*, **94**, 2052 (1972).

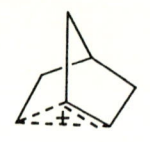

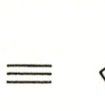

コラム　カルベニウムイオンとカルボニウムイオン [ヨーロッパとイギリス]

　形式電荷が炭素上にあるカチオンを総称してカルボカチオン（炭素陽イオン）といってきた．1960年代までは，炭素のカチオンといえば3価のものしか知られていなかったので，これをカルボニウムイオン (carbonium ion) とよんでいた．これはイギリスとアメリカでの用法に従ったもので，ヨーロッパ大陸（ドイツやフランス）ではカルベニウムイオン (carbenium ion) といわれていた．[私たちはイギリスをヨーロッパの代表的な国だと思っているが，イギリス人は，ヨーロッパというのは大陸のいなかのことであって，イギリスは大英帝国であると思っている．彼らは大陸に倣うことを潔しとしないようである．]

　これらの名称の-nium という接尾語は，元来水素化物分子に水素イオンが付加してできたカチオンであることを意味している．たとえば，NH_4^+ がアンモニウムイオンであり，H_3O^+ はオキソニウムイオンである．したがって，CH_3^+ は CH_2 (carbene) $+H^+$ であるから carbenium ion というべきであり，carbonium ion は CH_4 に H^+ が結合した CH_5^+ を指すべきである．超強酸の中で，このような5価の炭素陽イオンが観測できるようになり，カルベニウムイオンとカルボニウムイオンとを区別する必要が生じてきた（137ページのコラム「George Olah と超強酸中のカチオン中間体」参照）．そのことから3価の炭素陽イオンをカルベニウムイオン，5価のものをカルボニウムイオンということが定着してきた．これらを総称してカルボカチオンとよんでいる．また1960年代には S_N1 反応の機構に関する研究も大きく進み，隣接基関与によってカルベニウム炭素に C-C 結合が配位したような非古典的カルボカチオンが中間体として存在することが明らかにされ，これもカルボニウムイオンとよばれるにふさわしい構造をもっている．その例には次のようなものがある．

　　非古典的カルボニウムイオン

6

反応速度同位体効果

6.1 同位体効果とは

　同位体とは同じ原子番号をもち，質量数のみ異なる一群の核種のことである．同位体は，互いに同じ電子配置をしていて，そのために同じ化学的性質をもっている．この化学的に同じ反応挙動を示す性質を利用して，同位体標識した化合物，すなわち分子内のある原子を同位体で置換した化合物をトレーサーとして用いることができることはすでに説明した(1.4節参照)．しかし，厳密にいえば同位体標識した化合物は完全に同じ性質を示すわけではない．同位体間では原子核の質量が異なるので，気体の拡散や電磁場内におけるイオンの移動速度などの物理的現象や，化学反応における平衡や速度などの化学的現象において，同位体標識した化合物は非標識の化合物とはわずかに異なった性質を示す．ここでは，反応速度や平衡定数における同位体効果を反応機構の研究にどのように使うことができるか解説する．

6.2 同位体効果の理論

　化学反応速度に及ぼす同位体の効果を反応速度同位体効果(kinetic isotope effect)という．その大きさは遷移状態理論(絶対反応速度論)によって説明される．遷移状態理論によれば，化学反応の速度は式(6.1)のように表される．

$$k = \kappa \left(\frac{k_\mathrm{B} T}{h}\right) K^\ddagger \tag{6.1}$$

ここで，T は反応温度，k_B および h はそれぞれ Boltzmann 定数と Planck 定数であり，κ は透過係数とよばれるもので，遷移状態を越えて生成物の領域に

行ったものが出発系にもどってくる割合や活性化障壁を越えずに分子が生成物へ至る割合(トンネル効果)に対する補正項である.

$K^{\ddagger}$ は反応原系と遷移状態との間の仮想的な平衡定数であり,反応原系と遷移状態との間のポテンシャルエネルギー差(E_a)と分配関数(Q)を用いて,式(6.2)のように表すことができる.したがって反応の速度は式(6.3)で与えられる.ここで,上付き記号($\ddagger$)は遷移状態の性質を表す.ポテンシャルエネルギーは同位体置換によって変わらないので,速度同位体効果,すなわち同位体間の速度比(k_1/k_2)は式(6.4)になる.ここで,k_1 と k_2 はそれぞれ軽い同位体と重い同位体に関する速度定数を表す.

$$K^{\ddagger} = \frac{Q^{\ddagger}}{Q} e^{-E_a/RT} \tag{6.2}$$

$$k = \kappa \frac{k_B T}{h} \cdot \frac{Q^{\ddagger}}{Q} e^{-E_a/RT} \tag{6.3}$$

$$\frac{k_1}{k_2} = \frac{\kappa_1 Q_1^{\ddagger} Q_2}{\kappa_2 Q_2^{\ddagger} Q_1} \tag{6.4}$$

式(6.4)に振動,回転および並進の分配関数を代入すると,同位体効果の理論式(6.5)が得られる.ここで,M と I は分子の質量と慣性モーメント,s は対称数,u は $h\nu/k_B T$ である.

$$\frac{k_1}{k_2} = \frac{\kappa_1}{\kappa_2} \cdot \frac{\left(\frac{M_2}{M_1}\right)^{3/2}}{\left(\frac{M_2^{\ddagger}}{M_1^{\ddagger}}\right)^{3/2}} \cdot \frac{\left(\frac{I_2}{I_1}\right)^{1/2}}{\left(\frac{I_2^{\ddagger}}{I_1^{\ddagger}}\right)^{1/2}} \frac{s_1}{s_2} \times \frac{\prod_i^{3n-6} \frac{1-e^{-u_{1i}}}{1-e^{-u_{2i}}}}{\prod_i^{3n-7} \frac{1-e^{-u_{1i}^{\ddagger}}}{1-e^{-u_{2i}^{\ddagger}}}} \times \frac{\exp\left[\sum_i^{3n-6}(u_{1i}-u_{2i})/2\right]}{\exp\left[\sum_{i=1}^{3n-7}(u_{1i}^{\ddagger}-u_{2i}^{\ddagger})/2\right]} \tag{6.5}$$

この式の第1項から第3項はそれぞれ,質量・慣性モーメント項,励起項,およびゼロ点エネルギー項とよばれる.式(6.5)はさらに,透過係数と対称数を無視し,Teller-Redlich の定理

$$\left(\frac{M_1}{M_2}\right)^{3/2} \left(\frac{I_1}{I_2}\right)^{1/2} = \prod_j^n \frac{M_{1j}}{M_{2j}} \prod_i^{3n-6} \frac{\nu_{1i}}{\nu_{2i}}$$

を用いて変形すると式(6.6)となる.ここで,$\nu^{\ddagger}$ は遷移状態での反応座標の振動数で,虚数の値をもつ.最初の $\nu^{\ddagger}$ の項は温度(T)を含まないので温度非依存項,それ以降の u を含む項は温度依存項とよばれる.後で述べる二次同位体効果では温度非依存項は同位体効果に寄与しないので温度依存項のみで議論できるが,一次同位体効果では前者がしばしば後者よりも重要な寄与をする.

$$\frac{k_1}{k_2} = \frac{\nu_{1L}^{\ddagger}}{\nu_{2L}^{\ddagger}} \cdot \frac{\prod_{i}^{3n-6} \frac{u_{2i}}{u_{1i}}}{\prod_{i}^{3n-7} \frac{u_{2i}^{\ddagger}}{u_{1i}^{\ddagger}}} \times \frac{\prod_{i}^{3n-6} \frac{1-e^{-u_{1i}}}{1-e^{-u_{2i}}}}{\prod_{i}^{3n-7} \frac{1-e^{-u_{1i}^{\ddagger}}}{1-e^{-u_{2i}^{\ddagger}}}} \times \frac{\exp\left[\sum_{i}^{3n-6}(u_{1i}-u_{2i})/2\right]}{\exp\left[\sum_{i=1}^{n}(u_{1i}^{\ddagger}-u_{2i}^{\ddagger})/2\right]} \tag{6.6}$$

式からわかるように,同位体効果は振動数のみの関数で表すことができるので,分子軌道法などで反応原系と遷移状態での振動数を求めることができれば,同位体効果を理論的に計算することができる.実際に量子化学計算が手軽に行えるようになった現在,計算によって求めた同位体効果を実験値と比較することによって反応の遷移状態を推定する研究が盛んになってきている.

6.3 同位体効果の大きさ

同位体効果の大きさは,式(6.6)でみたように,温度依存項と温度非依存項との積で表される.このうち温度非依存項は常に正の同位体効果(1.0よりも大きな値)を与え,その大きさは虚数の振動数をもつ遷移状態での反応座標方向の振動の同位体シフトに依存する.一方,温度依存項は,反応原系と遷移状態とでの同位体標識した原子に関する結合状態の変化を反映し,正あるいは負(1.0よりも小さな値)の同位体効果を与える.その大きさは,反応原系と遷移状態での正の振動数に及ぼす同位体シフトの差から生じる.

図6.1に模式的に示した反応のエネルギー図をみてみよう.この図で太い実

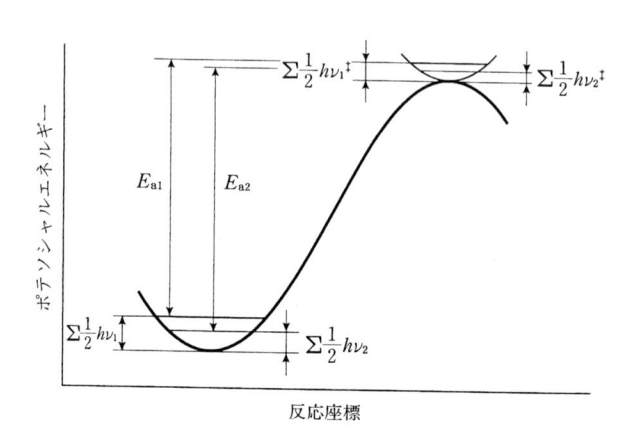

図6.1 反応のエネルギー断面図とゼロ点エネルギー

線で示した曲線は反応の進行とともに変化する系のポテンシャルエネルギーである．同位体の電子状態は同じなので，ポテンシャルエネルギーは同位体置換によって変化しない．反応の活性化エネルギーはこのポテンシャルエネルギーに加えて，分子のもつ振動，並進および回転エネルギーの総和によって決定される．話を簡単にするために，これらのうち最も大きな効果をもつ振動エネルギーについて考えてみよう．振動エネルギーは量子化されており，分子が高温にあるほど励起状態の寄与が大きくなるが，絶対零度でも各分子内振動についてゼロ点エネルギー，$(1/2)h\nu$，をもっている．

分子内の質量 m_1 の部分構造と m_2 の部分構造の間の伸縮に注目すると，その振動数は式(6.7)および式(6.8)で表される．ここで，c は光速，f は振動の力定数で同位体には依存しない．μ は振動に関する換算質量で，m_1 と m_2 の質量によって決まる．

$$\nu = \frac{1}{2\pi c}\sqrt{\frac{f}{\mu}} \tag{6.7}$$

$$\frac{1}{\mu} = \frac{1}{m_1} + \frac{1}{m_2} \tag{6.8}$$

たとえばいま，フェノールの O–H 伸縮振動を取りあげると，m_1 は93，m_2 は1であり，μ は近似的に1になる．一方，重水素化フェノールの O–D 伸縮では μ は近似的に2になる．したがって，フェノールと重水素化フェノールの O–H と O–D 伸縮振動数の比は $\sqrt{2}$ になる．フェノールの O–H 伸縮振動数を 3600 cm^{-1} とすると，O–D の伸縮振動数は 2546 cm^{-1} となり，H 体と D 体のゼロ点エネルギーの差は 6.3 kJ mol^{-1} となる．このエネルギー差は，図6.1の $(\sum(1/2)h\nu_1 - \sum(1/2)h\nu_2)$ に相当する．

いま，フェノールの O–H 結合の開裂反応の遷移状態で O–H(O–D) 結合がほぼ完全に切れた状態であるとすると，反応原系でのゼロ点エネルギー差が活性化エネルギーの差になる．その結果，反応の活性化エネルギーは H 体の方が 6.3 kJ mol^{-1} だけ小さくなり，H 体の反応の方が約12.5倍速く反応する．このように，分子振動の振動数の質量依存性が同位体効果の主な原因である．

同位体効果の大きさは，当然ながら同位体の質量に依存する．その大きさの目安として，遷移状態でゼロ点エネルギー差がなくなる場合，すなわち同位体

表 6.1 速度同位体効果の予想最大値 (25℃)

同位体の種類	k_1/k_2
^{1}H/^{2}H	18
^{1}H/^{3}H	60
^{12}C/^{13}C	1.25
^{12}C/^{14}C	1.50
^{14}N/^{15}N	1.14
^{16}O/^{18}O	1.19
^{32}S/^{35}S	1.05
Cl (天然存在比)/^{36}Cl	1.03
^{127}I/^{131}I	1.02

の関係する結合の一つが完全に開裂した場合に予想される値を予想最大値として表 6.1 にあげた．実際には，このような大きな値は特別の理由がない限り観測されない．

6.4 一次同位体効果と二次同位体効果

同位体で標識した原子の関係する結合が開裂あるいは生成する反応における同位体効果を一次同位体効果 (primary isotope effect) という．表 6.1 にまとめた同位体効果の予想最大値は一次同位体効果に関するものである．これに対して，同位体で標識した原子の結合が変化しない反応での同位体効果を二次同位体効果 (secondary isotope effect) という．当然ながら，二次同位体効果の大きさは一次同位体効果に比べてはるかに小さく，重水素二次同位体効果はた

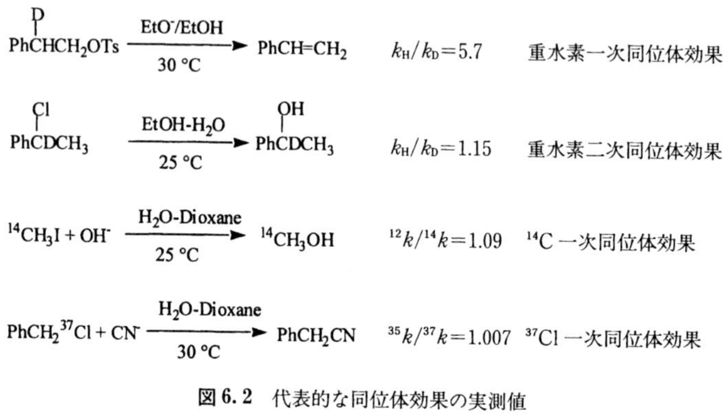

$$\text{PhCHCH}_2\text{OTs} \xrightarrow[30\ °C]{\text{EtO}^-/\text{EtOH}} \text{PhCH=CH}_2 \quad k_\text{H}/k_\text{D}=5.7 \quad \text{重水素一次同位体効果}$$

(上式左辺の PhCHCH$_2$OTs には D が付く)

$$\text{PhCDCH}_3 \text{ (Cl)} \xrightarrow[25\ °C]{\text{EtOH-H}_2\text{O}} \text{PhCDCH}_3 \text{ (OH)} \quad k_\text{H}/k_\text{D}=1.15 \quad \text{重水素二次同位体効果}$$

$$^{14}\text{CH}_3\text{I} + \text{OH}^- \xrightarrow[25\ °C]{\text{H}_2\text{O-Dioxane}} {}^{14}\text{CH}_3\text{OH} \quad {}^{12}k/{}^{14}k=1.09 \quad {}^{14}\text{C 一次同位体効果}$$

$$\text{PhCH}_2{}^{37}\text{Cl} + \text{CN}^- \xrightarrow[30\ °C]{\text{H}_2\text{O-Dioxane}} \text{PhCH}_2\text{CN} \quad {}^{35}k/{}^{37}k=1.007 \quad {}^{37}\text{Cl 一次同位体効果}$$

図 6.2 代表的な同位体効果の実測値

かだか 1.3 以下である．水素以外の同位体効果は，しばしば重原子同位体効果とよばれるが，これらの場合にはもともと同位体効果は小さいので，二次同位体効果は実質上観測されない．代表的な同位体効果の例を図 6.2 にあげた．

6.5 反応経路の決定

同位体効果は二つ以上の反応経路が考えられる反応の機構を決定するのに有効である．たとえば，重原子の同位体効果は標識原子の結合状態が変化しない限り観測されないから，同位体効果によって特定の原子が反応に関与しているかどうかを判定することができる．いくつかの具体例をみてみよう．

6.5.1 転位反応における重原子一次同位体効果

Hofmann 転位や Beckmann 転位など，古くから知られている転位反応には二つの可能な反応経路がある．一例として安息香酸アミドの Hofmann 転位の反応経路を図 6.3 に示す．この反応では，フェニル基の炭素から窒素への分子内転位が不安定中間体のニトレン (PhCON) を経て段階的に起こる (経路 a) のか，あるいは協奏的に起こる (経路 b) のかを区別することが，反応機構上の最大の問題である．このような反応経路の判定には反応速度同位体効果が有効である．すなわち，もしも反応が協奏的経路で進行すれば，反応基質である安息香酸アミドの窒素，カルボニル炭素，およびフェニル基の *ipso* 炭素 (フェニル-1 位) のすべての位置で $^{14}N/^{15}N$ あるいは $^{12}C/^{14}C$ の速度同位体効果が観

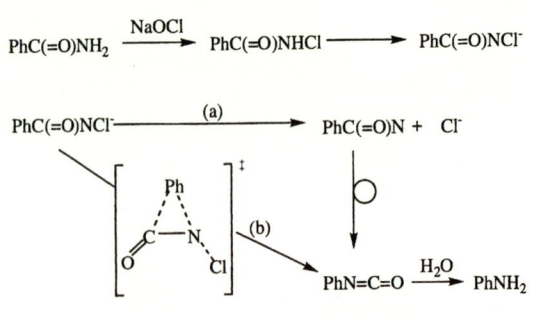

図 6.3 Hofmann 転位反応の経路

6.5 反応経路の決定

表6.2 転位反応における速度同位体効果

反応	化合物	転位基炭素 $^{12}k/^{14}k$	カルボニル炭素 $^{12}k/^{14}k$	転位終点(炭素または窒素) $^{12}k/^{14}k(^{14}k/^{15}k)$
Hofmann 転位	PhCONHCl	1.046	1.045	
Hofmann 転位	PhCONHBr	1.044	1.012	1.035
Beckmann 転位	PhCMe=NOSO$_3$H	1.026		
Curtius 転位	PhCON$_3$	1.042	1.018	1.037
Wolff 転位	NpCH$_2$COCHN$_2$	1.015	1.003	1.080

測されるはずである.一方,反応が段階的に起こっているとすると,通常脱離基の解離過程が律速段階であると考えられるので,窒素の同位体効果のみが観測され,フェニル-1位炭素とカルボニル炭素の同位体効果はみられないと予想される.

実際には,水中,15°CにおけるHofmann転位の同位体効果は,カルボニル炭素およびフェニル-1位炭素のそれぞれについて1.046および1.045と報告されている[1].この結果は,この転位反応が協奏的経路を通って進行していることを明確に示している.

代表的な転位反応について測定されている同位体効果の結果を表6.2にまとめた.同位体効果の結果から,これらの転位反応はいずれも協奏的経路で反応すると考えられている.このような炭素および窒素の同位体効果による転位反応の反応経路の決定は,重原子同位体効果の有効性を示す歴史的に重要な研究成果である.

6.5.2 隣接基関与における重原子一次同位体効果

Hofmann転位やBeckmann転位などの人名転位反応で示された同位体効果の有効性は,他の分子内転位反応の研究においても発揮された.図6.4に隣接基関与を伴って進行する加溶媒分解反応の経路を示した.この反応では,まず隣接フェニル基の関与によって脱離基(Y)がはずれてベンゼニウムイオン中間体を形成し,ついで中間体と溶媒との反応で生成物を与える二段階経路(a)と,(b)で示したプロトン性溶媒(SOH)によるS_N2型の置換反応の経路の二つの可能な反応経路がある.上に述べた転位反応の場合と同様に,重原子同位体効果によって反応機構を区別することができる.この反応の場合には,経

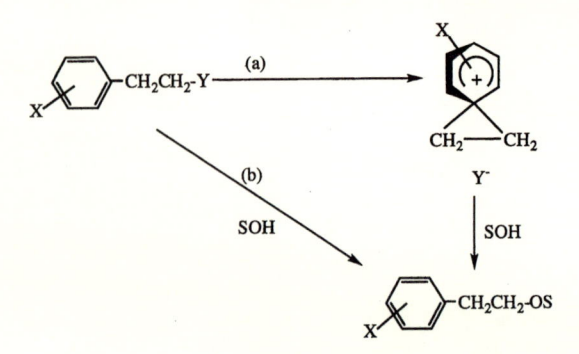

図6.4 2-フェニルエチル系の加溶媒分解反応の経路

路(a)ではフェニル基の関与を伴って反応が進行するが，経路(b)ではフェニル基に関する結合は反応の途中で変化しない．したがって，フェニル-1位の炭素同位体効果によって経路の区別ができる

実際に，無置換体($X=H$)の2-フェニルエチルノシラートの加酢酸分解反応におけるフェニル-1位炭素同位体効果は $^{12}k/^{14}k=1.002\pm0.001$ (100℃) となり，ほぼ1とみなせることから，経路(b)を通って反応していることがわかった．これに対し，2-(p-メトキシフェニル)エチルトシラート($X=p$-OMe)の反応では $^{12}k/^{14}k=1.028\pm0.001$ (60℃) という正の同位体効果が観測された[2]．この結果は，p-OMe置換基によってフェニル基関与経路(a)が加速されたために，$X=H$の場合の経路(b)から経路(a)へと機構が変化したことを示している．この炭素同位体効果の結果は，速度に対する置換基効果(Hammett則)や溶媒効果の結果と一致している．

6.5.3 カルボニル求核付加反応における重原子一次同位体効果

Grignard反応剤(RMgX)や有機リチウム(RLi)のアルデヒドやケトンへの付加反応にも二つの可能な反応経路が存在する(図6.5)．第一は求核反応剤(R-M)のR基が形式的にアニオンとしてカルボニル炭素を攻撃し一段階で付加体を生成する経路(b)の極性経路(PL)であり，第二はR-Mからカルボニル化合物への一電子移動(ET)によってラジカルイオン対中間体を生成し，その中間体のラジカルカップリング(RC)で付加体を生成する二段階機構(経路

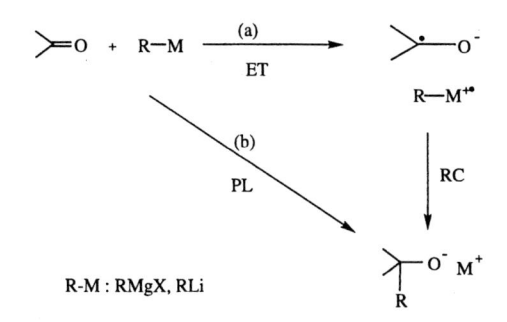

図 6.5 カルボニル求核付加反応の経路

a) である (10.3 節参照). 上に述べた転位反応や隣接基関与加溶媒分解反応と同じく,この反応の経路も重原子同位体効果によって判定できる.すなわち,カルボニル炭素を ^{14}C で標識した化合物を使えば,もし反応が経路 (b) の極性機構で進んでいる場合には同位体効果 ($^{12}k/^{14}k$) は有意の値を示すと期待される.これに対し,電子移動律速の機構 (a) で反応する場合には,電子移動過程ではカルボニル炭素の結合状態はほとんど変化しないので,同位体効果はほとんど観測されないと予想される.実際に,0 ℃,THF 中でのベンズアルデヒドとピナコロンリチウムエノラート ($Me_3CC(OLi)=CH_2$) およびフェニルリチウム (PhLi) との反応において同位体効果が測定されている[3].その結果,それぞれ $^{12}k/^{14}k=1.039\pm0.009$ および 0.998 ± 0.003 という値が観測されており,前者の反応は経路 (b) の極性機構で,一方後者の反応は経路 (a) の電子移動機構で進行していると結論されている.

6.5.4 芳香族求電子置換反応における水素一次同位体効果

水素の同位体効果でも,一次同位体効果と二次同位体効果の大きさには大きな違いがあるので,同位体効果の大きさから遷移状態の区別をすることができる.芳香族求電子置換反応の律速段階の決定は,そのような水素の同位体を用いた歴史的に重要な研究例である.ニトロ化や臭素化の典型的な置換反応では水素の一次同位体効果が観測されなかったことから,反応は協奏的なものではなく律速に脱プロトン化 (k_2) が関与しないような多段階反応であることが結論された[4].すなわち,一般的に式 (6.9) のようなベンゼニウムイオン (σ 錯

体)を中間体とする段階的機構で,付加の段階 (k_1) が律速であるといえる.

$$\text{(6.9)}$$

しかし,反応条件によっては脱プロトン化が律速になることもある.たとえば,脱離するプロトンがかさ高い置換基にはさまれて,中間体の sp^3 炭素が sp^2 炭素にもどるときに立体歪みが生じるような場合,式 (6.10) の例では $k_H/k_D=3.7$ になる.また,非プロトン性溶液中で塩基の効果が現れにくい場合や反応性の低い求電子剤の反応においても明瞭な同位体効果がみられる. Friedel-Crafts アシル化,スルホン化,ジアゾカップリング,オキシ水銀化などがその例である.これは反応の可逆性が大きくなり,脱プロトン化 (k_2) が律速にかかわってくるからである.

$$\text{(6.10)}$$

6.5.5 脂肪族求核置換反応における水素および炭素同位体効果

同位体効果が単に観測されるか否かという判定だけではなく,同位体効果が精密に測定できれば,その大きさから機構を判定することも可能である.S_N1 と S_N2 における重水素二次同位体効果は,その大きさによって反応機構が判定できる代表的な例である.

典型的な S_N2 反応基質であるメチルとエチル誘導体,S_N2 機構と S_N1 機構の境界領域にあるイソプロピル誘導体,さらに S_N1 基質である 1-フェニルエチルおよび t-ブチル系の加水分解反応における α 位 (脱離基の結合した位置) および β 位 (α 位の隣の位置) の重水素二次同位体効果の値を表 6.3 および表 6.4 にまとめる.表 6.3 から,α 重水素二次同位体効果の大きさはメチル基質では 1.0 よりも小さく,エチル基質ではほぼ 1.0,イソプロピル系では 1.0 よ

表 6.3 水中での脂肪族求核置換反応における α 重水素二次同位体効果

基質	k_H/k_{D_3}	温度	$(k_H/k_{D_3})^{1/3}$, 25 ℃
MeOTs	0.96	70	0.98
MeCl	0.92	90	0.97
MeBr	0.90	80	0.96
MeI	0.87	70	0.95

基質	k_H/k_{D_2}	温度	$(k_H/k_{D_2})^{1/2}$, 25 ℃
EtOTs	1.038	54	1.020
EtBr	0.983	80	0.990
EtI	0.968	80	0.981

基質	k_H/k_{D_1}	温度	k_H/k_{D_1}, 25 ℃
i-PrOTs	1.134	30	1.136
i-PrBr	1.069	60	1.078
i-PrI	1.050	60	1.057

基質	k_H/k_D	温度	k_H/k_{D_1}, 25 ℃
PhCHMeCl[a]	1.149	25	1.149

a) 70% aq. EtOH.

表 6.4 脂肪族求核置換反応における β 重水素二次同位体効果

基質	k_H/k_{D_3}	温度	$(k_H/k_{D_1})^{1/3}$
EtOTs	1.018	60	1.006
EtBr	1.033	80	1.011
EtI	1.037	80	1.012

基質	k_H/k_{D_6}	温度	$(k_H/k_{D_1})^{1/6}$
i-PrOTs	1.551	30	1.076
i-PrBr	1.336	60	1.049
i-PrI	1.312	60	1.046

基質	k_H/k_{D_9}	温度	$(k_H/k_{D_1})^{1/9}$
t-BuCl	2.387	25	1.101

りも大きくなり，1-フェニルエチルクロリドではさらに大きく 1.15 と，反応基質とともに変化していることがわかる[5]．

このように，α 重水素二次同位体効果は S_N2 で小さく，S_N1 で大きな値を与える．S_N1 での大きな同位体効果は，脱離基 (Lg) の開裂に伴って H(D)―C⋯Lg の変角振動の振動数が小さくなることによるものとして理解できる．一方，Me 基質の S_N2 では脱離基の開裂が求核種との結合生成によって補われるため，全体として α 水素に関する振動エネルギーが増加し，1.0 よりも小さな同位体効果が得られる．このように，α 重水素二次同位体効果は S_N1 と S_N2

の機構の変化を敏感に反映する機構判定の指標として使うことができる.

表6.3からわかるもう一つの重要な知見は, 同じ機構で進む反応基質であっても, α重水素二次同位体効果の大きさが脱離基によって異なることである. この傾向は, 遷移状態でのMeやEt基質よりも脱離基の開裂がより進んでいると考えられるi-Pr基質で著しい. これは, 脱離基(Lg)の種類によってH(D)—C⋯Lgの変角振動の振動数が異なるためである. この脱離基による値の違いは遷移状態で脱離基の結合開裂が進んでいるほど, そして大きな同位体効果を与える反応ほど大きくなる. 極限的な(limiting)S_N1反応でのα重水素二次同位体効果はLg=I, Br, Cl, OSO_2R(または$OCOR$)について, それぞれ1.08, 1.12, 1.15, および1.23であることが実験によって明らかにされている. したがって, α重水素二次同位体効果の大きさから反応機構を考察する際には, 脱離基が何であるかに注意しなければならない.

α重水素二次同位体効果と同様に, β重水素二次同位体効果も機構の変化に応じてその大きさが変化するので, 反応機構の判定に利用することができる. 表6.4からわかるように, 反応がS_N2からよりS_N1的になるにつれてβ重水素二次同位体効果は大きくなっている[5]. この傾向は, 反応がS_N1的になるにつれてα炭素上に発生する正電荷の大きさが増大することによると考えられる.

β-Me基はC-H結合の超共役によってα炭素上の正電荷を分散し安定化するが, それに伴うC-H結合強度の減少がβ重水素二次同位体効果の原因であると考えられてきた. このことは式(6.11)に示す多環性化合物のS_N1反応における同位体効果の位置依存性(二面角依存性)によって証明された[6].

$$\text{(6.11)} \quad k_H/k_D = 1.14 \text{ (D1個あたり)}, \quad k_H/k_D = 0.99$$

反応中心炭素(α位)の^{14}C同位体効果も, 重水素同位体効果と同様にその大きさが機構によって変化するため, 機構の判定に用いることができる. 図6.2

にCH$_3$IのS$_N$2反応の例をあげたが，S$_N$2反応ではα-^{14}C同位体効果は1.09から1.15と，^{14}Cとしてはかなり大きな値を示すことが多い．これに対して，S$_N$1反応でのα-^{14}C同位体効果は小さく，たとえば，t-BuClの加水分解反応では1.03 (25℃) であると報告されている．この傾向は，S$_N$1反応では脱離基の開裂のみが起こるのに対しS$_N$2では結合の開裂と生成が同時に起こることを考えると，一見奇妙に思える．しかし，S$_N$1反応の^{14}C同位体効果が小さいことは，Ph$_3$CClのイオン化(6.12)における平衡に対する同位体効果が$^{12}K/^{13}K = 0.983 \pm 0.003$と1.0よりも小さいことと符合しており，イオン化に伴ってC$_\beta$-C$_\alpha$結合が強くなることによるものと考えられている[7]．そのような付加的な結合があってこそ，カルボカチオンが安定化され，S$_N$1反応が起こり得るともいえる．

$$\mathrm{Ph_3^{13}CCl} \underset{0\,℃}{\overset{\mathrm{liq.\ SO_2}}{\rightleftharpoons}} \mathrm{Ph_3^{13}C^+ + Cl^-} \tag{6.12}$$

それでは，全体としてα炭素に関する結合状態が大きくは変化しないと思われるS$_N$2反応でより大きなα炭素同位体効果がみられるのはなぜだろうか．式(6.6)に示したように，同位体効果は温度非依存項と温度依存項とからなり，後者はゼロ点エネルギーの同位体質量依存性から生じると述べた．実験的にS$_N$2反応で観測されている大きな同位体効果はS$_N$2反応の遷移状態が直線三中心構造をとっていることに由来していると考えられている．すなわち，遷移状態における二つの反応性結合の伸縮振動は相互作用により対称および逆対称伸縮振動のモードになる．

$$\mathrm{Nu + R\text{-}Lg} \longrightarrow [\mathrm{Nu}\cdots\mathrm{R}\cdots\mathrm{Lg}]^\ddagger \longrightarrow \mathrm{Nu\text{-}R + Lg} \tag{6.13}$$

$\quad\quad\quad$ Nu→ ←R　　Lg→　　逆対称伸縮振動
$\quad\quad\quad$ ←Nu　　R　　Lg→　　対称伸縮振動

このうち，逆対称伸縮振動はS$_N$2反応の反応座標の振動であり，Rの質量が振動数に大きな影響を与えるため，温度非依存項として同位体効果に寄与する．一方，通常のゼロ点エネルギーをもつ対称伸縮振動の振動数はその振動モードの性質上Rの質量にはそれほど依存しない．特にこの振動モードが完全に対称であれば，振動数はRの質量には無関係になる．このような場合には，遷移状態での対称伸縮振動のゼロ点エネルギーは同位体置換によって影響

を受けないので，反応原系でのゼロ点エネルギー差がそのまま同位体効果に反映され，大きな同位体効果が得られることになる．

6.6 遷移状態構造の推定

同位体効果の大きさは反応の遷移状態での標識原子に関する結合状態を敏感に反映するので，同位体効果の大きさの変化は遷移状態構造の変化を反映するはずである．一連の反応における同位体効果の大きさの変化から遷移状態構造の変化を推定した実験についてみてみよう．

6.6.1 プロトン移動反応

酸から塩基へのプロトン移動は，特別な立体的制約がなければ直線三中心遷移状態を経て進行する．上で述べた S_N2 反応の場合と同様に，水素原子を中心とする三中心対称伸縮振動が遷移状態において真に対称であれば大きな同位体効果が期待される．逆に，遷移状態が非対称になれば水素同位体効果は小さくなる．したがって，酸あるいは塩基の強さを変化させた一連の反応について，その遷移状態が反応原系類似の構造(早期遷移状態)から生成系類似の構造(晩期遷移状態)へと変化するならば，重水素一次同位体効果もそれに応じて小さな値から大きな値，そして再び小さな値へと変化するはずである．実験的にそのようなベル型の同位体効果の変化が観測されれば，化学反応性によって遷移状態構造が変化することの明らかな証明となる．また，同時に三中心モデルによる S_N2 反応やプロトン移動反応での同位体効果の解釈が裏付けられる．

実際に S_N2 反応やプロトン移動反応での同位体効果のベル型の変化はいくつかの反応系で明らかになっている．$O_2NCH_2CO_2Et$ から種々の塩基へのプロトン移動反応(6.14)で得られた重水素一次同位体効果を $O_2NCH_2CO_2Et$ と塩基の pK_a の差(ΔpK_a)に対してプロットしたものを図6.6に示す[8]．同位体効果は $\Delta pK_a=0$ 付近で極大値を与えており，三中心モデルの正しさを示している．

$$B:+O_2NCH_2CO_2Et \longrightarrow BH^++O_2NCH^-CO_2Et \qquad (6.14)$$

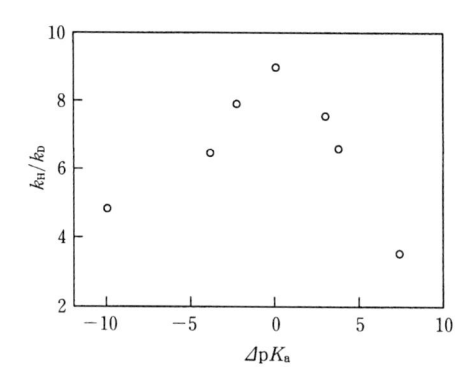

図 6.6 $O_2NCH_2CO_2Et$ のプロトン移動反応における重水素一次同位体効果 [文献 8]

水素移動反応において,非対称な遷移状態が小さな重水素同位体効果を与えることは上で示したとおりであるが,遷移状態が直線三中心構造をとれない場合にも同位体効果は小さくなることを知っておく必要がある.非直線三中心対称振動ではその振動数が中心元素(水素)の質量に依存するからである.

上記の反応での重水素同位体効果の極大値 ($k_H/k_D = 9.0$) はほぼ同位体効果の最大値と考えられる.実験的にはこれよりもはるかに大きな重水素一次同位体効果がしばしば観測されるが,それらはトンネル効果に由来する.トンネル効果とは反応分子が活性化障壁を越えることなく量子力学的に生成系に移動する現象であり,重水素に比べて軽水素移動で起こりやすい.重水素同位体効果にトンネル効果の寄与がある場合には,同位体効果の大きさを古典的な遷移状態構造から議論することはできない.

実験で求められた同位体効果にトンネル効果の寄与があるか否かは同位体効果の温度依存性から検証できる.Arrhenius の式から求められる頻度因子は同位体には依存しないので,トンネル効果の寄与がなければ A_H/A_D はほぼ 1.0 になる.みかけの A_H/A_D が 1.0 よりも大幅に小さい場合には,トンネル効果が疑われる.もう一つの検証は,重水素同位体効果と三重水素(トリチウム)同位体効果との比較から得られる.k_H/k_D と k_H/k_T との間には Swain-Schaad 式 (6.15) とよばれる関係が成立することが,経験的に知られている.トンネル効果は D や T の反応よりも H の反応に大きく寄与するので,トンネル効果

の関与する反応では，式(6.15)のべき数は1.44よりも大きく現れる．

$$\left(\frac{k_H}{k_D}\right) = \left(\frac{k_H}{k_T}\right)^{1.44} \quad (6.15)$$

このような同位体効果の大きさの解釈やトンネル効果の有無に関する議論は，素反応についてのみ成立する．多段階反応や酵素反応のように種々の現象が複雑に関与する反応の同位体効果の解析には，どの過程の同位体効果をみているのか注意する必要がある．

6.6.2 連続標識法

同位体効果によって遷移状態における特定の原子に関する結合状態の知見が得られるのであれば，反応基質のより多くの原子の同位体効果を測定することによって，反応機構や遷移状態構造についてより確かな情報を得ることができるはずである．このような，一つの反応で複数の同位体効果を測定する研究手法を連続標識法 (successive labeling technique) という．

a. Claisen 転位反応の遷移状態

その応用例として脂肪族 Claisen 転位反応 [式(6.16)] をみてみよう．この反応は結合の生成と開裂とが協奏的に起こる分子内反応であり，理論計算によってその遷移状態構造が求められている．しかしながら，その遷移状態構造は計算法によって大きく異なる．半経験的分子軌道法である AM1 法は tight な 1,4-ジラジカル型の遷移状態構造を与えたのに対し，CASSCF 法では loose なビスアリル型の遷移状態が得られ，また MP2 や DFT 法では中間の遷移状態構造が求まっており，理論計算からのみでは反応機構は特定できなかった[9]．

$$\begin{array}{c}\text{(structure)}\end{array} \longrightarrow \left[\begin{array}{ccc}\text{1,4-diyl} & \text{aromatic} & \text{bis-allyl}\end{array}\right] \longrightarrow \begin{array}{c}\text{(structure)}\end{array} \quad (6.16)$$

そこで，この反応における C_1, C_2, O_3, C_4, C_5 および C_6 の位置での ^{13}C あるいは ^{17}O 同位体効果を測定し，上記の種々の計算法で求めた同位体効果と比較した．その結果，表6.5に示すように，まず同位体効果の計算値は，遷移状態

表6.5 Claisen反応の^{13}C同位体効果の実測値と計算値(125℃)[a]

position	AM1	MP2/6-31G*	B3LYP/6-31G*	CASSCF/6-31G*	expl
C_1	1.030	1.013	1.012	1.007	1.014
C_2	1.000	1.002	0.999	1.003	1.000
O_3	1.013	1.019	1.017	1.020	1.017
C_4	1.026	1.033	1.029	1.037	1.035
C_5			1.000 (relative)		1.0 (assumed)
C_6	1.030	1.016	1.029	1.037	1.015

a) 同位体効果はC_5に対する相対値.

構造の違いを反映して,計算法によって異なることがわかった.実際に,実験で得られた同位体効果は,すべてMP2あるいはDFTの計算値とよく一致していることがわかった.このことから,これらの計算法で求められた遷移状態構造が脂肪族Claisen転位反応の遷移状態をよりよく表すものであると考えられる.

b. S_N2反応の遷移状態

同位体効果の実測と理論計算とを組み合わせて用いる手法は反応機構や遷移状態構造を議論する有効な方法であることは広く認められている.しかしながら,この手法には理論計算法に由来する限界があることを認識しておかなければならない.その一つは,実験で問題にしている遷移状態がGibbs自由エネルギー面上の鞍点であるのに対し,計算で求められるのは0Kにおけるポテンシャルエネルギー面上の鞍点であるということである.両者が同一である保証はない.もう一つの,より重要な問題は,理論計算から得られる結果の信頼性の問題である.特に,溶媒効果を取り込んだ計算法が未だ発展途上にあるので,溶媒効果の大きな反応への適用には注意を要する.連続標識法によるS_N2反応の遷移状態構造の研究に,その例をみることができる.

最近,典型的なS_N2反応(6.17)について,徹底的な実験が行われた[10].すなわち,DMSO中,30℃におけるこのS_N2反応について,同位体効果がないと考えられるβ位炭素を除くすべての原子,すなわち求核種の炭素($^{12}k/^{13}k$),求核種の窒素($^{14}k/^{15}k$),α位炭素($^{11}k/^{14}k$)*,脱離基の塩素($^{35}k/^{37}k$),α位重

---

* 炭素の同位体効果は放射性同位体^{14}Cを用いて$^{12}k/^{14}k$として,または安定同位体^{13}Cを用いて$^{12}k/^{13}k$として測定するのが普通である.しかし,極短寿命の^{11}C標識化合物が合成できる環境では,^{14}Cと^{11}Cの放射壊変のエネルギー差を利用して$^{11}k/^{14}k$同位体効果を測定することができる.特殊な実験装置を必要とするが,同位体効果の値が大きいことが利点である.

表 6.6 S_N2 反応 (6.17) における反応速度同位体効果

標識位置	$^{12}k/^{13}k$	$^{14}k/^{15}k$	$^{11}k/^{14}k$	$^{35}k/^{37}k$	$(k_H/k_D)_{\alpha\text{-}D_2}$	$(k_H/k_D)_{\beta\text{-}D_3}$
同位体効果	1.0009 ±0.0007	1.0002 ±0.0006	1.21 ±0.02	1.0070 ±0.0003	0.990 ±0.004	1.014 ±0.003

水素 $((k_H/k_D)_{\alpha\text{-}D_2})$ および β 位重水素 $((k_H/k_D)_{\beta\text{-}D_3})$ の同位体効果が測定された. 得られた結果を表 6.6 に示す. エチル基質の大きな炭素同位体効果 ($^{11}k/^{14}k=1.21$) と小さな重水素同位体効果は, この反応が S_N2 反応であることを反映している. また, 求核種の非常に小さな同位体効果 ($^{12}k/^{13}k=1.0009, ^{14}k/^{15}k=1.0002$) と脱離基の比較的大きな同位体効果 ($^{35}k/^{37}k=1.0070$) は, それぞれが結合生成と結合開裂の過程での同位体効果であることを考慮すると, 合理的な結果である.

$$NC^- + CH_3CH_2Cl \longrightarrow \left[NC \cdots \underset{\underset{H}{|}}{\overset{\overset{CH_3}{|}}{C}} \cdots Cl \right]^{\ddagger} \longrightarrow CH_3CH_2CN + Cl^- \qquad (6.17)$$

この研究では, 式 (6.17) の S_N2 反応の遷移状態構造を明らかにするために, 42 種の異なる計算法を用いて遷移状態を求め, 同位体効果を計算している. 計算法は, 半経験的分子軌道法 (PM3, AM1) から HF, MP2, CASSCF, MC-QCISD, DFT 法など多岐にわたっており, またバルクの溶媒の効果も種々の方法 (COSMO, PCM, SM) で考慮している. しかしながら, これらの理論計算では部分的に実測の同位体効果を再現できたものの, すべての同位体効果を同時に再現することはできなかった. この結果は, 一つの反応で数多くの原子について同位体効果を測定するという連続標識法の有用性を示すと同時に, 理論計算の手法が未だ実験には追いついていないことを示すものである.

6.7 溶媒同位体効果

反応溶媒を同位体置換して生じる同位体効果を溶媒同位体効果 (solvent isotope effect) という. 特に水 (H_2O) と重水 (D_2O) の効果が詳しく研究されている. 反応溶媒は反応速度にさまざまな影響を及ぼしているので, 溶媒同位体効果の原因にもさまざまなものが考えられる. それらは大きく分けて, バルクの

溶媒としての性質，溶媒-溶質間の特異的相互作用，溶媒水分子の二次同位体効果，および溶媒と溶質間の水素交換に伴って重水素が反応に含まれることによる一次同位体効果に分類できる．

D_2O は H_2O に比べて高い融点（3.81℃）と沸点（101.4℃）を示し，氷構造をつくりやすく密度や粘度もわずかに高い．しかしながら，これらの物性の違いが反応速度に及ぼす効果は微小であると考えられる．また，溶質のイオン性が増すと水の氷構造が壊れ，それによって水のネットワークに基づく振動数が減少して正の同位体効果を与えると考えられるが，その大きさはよくわかっていない．

6.7.1 分別係数

溶媒の同位体効果を定量的に評価し，そこから遷移状態構造を議論するという観点では，分別係数（fractionation factor）が有効である．分別係数（ϕ）は重水素交換の平衡定数で定義される［式(6.18)］．ここで，SH, ROH はそれぞれ反応基質および溶媒であり，SD, ROD はその重水素体を表す．この式で，1.0 よりも大きな値は重水素が溶媒分子よりも反応基質の方を好むことを示している．表 6.7 に代表的な分別係数の値をまとめる．

$$SH + ROD \rightleftharpoons SD + ROH \tag{6.18}$$

$$K = \frac{[SD][ROH]}{[SH][ROD]} = \frac{[SD]/[SH]}{[ROD]/[ROH]} = \phi$$

これらの数値は NMR などによって実験的に求められており，結合の種類によりほぼ一定である．表の値から，たとえば水のイオン解離平衡(6.19)における同位体効果は式(6.20)のように算出され，実験値(5.2〜7.4)とよく一致する．

表6.7 H/D 分別係数[a]

結合の種類	ϕ	結合の種類	ϕ
-O-L	1.0	N^+-L	0.97
$-CO_2$-L	1.0	-S-L	0.40–0.46
>O^+-L	0.69	C(sp)-L	0.62–0.64
O^--L	0.47–0.56	C(sp^2)-L	0.78–0.85
>N-L	0.92	C(sp^3)-L	0.84–1.18

[a] L=H or D.

$$2H_2O \rightleftharpoons H_3O^+ + OH^- \tag{6.19}$$

$$\frac{K_H}{K_D} = \frac{\prod_i^{\text{reactant}} \phi_i^R}{\prod_j^{\text{product}} \phi_j^P} = \frac{\phi_{O-L}^4}{\phi_{O^+-L}^3 \phi_{O^--L}} = \frac{1.0}{(0.69)^3(0.5)} \cong 6.1 \tag{6.20}$$

遷移状態が反応原系と生成系の中間にあるような素反応過程では，遷移状態での反応の進み具合，すなわち遷移状態の反応座標上の位置を，反応速度における溶媒同位体効果と平衡における溶媒同位体効果から推定することが可能である．ただし，反応原系で溶媒との水素交換が可能で，その水素移動が律速段階に含まれる場合には，一次同位体効果の寄与を別途評価しなければならないことはいうまでもない．

6.7.2 プロトン計数法

水素移動を含む反応では，複数個の水素原子が遷移状態で重要な役割を果たす可能性がある．その場合には，みかけの同位体効果は一次と二次を含むすべての水素同位体効果の積になる．プロトン計数法 (proton inventory) はそのような問題を研究する強力な方法で，これまでに数多くの研究に用いられてきた．特に，反応に直接関与している水の数やその関与の仕方がしばしば問題となる水溶液中でのカルボン酸アミドやエステル類の加水分解反応や酵素反応において威力を発揮してきた．

プロトン計数法は H_2O と D_2O および両者の混合溶媒中の反応における反応速度と重水のモル分率 (n) との関係を表したものである．プロトン計数法の理論式によれば，混合溶媒中での速度定数 (k_n) は式 (6.21) で与えられる．ここで，k_H は軽水中での速度定数，i および j は遷移状態および反応原系で交換可能でかつ同位体効果を示す水素の数，$\phi^\ddagger$ および ϕ はそれぞれの分別係数である．

$$k_n = \frac{k_H \prod_i^{TS}(1-n+n\phi_i^\ddagger)}{\prod_j^{React}(1-n+n\phi_j)} \tag{6.21}$$

k_n は $n=1$ および 0 の場合にそれぞれ k_D および k_H となる．実験としては，重水のモル分率の異なる溶媒中でそれぞれ反応速度 (k_n) を測定し，式 (6.21)

6.7 溶媒同位体効果

を多項式で解析してみかけの同位体効果を関係する水素原子に分割する．

例として反応(6.22)を取りあげよう[11]．この反応は四面体中間体の生成過程が律速段階であることがすでにわかっている．もしもこの律速段階が水分子の求核攻撃のみを含んでいるなら，その遷移状態は TS1 で表され，同位体効果を与えるのは H_b だけとなる．したがって，H_b に関する重水素二次同位体効果が観測されるはずである．平衡過程の H_b の分別係数は表 6.7 から 0.69 であるので，H_b の二次同位体効果は $2.1(=(1/0.69)^2)$ よりも小さいと予想さ

$$H_2O + CF_3\overset{O}{\underset{\|}{C}}SCH_3 \longrightarrow CF_3COOH + CH_3SH \quad (6.22)$$

TS1　　　　TS2

れる．実際に実験で得られた溶媒同位体効果 (k_H/k_D) は 2.72 であり，このような単純な求核付加機構は否定された．一方，反応が水分子による一般塩基触媒作用を受けているとすると，遷移状態は TS2 のように表され，H_a による一次同位体効果と H_b, H_c の二次同位体効果を考慮する必要がある．

この反応では，反応原系での重水素標識化合物は水だけなので，式 (6.21) の分母は 1.0 である．また，H_c に関する分別係数は 1.0 なので，式 (6.21) は

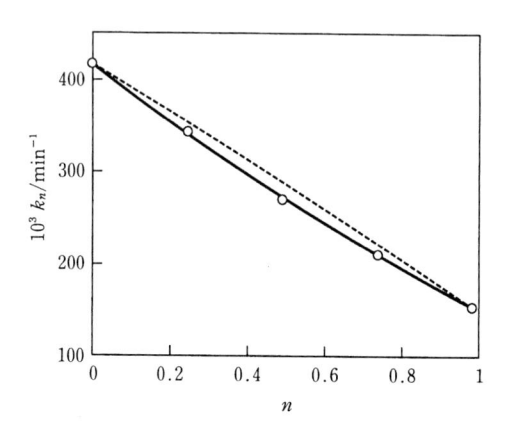

図 6.7　反応 (6.22) のプロトン計数法プロット (30℃)

$$k_n = k_H(1-n+\phi_a^{\ddagger}n)(1-n+\phi_b^{\ddagger}n)^2 \tag{6.23}$$

式(6.23)のように書ける．得られたみかけの速度定数を n に対してプロットすると，図6.7が得られた．図の点線は k_H と k_D を結んだ直線であり，曲線は式(6.23)で $\phi_a^{\ddagger}=0.48$, $\phi_b^{\ddagger}=0.86$ とおいて得られた理論式である．理論曲線とのよい一致は，この反応がTS2に示したような一般塩基触媒機構で進行していることを示している．解析の結果，H_a の一次重水素同位体効果，$2.08(=1/0.48)$，および H_b の二次重水素同位体効果，1.16，が得られた．これらの同位体効果は，それぞれ一次および二次同位体効果として順当な大きさである．もし，注目している同位体効果が反応原系-遷移状態-生成系と連続的に変化するならば，速度と平衡の同位体効果の大きさを比較することによって，遷移状態での反応の進み具合，すなわち反応座標上の遷移状態の位置に関する情報を得ることができる．本反応で求められた H_b 一つあたりの二次重水素同位体効果(1.16)と分別係数から得られる平衡同位体効果(1.45=1/0.69)とから，この反応の遷移状態はほぼ1/3の位置にあると推定される．この数字は，別途に得られているこの反応の一般塩基触媒のBrønsted則の係数(0.33)とよい一致を示しており，プロトン計数法の取扱いの正当性を裏付けている．

プロトン計数法は，上に示したような簡単なカルボニル化合物の反応だけでなく，水中の酵素の関係した酸-塩基触媒反応の解析など多方面に用いられており今後も重要な研究手法であると考えられる．

引 用 文 献

1) T. Imamoto, S.-G. Kim, Y. Tsuno and Y. Yukawa, *Bull. Chem. Soc. Jpn.*, **44**, 2776 (1971).
2) Y. Yukawa, T. Ando, K. Token, M. Kawada and S.-G. Kim, *Tetrahedron Lett.*, **1969**, 2367; Y. Yukawa, T. Ando, M. Kawada, K. Token and S.-G. Kim, *Tetrahedron Lett.*, **1971**, 847.
3) H. Yamataka, Y. Kawafuji, K. Nagareda, N. Miyano and T. Hanafusa, *J. Org. Chem.*, **54**, 4706 (1989); H. Yamataka, D. Sasaki, Y. Kuwatani, M. Mishima and Y. Tsuno, *J. Am. Chem. Soc.* **119**, 9975 (1997).
4) L. Melander, *Ark. Kemi*, **2**, 211 (1950).
5) V. J. Shiner, Jr., Isotope Effects in Chemical Reactions, C. J. Collins and N. S. Bowman, eds, Van Nostrand-Reinhold (1971), Chapt. 2.

6) V. J. Shiner, Jr. and J. S. Humphrey, Jr., *J. Am. Chem. Soc.*, **85**, 2416 (1963).
7) A. J. Kresge, N. N. Lichtin, K. N. Rao and R. E. Weston, Jr., *J. Am. Chem. Soc.*, **87**, 437 (1965).
8) D. J. Barnes and R. P. Bell, *Proc. Roy. Soc., Ser A*, **318**, 421 (1970).
9) M. P. Meyer, A. J. DelMonte and D. A. Singleton, *J. Am. Chem. Soc.*, **121**, 10865 (1999).
10) Y.-r. Fang, Y. Gao, P. Ryberg, J. Eriksson, M. Kolodziejska-Huben, A. Dybala-Defratyka, S. Madhavan, R. Danielsson, P. Paneth, P. Matsson and K. C. Westaway, *Chem. Eur. J.*, **9**, 2696 (2003).
11) K. S. Venkatasubban, K. R. Davis and J. L. Hogg, *J. Am. Chem. Soc.*, **100**, 6125 (1978).

7

置換基効果

有機化合物がどのように反応するかは，主として官能基によって決まってくる．しかし，その反応速度や平衡定数，すなわち，反応性や安定性は有機分子の他の部分の構造にも影響される．その影響は，分子軌道法などの理論的な方法に基づいて比較することもできるが，ここでは経験的な方法でどのように比較し定量化するかについて考える．分子の部分的な変化を，分子内の特定の水素原子 H が別のグループ X に置き換わっているとみなして整理するとき，そのグループ X を置換基(substituent)という．その影響を実験的に物性値として測定し，直線自由エネルギー関係(linear free energy relationship, LFER)を用いて比較することができる．

7.1 酸解離平衡と反応速度

たとえば，酢酸のメチル基の H を Cl に置き換えると酸性度は大きくなる．これは，酸解離定数 K_a を比較すると明らかである．このとき置換基 Cl が，酢酸の酸性を強くしたと考える．

$$CH_3COOH + H_2O \xrightleftharpoons{K_a} CH_3COO^- + H_3O^+ \qquad pK_a = 4.76 \qquad (7.1)$$

$$ClCH_2COOH + H_2O \rightleftharpoons ClCH_2COO^- + H_3O^+ \qquad pK_a = 2.86 \qquad (7.2)$$

このような酸解離定数に対する置換基効果を基準にして，対応する化合物の反応の速度を直線自由エネルギー関係に基づいて調べることができる．メチルエステルとトリメチルアミンの反応(7.3)の速度定数 k と酸解離定数 K_a の対数プロットは図7.1に示すようによい直線関係を示す[1,2]．すなわち，酸解離平衡(7.4)に対する置換基の効果と反応(7.3)の速度に対する置換基の効果はよ

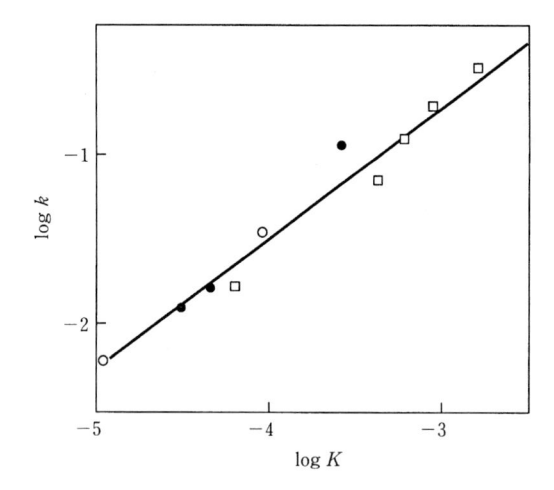

図7.1 反応速度と酸解離定数の関係：メチルエステルとトリメチルアミンの反応 (7.3)［文献 3 の Figure 11.1 をもとに改変］
○ 脂肪族エステル，● p-置換安息香酸エステル，□ o-置換安息香酸エステル

く相関しているといえる．

$$\text{RCOOCH}_3 + \text{N(CH}_3)_3 \xrightarrow[\text{MeOH, 100 ℃}]{k} \text{RCOO}^- + \text{N(CH}_3)_4{}^+ \tag{7.3}$$

$$\text{RCOOH} + \text{H}_2\text{O} \xrightleftharpoons{K_a} \text{RCOO}^- + \text{H}_3\text{O}^+ \tag{7.4}$$

一方，同じような比較をエチルエステルのアルカリ加水分解 (7.5) の速度について行うと，図 7.2 に示すような関係が得られた[3]．メタとパラ置換安息香酸誘導体はよい直線関係を示しているが，オルト置換安息香酸エステルの反応速度はメタ，パラ体の基準よりも数桁小さく，脂肪族エステルは逆に数桁速く反応することがわかった．直線関係は，反応 (7.3) の場合よりもずっと限られた構造変化に対してしか成り立たない．

$$\text{RCOOEt} + \text{HO}^- \xrightarrow{k} \text{RCOO}^- + \text{EtOH} \tag{7.5}$$

7.2 電子効果と立体効果

カルボン酸の解離平衡に対する置換基の効果は，置換基部分とカルボキシ基

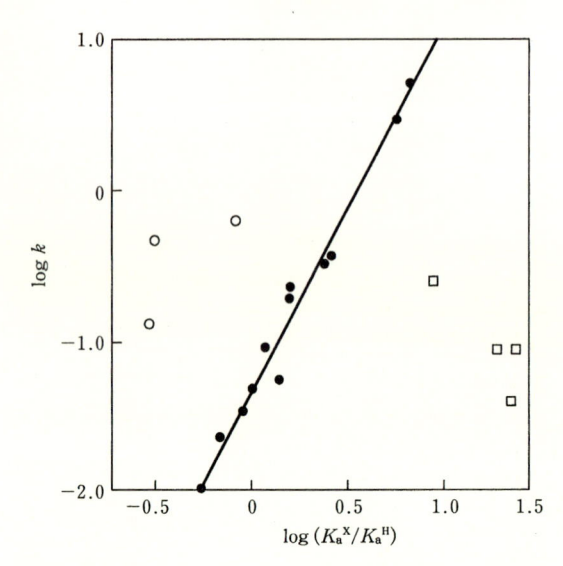

図 7.2 反応速度と酸解離定数：エステルのアルカリ加水分解 (7.5) [文献 3 の Figure 11.3 をもとに改変]
● m-および p-置換安息香酸エステル，□ o-置換安息香酸エステル，○ 脂肪族エステル.

との間の分子内における電子の偏りの違いによって説明できる．電気陰性度の大きい置換基，すなわち電子求引基 (electron-withdrawing group または electron-attracting group) によってカルボン酸イオンの負電荷が置換基の方に引き寄せられていると，プロトンとの結合は起こり難くなり，カルボン酸の酸性度は大きくなる．一方，電子供与基 (electron-donating group または electron-releasing group) によってカルボン酸イオンの負電荷が増強されるとプロトンは強く結合されやすくなり，カルボン酸の酸性度は小さくなる．図 7.1 に示した置換反応 (7.3) においては，このような酸性度に対する電子効果が，反応遷移状態 (TS3) でも同じように作用しているものと考えられる．

TS3

それに対して，図 7.2 に示したアルカリ加水分解 (7.5) の遷移状態 (TS5) には，酸解離に対する電子効果以外の因子も働いていると考えられる．メタおよびパラ誘導体にみられない因子は，反応に対する立体的な効果 (立体効果,

steric effect) である．カルボニル基への付加に対しては，オルト置換基はより大きな立体障害 (steric hindrance) となり反応を阻害するのに対して，脂肪族エステルは安息香酸エステルが受けるほど大きな立体効果を受けないのであろう．

$$\text{TS5}$$

7.3 Hammett 則

　Hammett は実際に数多くのメタおよびパラ置換ベンゼン誘導体の反応速度や平衡定数が安息香酸の酸解離定数とよい相関を示すことに気づき，ベンゼン環のメタおよびパラ置換基の効果を定量化するために，安息香酸の酸解離定数を基準として置換基定数 (substituent constant) σ を式 (7.7) のように定義した[3]．正の σ 値は酸性度が大きくなることに対応し，電子求引性を表すのに対して，負の σ 値は酸性度が小さくなることに対応し，電子供与性を表す．典型的な置換基の σ 値を表 7.1 に示す．

$$\text{C}_6\text{H}_4\text{X-COOH} + \text{H}_2\text{O} \underset{}{\overset{K_a^X}{\rightleftharpoons}} \text{C}_6\text{H}_4\text{X-COO}^- + \text{H}_3\text{O}^+ \qquad (7.6)$$

$$\sigma_X = \log\frac{K_a^X}{K_a^H} = \log K_a^X - \log K_a^H = pK_a^H - pK_a^X \qquad (7.7)$$

この置換基定数 σ に対して，ベンゼン誘導体の反応は式 (7.8) のような直線自由エネルギー関係を示す．この関係を Hammett 則 (Hammett relationship) という．

$$\log\frac{k^X}{k^H} = \rho\sigma \quad \text{または} \quad \log\frac{K^X}{K^H} = \rho\sigma \qquad (7.8\text{a})$$

$$\log k^X = \rho\sigma + \text{constant} \quad \text{または} \quad \log K^X = \rho\sigma + \text{constant} \qquad (7.8\text{b})$$

ここで k^X と K^X は，それぞれ置換基 X をもつ誘導体の反応速度定数と平衡定数であり，ρ はその反応に特有のパラメーターとなるので反応定数 (reaction constant) とよばれる．

表7.1 ベンゼン誘導体の置換基定数

置換基(X)	σ_m	σ_p	$\sigma_p°$	σ_p^+	σ_p^-	$\Delta\bar{\sigma}_R^+$ or $\Delta\bar{\sigma}_R^-$	σ_I
NMe₂	−0.15	−0.83	−0.43	−1.73		−1.30	0.11
NH₂	−0.15	−0.66	−0.36	−1.46		−1.1	0.12
NHCOMe	0.12		0.00	−0.5		−0.50	0.26
OH	0.122	−0.37	−0.16	−0.98		−0.82	
OMe	0.115(0.05)	−0.268	−0.100	−0.80		−0.70	0.27
OPh	0.25	−0.32	0.063	−0.53		−0.59	0.38
SMe	0.155	−0.05	0.12	−0.60		−0.72	0.23
Me	−0.069	−0.170	−0.124	−0.311		−0.187	−0.04
Et	−0.070	−0.151	−0.131	−0.295		−0.164	−0.05
i-Pr	−0.080		−0.156	−0.280		−0.135	−0.06
t-Bu	−0.100	−0.197	−0.156	−0.256		−0.100	−0.07
cyclo-C₃H₅	−0.040		−0.10	−0.462		−0.362	
CH=CH₂	0.08	−0.08	−0.01				0.08
C≡CH	0.20	0.23	0.23	0.180	0.520		0.3
Ph	0.10	0.01	0.039	−0.20		−0.24	0.10
H	0.00	0.00	0.00	0.00	0.00	0.00	0.00
F	0.352	0.06	0.20	−0.07		−0.264	0.50
Cl	0.373	0.227	0.281	0.115		−0.166	0.46
Br	0.391	0.232	0.296	0.150		−0.146	0.44
I	0.352	0.18	0.298	0.135		−0.163	0.39
COOMe	0.36(0.32)		0.46		0.76	0.30	
CONH₂	0.32		0.38		0.62	0.24	
COMe	0.376(0.30)		0.491		0.850	0.365	0.28
COPh	0.357(0.3)		0.49		0.877	0.387	
CHO	0.415		0.53		1.03	0.47	
CN	0.615		0.670		0.96	0.309	0.56
CF₃	0.493		0.505, 0.54	0.62	0.686	0.196	0.45
NO₂	0.710	0.78	0.81	0.67	1.255	0.455	0.65
SO₂Me	0.697		0.69		0.99	0.302	0.59
NMe₃⁺I⁻	0.88		0.8		0.80	0.05	0.7

( )は有機溶媒中の値.

代表的な反応の ρ 値を表7.2にまとめている. ρ 値は, 反応における置換基の電子効果を反映しており, 正の値は電子求引性が大きくなるほど反応が促進されることを示し, 反応の遷移状態(あるいは生成系)において反応中心に負電荷が増大(正電荷が減少)してくることを示唆する(No.1~8). 逆に負の ρ 値は遷移状態(あるいは生成系)で正電荷が増大(負電荷が減少)してくることを示唆する(No.12~16). ラジカル反応やペリ環状反応では ρ 値が小さいことがわかる(No.17~20). また, ρ 値の大きさは, 電荷の変化の程度や反応中

表7.2 Hammett則における反応定数の例

No.	反応	溶媒	温度/℃	ρ
1	$ArCOOH \rightleftarrows ArCOO^- + H^+$	H_2O	25	1.00
2	$ArCH_2COOH \rightleftarrows ArCH_2COO^- + H^+$	H_2O	25	0.49
3	$ArCH_2CH_2COOH \rightleftarrows ArCH_2CH_2COO^- + H^+$	H_2O	25	0.21
4	$ArCH=CHCOOH \rightleftarrows ArCH=CHCOO^- + H^+$	H_2O	25	0.47
5	$ArOH \rightleftarrows ArO^- + H^+$	H_2O	25	2.23 (σ^-)
6	$ArNH_3^+ \rightleftarrows ArNH_2 + H^+$	H_2O	25	2.77 (σ^-)
7	$ArCHO + CN^- \rightarrow ArCH(CN)O^-$	95%EtOH	20	2.33
8	$ArCOOEt + OH^- \rightarrow ArCOO^- + EtOH$	H_2O-EtOH	25	2.51
9	$ArCOOMe + PhNH_2 \rightarrow ArCONHPh + MeOH$	$PhNO_2$	80	0.52
10	$ArCOOMe + H_2O(H^+) \rightarrow ArCOOH + MeOH$	H_2O-MeOH	25	0.03
11	$ArCOOH + MeOH(H^+) \rightarrow ArCOOMe + H_2O$	MeOH	25	-0.23
12	$ArCMe_2Cl + H_2O \rightarrow ArCMe_2OH + HCl$	90%Me_2CO	25	-4.54 (σ^+)
13	$ArCH(Ph)Cl + EtOH \rightarrow ArCH(Ph)OEt + HCl$	EtOH	25	-5.09
14	$ArH + NO_2^+ \rightarrow ArNO_2 + H^+$	Ac_2O	18	-5.93
15	$ArO^- + EtI \rightarrow ArOEt + I^-$	EtOH	42.4	-0.99
16	$ArNMe_2 + MeI \rightarrow ArNMe_3^+I^-$	90%Me_2CO	35	-3.30
17	$ArCH_3 + Cl_2 \rightarrow ArCH_2Cl + HCl$	CCl_4	40	-0.76
18	$ArCH_3 + Br_2 \rightarrow ArCH_2Br + HBr$	CCl_4	80	-1.39
19	$ArCOOC_2H_5 \rightarrow ArCOOH + CH_2=CH_2$	気相	515	0.20
20	$ArCH=CH-CH=CH_2$ + 無水マレイン酸	ジオキサン	80	-0.62

心と置換基の相互作用の大きさを反映しているものと解釈される.反応中心がCH_2によって隔てられると,一つごとにρ値が約1/2になっている(No.1,2,3).またC=C結合も同じような効果を示している(No.4).カルボン酸誘導体の反応(No.9~11)にみられるように,二段階反応で二つの段階のρ値が相殺されて小さな値になることもある.

7.4 置換基定数の多様性

Hammett式によって多くの反応を整理していくと,反応の種類によって直線性からのずれが系統的にみられることがわかってきた[4].その一つはフェノールの酸解離であり,図7.3の関係が得られる[5].メタ誘導体はかなりよい相関を示すが,パラ体の多くがメタ体から得られる直線から大きく上方にずれている.

このようなずれは,パラ置換基と官能基との間の直接共役(through-conjugation,直接共鳴ともいう)による電子効果の結果であると考えられる.たと

えば，p-ニトロフェノールと解離した p-ニトロフェノキシドにおける共鳴寄与は，後者のほうが格段に大きく，フェノールの酸性を増強している［式(7.9)］．一方，電子供与性の p-アミノ基の場合には，安息香酸の解離に対して共鳴効果が影響する［式(7.10)］．解離したアニオンにおけるよりも非解離の安息香酸において大きな共鳴効果が作用しているので，酸性を弱める効果は相対的にフェノールに対するよりも大きい．これらの結果が，パラ位の電子求引基においても電子供与基においても図7.3にみられるような上方へのずれと

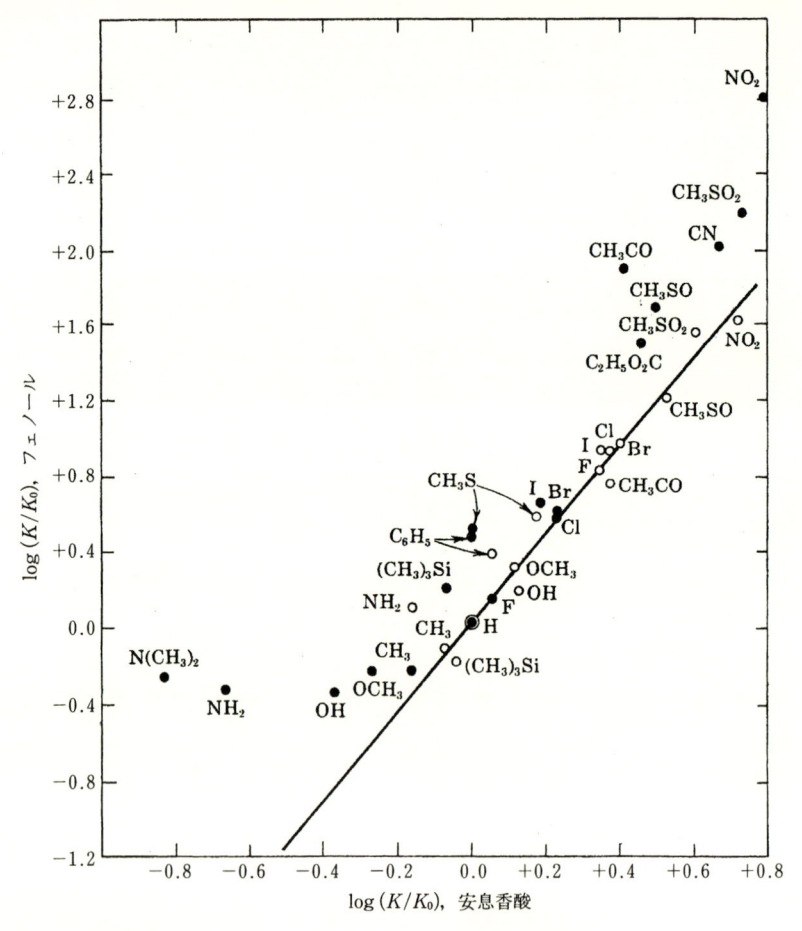

図7.3 置換フェノールと安息香酸の酸解離定数の関係［文献5］
● パラ置換体，○ メタ置換体．

なって現れる．

$$
\left[\begin{array}{c}\text{structure}\end{array}\right] \longrightarrow \left[\begin{array}{c}\text{structure}\end{array}\right] \tag{7.9}
$$

$$
\left[\begin{array}{c}\text{structure}\end{array}\right] \longrightarrow \left[\begin{array}{c}\text{structure}\end{array}\right] \tag{7.10}
$$

上述のように，パラ置換基と官能基との間に直接共役があり，その大きさが反応の種類によって異なるために，単一の置換基定数ではその電子効果を定量的に表せないことが徐々に明らかになってきた．そこで，そのような直接共役のない系としてフェニル酢酸を選び，それを基準にして標準置換基定数 $\sigma°$ が定義された[6,7]．実際にはフェニル酢酸の解離定数［式(7.11)］とエステルのアルカリ加水分解速度が使われている．安息香酸の解離から定義された Ham-

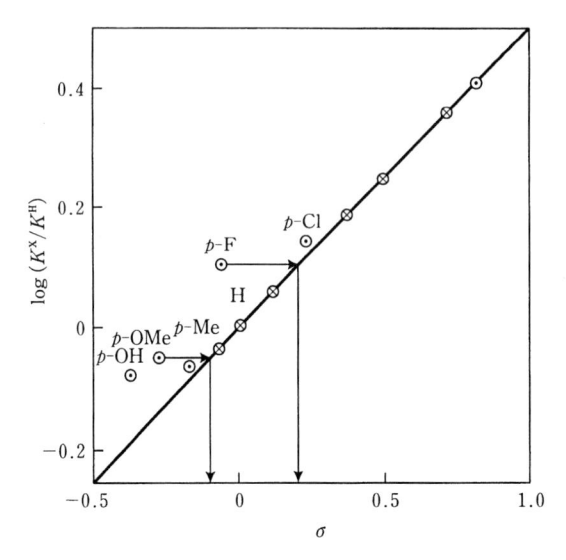

図 7.4 フェニル酢酸の解離定数
標準置換基定数の決定

mett の σ_m 値を用いて得られた直線関係から、$\sigma_p°$ 値を決めていった。すなわち、フェニル酢酸誘導体の反応においてメタ体について σ_m 値で直線をひき、パラ体の点がそれに乗るように $\sigma_p°$ 値を決めた(図7.4)。

$$\underset{X}{\text{C}_6\text{H}_4}-\text{CH}_2\text{COOH} + \text{H}_2\text{O} \xrightleftharpoons{K_a^x} \underset{X}{\text{C}_6\text{H}_4}-\text{CH}_2\text{COO}^- + \text{H}_3\text{O}^+ \quad (7.11)$$

電子求引性パラ置換基については、フェノールやアニリンの反応において直接共役のために大きな偏倚がみられることがわかっていた(図7.3)。そこで、これらの反応についてもメタ体から得られる直線に基づいて σ_p^- 値が決められた。電子供与基の σ_p^- には $\sigma_p°$ 値が用いられる。

一方、電子供与性パラ置換基が強い共役効果を示す反応として、塩化クミル(2-クロロ-2-フェニルプロパン)の S_N1 型加溶媒分解 [式(7.12)] の速度から、同じようにして、σ_p^+ 値が定義された[8]。

$$\underset{X}{\text{C}_6\text{H}_4}-\text{C}(\text{CH}_3)_2\text{Cl} \xrightarrow[90\% \text{ Me}_2\text{CO-H}_2\text{O}]{k} \underset{X}{\text{C}_6\text{H}_4}-\overset{+}{\text{C}}(\text{CH}_3)_2 + \text{Cl}^- \quad (7.12)$$

この反応では、ベンジル型カチオンにおける次のような共鳴の寄与が大きく作用している。

アニオン性の反応には σ^- を、カチオン性の反応には σ^+ を用いると、よりよい相関が得られることが多い。

7.5 湯川-都野式

前節で述べたように反応によってパラ置換基の置換基定数が変化するのは、その電子効果に一般的な極性効果と直接共役の効果が含まれているからであり、後者が反応によって連続的に変化するからである。前者は標準置換基定数 $\sigma°$ で表されているので、直接共役を表すもう一つの置換基定数が必要となる。

湯川と都野は共鳴置換基定数として電子供与基には $\varDelta\bar{\sigma}_R^+ = \sigma_p^+ - \sigma_p^\circ$ を，電子求引基には $\varDelta\bar{\sigma}_R^- = \sigma_p^- - \sigma_p^\circ$ を導入して，その連続的変化を式(7.13)で表現することを提案した[9,10]．

$$\log\frac{k^X}{k^H} = \rho(\sigma^\circ + r\varDelta\bar{\sigma}_R^+) \tag{7.13a}$$

$$\log\frac{k^X}{k^H} = \rho(\sigma^\circ + r\varDelta\bar{\sigma}_R^-) \tag{7.13b}$$

ここで r は反応に特有の定数であり，その反応における共鳴要求度を表す．式(7.13a)は電子供与基の共鳴が重要になるカチオン性の反応に適用され，式(7.13b)は電子求引基の共鳴が重要になるアニオン性の反応に適用される．式(7.13a)を安息香酸の解離に適用すると $r=0.26$ であり，Hammett の $\sigma = \sigma^\circ + 0.26\varDelta\bar{\sigma}_R^+$ ということになる．

トリフェニルメタノールの pK_{R^+} [式(7.14)] に湯川-都野式を適用すると，$r=0.76$ で良好な直線関係が得られる（図7.5）[10a]．対称に3置換したアルコー

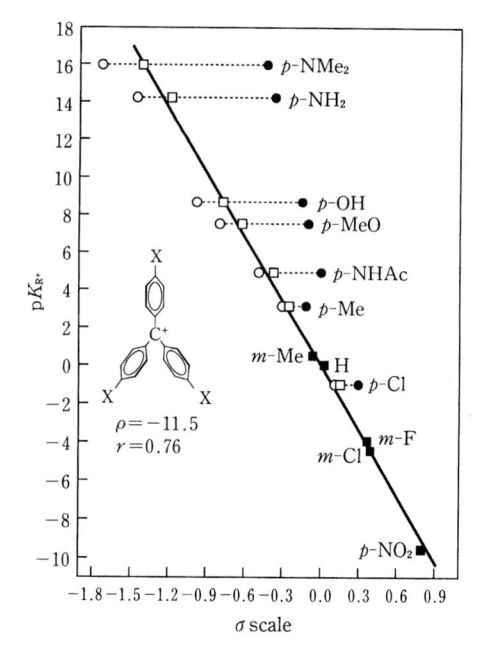

図7.5 トリフェニルメタノールの pK_{R^+} の湯川-都野式による解析［文献10b］
○ σ^+, ● σ°, □ $\sigma = \sigma^\circ + r\varDelta\bar{\sigma}_R^+$ ($r=0.76$), ■ $\sigma^+ = \sigma^\circ$ の置換基．

ルのイオン化平衡であり、ρ値は大きい（-11.5）が、置換基の共鳴寄与がジメチルベンジルカチオン［式(7.12)］のときほど大きくないのは合理的である．

$$\underset{X}{\text{(X)}_3C-OH} + H^+ \underset{}{\overset{K_{R^+}}{\rightleftharpoons}} \underset{X}{\text{(X)}_3C^+} + H_2O \qquad (7.14)$$

ベンジル誘導体の加溶媒分解について注目すると，α-CF$_3$-α-CH$_3$誘導体のように生成するカチオンが不安定になるような系ではρ値もr値も大きくなり，共鳴効果が一層重要になっていることがわかる（図7.6）[10a]．一方，α-t-ブチル誘導体のように立体効果のためにフェニル基が回転しうまく共役できないような場合にはr値が小さくなっている（図7.7）[10a]．

種々のベンジル誘導体の加溶媒分解におけるr値をまとめて表7.3に示

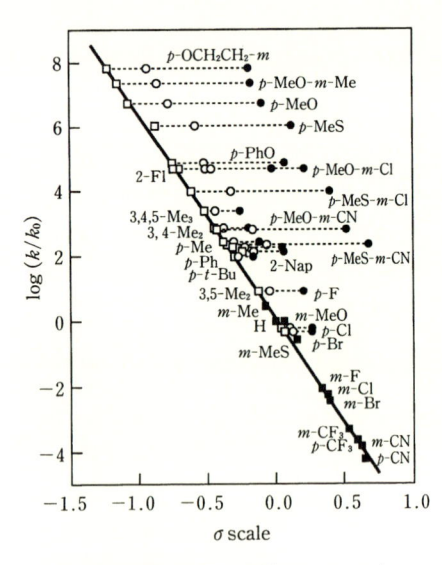

図7.6 α-CF$_3$-α-CH$_3$-置換ベンジルトシラートの加溶媒分解の湯川-都野式による解析［文献 10b］
記号は図7.5と同じ（$r=1.39$）．

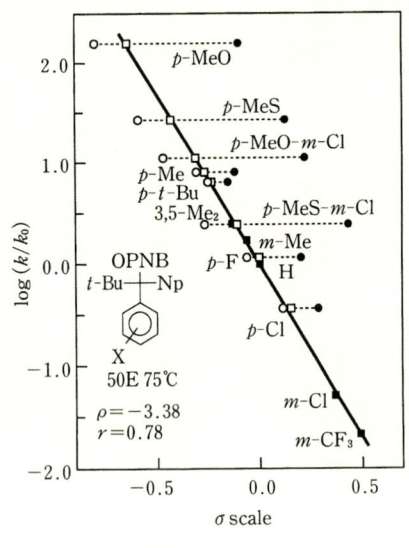

図7.7 α-t-ブチル-α-ネオペンチルベンジル p-ニトロ安息香酸の加溶媒分解の湯川-都野式による解析［文献 10b］
記号は図7.5と同じ（$r=0.78$）．

す[10a,11]．中間体ベンジルカチオンの安定性が小さくなるにしたがって r（共鳴要求度）が大きくなり，反応定数 ρ も大きくなっているのは合理的である．このようなベンジル型カチオンは気相でも式 (7.15) および (7.16) のような反応で平衡的に発生させることができる．パルスイオンサイクロトロン共鳴質量分

表7.3 ベンジル型カチオン $ArC^+R^1R^2$ の気相安定性と同じカチオンを生成する加溶媒分解における湯川-都野式

R^1	R^2	気相安定性			加溶媒分解	
		ΔG/kcal mol^{-1}	$-\rho^{a)}$	r	$-\rho$	r
CF_3	H	182.6	10.6	1.53	6.05	1.53
CF_3	CH_3	184.4	10.0	1.41	6.29	1.39
H	H	186.6	10.3	1.29	5.23	1.29
CH_3	H	193.9	10.1	1.14	5.45	1.15
CH_3	CH_3	199.1	9.5	1.00	4.94	1.00
CH_3	t-Bu	198.0	9.1	0.89	4.70	0.91
$H_2C=$		191.6	10.2	1.18	5.30	1.16
ethylenebenzenium			12.6	0.62	5.04	0.63

a) 気相イオン化の平衡定数に換算して得られた値．

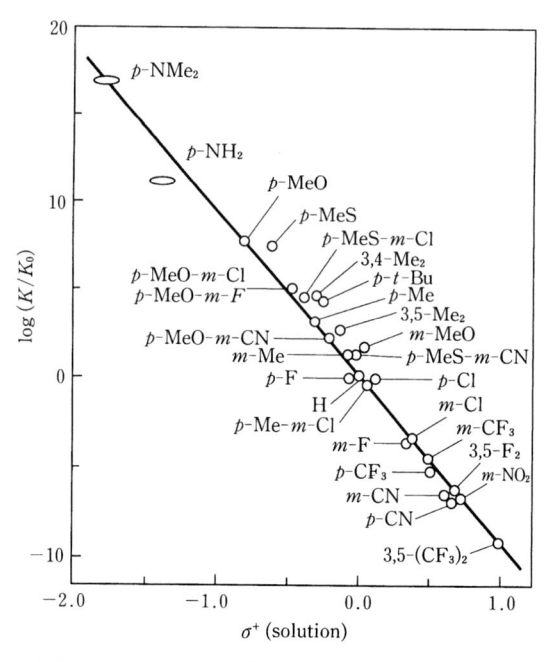

図 7.8 α, α-ジメチルベンジルカチオンの気相安定性 $\log(K/K_0)$ と σ^+ との関係 [文献10b]

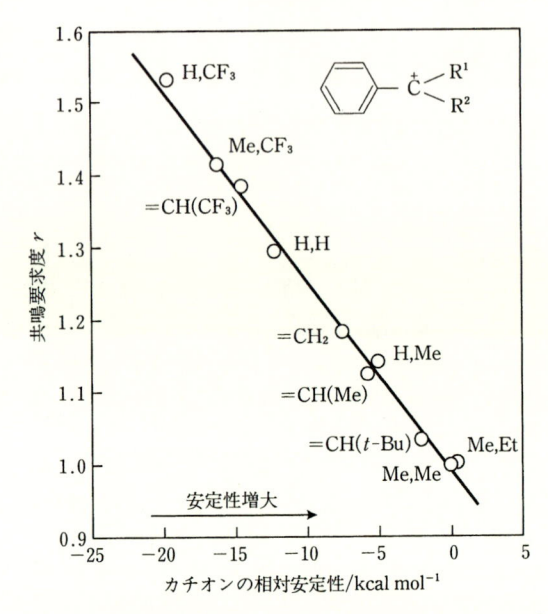

図 7.9 共鳴要求度と対応するカチオンの気相安定性 [文献 10b]

析法を用いてその相対安定性を評価し，湯川-都野式で解析した．気相におけるクミルカチオンの安定性は α-メチルスチレンの塩基性として評価できるが，これは σ^+ 値と良好な直線関係を与え (図 7.8, $r=1$)，溶液中の加溶媒分解で同じカチオンを生成する反応とよい相関を示す[10a,11]．気相安定性から得られた r 値は表 7.3 に示すようになり，加溶媒分解から得られた値とよく一致している[10a,11]．このことは，加溶媒分解の遷移状態での共鳴安定化の寄与がカルボカチオン中間体でのものと同じであることを示している．さらに，これらの r 値は図 7.9 に示すように母体カチオンの安定性とよく相関しており，置換基の電子効果が直接共役によって変動するという湯川-都野式の正当性を支持している．一方，ρ 値は加溶媒分解では中間体カチオンが不安定になるほど増大しているのに対し，気相ではほぼ一定である．加溶媒分解反応での ρ 値の変化は Leffler–Hammond の原理から予想される遷移状態の変化の結果として理解できる．また，気相での ρ 値の傾向は，ρ 値が反応中心近傍の電荷の総量および置換基と反応中心との距離を反映するためであるとして理解されている．

$$\text{（構造式）} + \text{（構造式）} \rightleftarrows \text{（構造式）} + \text{（構造式）} \quad (7.15)$$

$$\text{（構造式）} + \text{（構造式）} \rightleftarrows \text{（構造式）} + \text{（構造式）} \quad (7.16)$$

7.6 脂肪族飽和系における置換基効果

　立体効果を生じないベンゼン環のメタとパラ置換基の電子効果については，上述のように定量的な解析が行われ，直接共役の影響を受けない標準置換基定数 σ^0 も定義された．しかし，この σ^0 定数にもベンゼン環上の π 電子の非局在化の寄与が必然的に含まれており，飽和化合物には適用できない．脂肪族飽和系における誘起効果の尺度として，立体効果を含まないようなカルボン酸の解離反応 (7.17) を基準にして，σ' が定義された．この置換基定数はさらに下で述べる σ^* で補正され，誘起効果置換基定数 σ_I が提案されている[12]．

$$\text{X}\!-\!\bigcirc\!-\!\text{COOH} + \text{H}_2\text{O} \rightleftarrows \text{X}\!-\!\bigcirc\!-\!\text{COO}^- + \text{H}_3\text{O}^+ \quad (7.17)$$

　Taft[13] はカルボン酸エステルの酸触媒加水分解がほとんど極性効果を受けないこと（表 7.2 の No. 10）に注目し，RCOOEt の酸触媒加水分解の速度が立体効果だけに依存するものと仮定して，R の立体置換基定数 E_S を式 (7.18) のように定義した．ここでは，R=CH$_3$ が基準の置換基になっていることに注意しなければならない（表 7.4）．

$$E_\text{S} = \log\left(\frac{k}{k_0}\right)_\text{acid} \quad (7.18)$$

同じエステルのアルカリ加水分解は，酸触媒加水分解とほぼ同じような立体効果を受けると考えられ[*1]，この立体効果の影響を差し引けば飽和系の極性効果（誘起効果）が定義できる．アルカリ加水分解の $\rho^* = 2.48$ として，式 (7.19) により，極性置換基定数 σ^* を定義した．

$$\log\left(\frac{k}{k_0}\right)_\text{base} - E_\text{S} = \rho^* \sigma^* \quad (7.19)$$

[*1] 酸触媒加水分解における四面体中間体は，アルカリ加水分解の場合 (TS5) と比べて，プロトン化状態が異なるだけであり遷移状態も立体化学的には類似しているといえる．

表7.4 Taftの立体置換基定数と極性置換基定数

R	$-E_s$	σ^*
H	−1.12	0.49
CH_3	0	0
C_2H_5	0.08	−0.10
i-C_3H_7	0.48	−0.19
n-C_4H_9	0.31	−0.13
i-C_4H_9	0.93	−0.125
t-C_4H_9	1.43	−0.30
$CH_2C(CH_3)_3$	1.63	−0.165
$C(C_2H_5)_3$	5.29	
c-C_6H_{11}	0.69	−0.15
$CH=CH_2$	2.07	
C_6H_5	2.31	0.60
$CH_2C_6H_5$	0.39	0.215
CH_2OH_3	0.19	0.52
CH_2Cl	0.18	1.05
$CHCl_2$	0.58	1.94
CCl_3	1.75	2.65
CF_3	1.16	

　これらの置換基定数を用いて，脂肪族化合物の反応が式(7.20)で表せる．ここでρ^*とδは，極性効果と立体効果に関する反応定数である．

$$\log\left(\frac{k}{k_0}\right) = \rho^*\sigma^* + \delta E_s \qquad (7.20)$$

7.7　置換基効果と反応機構

　上述のように反応定数ρの大きさは，反応遷移状態(平衡の場合は，生成系)と反応原系の極性の差を反映しており，反応機構に関する有用な情報となる．パラ置換体の直線関係からの系統的なずれは，直接共役の影響として湯川-都野式で解析でき，共鳴要求度rから遷移状態の構造を考察できる．
　直線関係が成立しない別の原因として，置換基による反応機構の変化が考えられる．そのような例として，二つの場合がある．その一つは，二つ(あるいはそれ以上)の反応が併発(並列)して起こり競争している場合であり，もう一つは多段階反応で複数の反応段階が直列に起こっている場合である．それぞれの反応(段階)の遷移状態の極性が異なり，置換基効果(ρ値)が異なっている

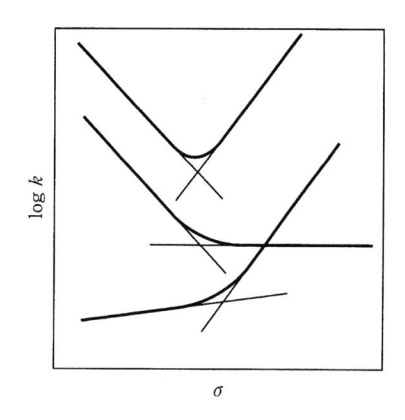

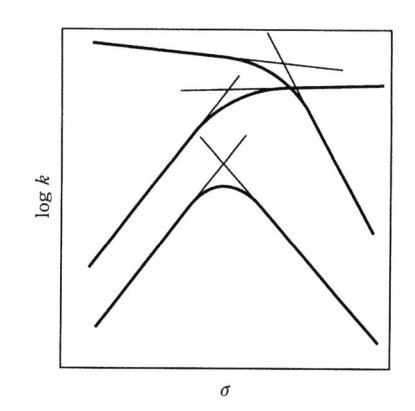

図 7.10 併発反応における Hammett 関係   **図 7.11** 律速段階の変化を示す Hammett 関係

と，置換基によって遷移状態の相対的な高さが変化する可能性がある．そのとき，併発反応（競争反応）では遷移状態の低い，速い反応が実際に観測されるのに対して，多段階反応では遷移状態の高い段階によって全体の反応速度が支配される．その結果として，併発反応において実測される反応が変化する場合には，図7.10に示すように Hammett プロットは下に凸の曲線（または折れ線）になるはずである．交差している2本の直線はそれぞれの反応の速度を表しており，上方に現れる線に沿って反応速度が観測されることを示している．これらは実測曲線の漸近線になっている．一方，多段階反応において律速段階が変化する場合には，図7.11に示すように上に凸の曲線（または折れ線）が得られるはずである．ここでは2本の直線は二つの段階がそれぞれ律速であったときの速度に対応し，実際には下方の線上の速度が観測されることを示している．

7.7.1 併 発 反 応

塩化ベンゾイルの加水分解における置換基効果は，図7.12のように，V字型の Hammett プロットになる[14]．電子供与基側では $\rho = -3.0$ であり，電子求引基側では $\rho = +1.7$ である．このカルボニル化合物の反応は，アシリウムイオンを中間体とする S_N1 型反応 (7.21) と付加-脱離機構による反応 (7.22) が可能であり，$\rho < 0$ の反応は前者で，$\rho > 0$ の反応は後者で進行しているもの

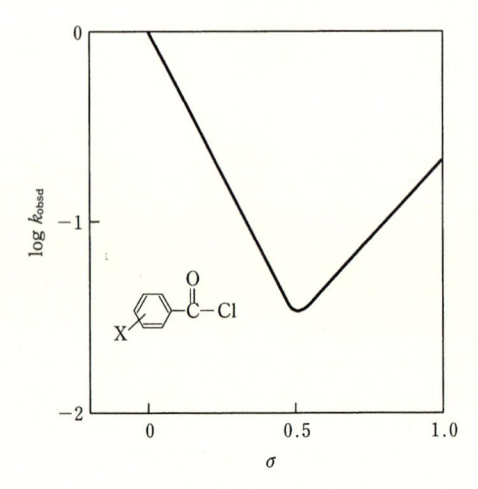

図 7.12 塩化ベンゾイルの加水分解反応速度 (25℃) [文献 14 の Figure 1 をもとに改変]

と考えられる.

$$\underset{X:\text{電子供与基}}{\text{ArCOCl}} \rightleftharpoons \text{ArCO}^+ + \text{Cl}^- \xrightarrow{H_2O} \text{ArCOOH} + \text{HCl} \quad (7.21)$$

$$\underset{X:\text{電子求引基}}{\text{ArCOCl}} \longrightarrow [\text{遷移状態}]^{\ddagger} \longrightarrow \text{中間体} \longrightarrow \text{ArCOOH} + \text{HCl} \quad (7.22)$$

α-アセトキシスチレンの酸触媒加水分解は，図 7.13 に示すような Hammett 関係を示す[15]．置換基の σ 値が大きくなるに従って，ρ 値は約 -2 から 0 に変化している．この化合物には，オレフィン結合とエステルの二つの反応中心があり，オレフィン水和を経る反応 (7.23) とエステルの酸触媒加水分解 (7.24) が可能である．前者では $\rho < 0$ となり，後者では $\rho \approx 0$ になると予想される．ベンジル型カチオンを中間体とする前者の反応 (7.23) は電子供与基側で優先的に起こり，電子求引基側ではエステル加水分解 (7.24) としての反応が優先されるのである．

7.7 置換基効果と反応機構

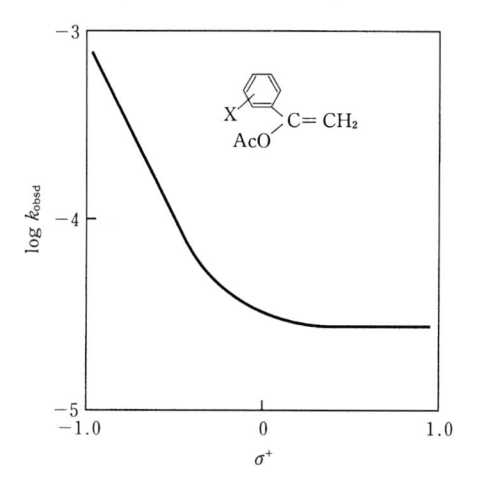

図7.13 α-アセトキシスチレンの酸触媒加水分解 6% H_2SO_4 ($H_0=0$), 25℃.
[文献15のFigure 4をもとに改変]

$$\underset{AcO}{\overset{Ar}{\diagup}}C=CH_2 \xrightarrow{H_3O^+} \underset{AcO}{\overset{Ar}{\diagup}}\overset{+}{C}-CH_3 \xrightarrow{H_2O} Ar-\underset{AcO}{\overset{OH}{\underset{|}{C}}}-CH_3 \longrightarrow AcOH + Ar-\overset{O}{\overset{\|}{C}}-CH_3 \quad (7.23)$$

$$\underset{Me-\overset{\|}{\underset{O}{C}}-O}{\overset{Ar}{\diagup}}C=CH_2 \xrightarrow{H_3O^+} \underset{Me-\overset{+OH}{\underset{\|}{C}}-O}{\overset{Ar}{\diagup}}C=CH_2 \xrightarrow{H_2O} \underset{Me-\overset{OH}{\underset{OH}{C}}-O}{\overset{Ar}{\diagup}}C=CH_2 \longrightarrow$$

$$Me-\overset{O}{\overset{\|}{C}}-OH + \underset{HO}{\overset{Ar}{\diagup}}C=CH_2 \longrightarrow MeCO_2H + Ar-\overset{O}{\overset{\|}{C}}-CH_3 \quad (7.24)$$

アルコキシクロロカルベンは一酸化炭素を放出して分解し,塩化アルキルを生じる[式(7.25)].この反応は,ヘテロリシスによりイオン対中間体を経て進むと考えられている.

$$\underset{Cl}{\overset{RO}{\diagup}}\underset{N}{\overset{N}{\diagdown}} \xrightarrow[N_2]{h\nu} RO-\ddot{C}-Cl \longrightarrow [R^+ OC\ Cl^-] \xrightarrow{CO} RCl \quad (7.25)$$

最近 Moss ら[16]は,ベンジルオキシクロロカルベンの高速反応の速度を,ジアリジンのレーザー光分解によって測定し,置換基効果を調べた.置換基定数 σ^+ に対する Hammett 型プロットは,図7.14に示すようなV字型になった.この結果は,電子求引基によってヘテロリシスが阻害されるとホモリシス

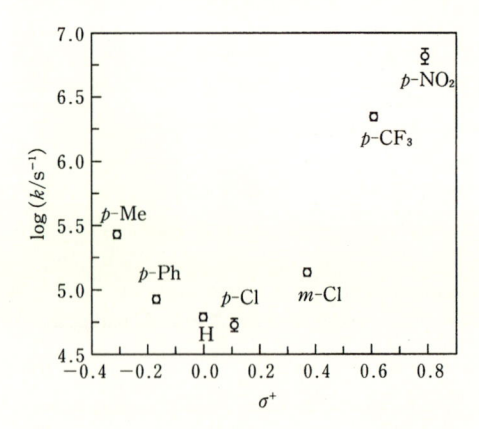

図 7.14 ベンジルオキシクロロカルベンの分解反応における置換基効果 [文献 16]

による機構で分解が進行するようになるためであると説明された [式 (7.26)].

$$ArCH_2O-C(Cl)=N-N \xrightarrow{h\nu} ArCH_2O\text{-}\ddot{C}\text{-}Cl \longrightarrow \begin{bmatrix} [ArCH_2^+ \; O\equiv C \; Cl^-] \\ [Ar\dot{C}H_2 \cdots \dot{O}\equiv\dot{C}\text{-}Cl] \end{bmatrix} \longrightarrow ArCH_2Cl + CO \quad (7.26)$$

7.7.2 律速段階の変化

式 (7.27) に示すようなトリアリールメタノールを酸性溶液中で反応させると, 脱水・環化が起こる[17]. この反応の置換基効果を調べると, ρ 値が $+2.77$ から -2.51 に変化する逆 V 字型の Hammett プロットになる (図 7.15). この反応は, 酸触媒による水の脱離でカルボカチオン中間体を生成し, この中間体が分子内 Friedel-Crafts 型反応を起こす二段階反応として書くことができる. この二段階反応において, 置換基の電子供与性は中間体の安定化に寄与し, 第一段階を加速し第二段階を減速する. すなわち, 置換基効果は, 電子供与基側では第二段階が律速であるが, 電子求引基側では第一段階が律速になっているものとして説明できる.

$$\text{Ar(Ph)(2-biphenylyl)C-OH} \xrightleftharpoons{H_3O^+} \text{Ar(Ph)(2-biphenylyl)C}^+ \longrightarrow \text{fluorene derivative} \quad (7.27)$$

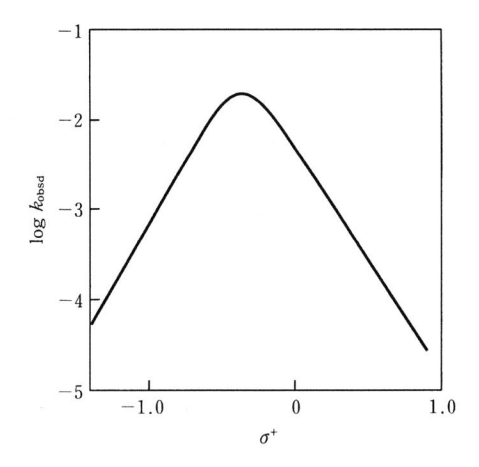

図 7.15 2-フェニルトリアリールメタノールの環化脱水反応における置換基効果 80%酢酸-水溶液，4%H_2SO_4，25℃．[文献 17 の Figure 1 をもとに改変]

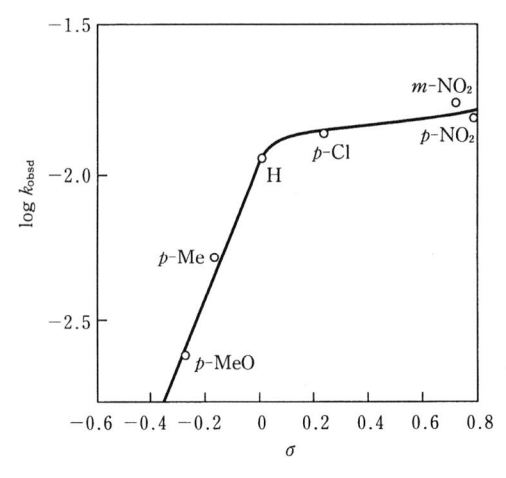

図 7.16 セミカルバゾン生成反応における置換基効果(pH 3.9)[文献 18]

　Schiff 塩基の生成は，カルボニル基へのアミンの求核付加と酸触媒脱水の二段階反応として起こり，pH によって律速段階が変化することが知られている．たとえば，セミカルバゾンの生成反応(7.28)において，中間の pH では，ベンズアルデヒドの置換基によって律速段階の変化が起こり，図 7.16 のような置換基効果を示す[18]．

$$\underset{H}{\overset{Ar}{>}}C=O + H_2NNHCONH_2 \rightleftharpoons \underset{H}{\overset{Ar}{>}}\underset{NHNHCONH_2}{\overset{OH}{<}} \underset{\rightleftharpoons}{\overset{H^+}{}} \underset{H}{\overset{Ar}{>}}C\text{-N-NHCONH}_2 + H_2O \quad (7.28)$$

引用文献

1) L. P. Hammett and H. L. Pfluger, *J. Am. Chem. Soc.*, **55**, 571 (1933).
2) L. P. Hammett, *Chem. Rev.*, **17**, 125 (1935).
3) L. P. Hammett, Physical Organic Chemistry, 2nd ed., McGraw-Hill (1970).
4) H. H. Jaffe, Jr., *Chem. Rev.*, **53**, 191 (1953).
5) R. W. Taft, Jr. and I. C. Lewis, *J. Am. Chem. Soc.*, **80**, 2436 (1958).
6) H. van Bekkum, P. E. Verkade and B. M. Wepster, *Rec. Trav. Chim.*, **78**, 815 (1959).
7) R. W. Taft, Jr., *J. Phys. Chem.*, **64**, 1805 (1960).
8) H. C. Brown and Y. Okamoto, *J. Am. Chem. Soc.*, **79**, 1913 (1957) ; **80**, 4979 (1958).
9) Y. Yukawa and Y. Tsuno, *Bull. Chem. Soc. Jpn.*, **32**, 965 (1959) ; Y. Yukawa, Y. Tsuno and M. Sawada, *Bull. Chem. Soc. Jpn.*, **39**, 2274 (1966) ; **45**, 1198 (1972).
10) (a) Y. Tsuno and M. Fujio, *Chem. Soc. Rev.*, **25**, 129 (1996) ; (b) *Adv. Phys. Org. Chem.*, **32**, 267 (1999).
11) 三島正章, 有機反応論の新展開, 奥山 格, 友田修司, 山高 博編, 東京化学同人 (1995), pp. 130-135.
12) J. Hine, Structural Effects on Equilibria in Organic Chemistry, John Wiley & Sons (1973), pp. 97-99.
13) R. W. Taft, Jr., Steric Effects in Organic Chemistry, M. S. Newman, ed., John Wiley & Sons (1956), pp. 556-675.
14) B. D. Song and W. P. Jencks, *J. Am. Chem. Soc.*, **111**, 8470 (1989).
15) D. S. Noyce and R. M. Pollack, *J. Am. Chem. Soc.*, **91**, 119 (1969).
16) R. A. Moss, Y. Ma and R. R. Sauers, *J. Am. Chem. Soc.*, **124**, 13968 (2002).
17) H. Hart and E. A. Sedor, *J. Am. Chem. Soc.*, **89**, 2342 (1967).
18) B. M. Anderson and W. P. Jencks, *J. Am. Chem. Soc.*, **82**, 1773 (1960).

8
触 媒 反 応

　化学反応は，触媒(catalyst)によって加速される．触媒は反応中に消費されることなく反応を加速し，化学量論には影響しない．このような触媒の作用は，活性化障壁の低い反応経路をつくり出すことによって達成される．最も一般的な機構においては，まず触媒(C)が前駆錯体(RC, reactant complex)を形成し，比較的低い活性化障壁($\Delta G^{\ddagger}_{\mathrm{cat}}$)を経て生成物錯体(PC, product complex)に変換される［式(8.1)，図8.1］．さらに最終段階で触媒は再生される．触媒は反応原系のエネルギーにも生成系のエネルギーにも影響しないので，平衡定数($\Delta G°$)には影響を与えない．

$$R+C \rightleftarrows RC \rightleftarrows PC \rightleftarrows P+C \tag{8.1}$$

　触媒は，ふつう不均一触媒と均一触媒に二分される．前者はアルケンの水素化に使われる金属をはじめとして工業的にも重要であり，一つの学問領域となっている．後者の例としては，遷移金属錯体を用いる特異的な触媒反応も重

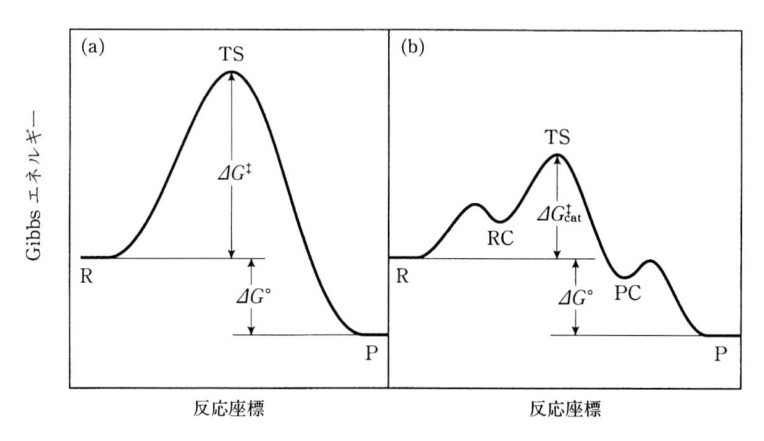

図8.1　触媒反応(b)と非触媒反応(a)のエネルギー断面図

要であるが，ここでは酸塩基触媒反応の一般論について述べる．

　酸素や窒素のようなヘテロ原子を含む有機化合物は弱塩基であり（表5.1)，その反応は酸によって促進される．また，求核剤の反応は塩基によって加速されることも多い．このように，多くの有機反応は酸塩基触媒作用を受ける．Lewis酸と塩基による触媒反応は，求電子触媒および求核触媒反応ともいわれるが，求電子性と求核性の定量化が難しいのと同じ理由で，統一的な説明は難しい．Brønsted酸塩基による触媒反応は，その作用機構に基づいて2種類に大別される．触媒と基質の間のプロトン移動が律速段階に関与する反応は一般酸塩基触媒反応 (general acid- and base-catalyzed reaction) とよばれ，プロトン移動が前段平衡に含まれる反応は特異酸塩基触媒反応 (specific acid- and base-catalyzed reaction) とよばれる．

8.1　特異触媒と一般触媒の区別

　まず，弱酸性から弱アルカリ性にわたる水溶液中における反応を考えてみよう．このような溶液に触媒として弱酸 HA（または弱塩基の共役酸）を添加したとすると，この水溶液中には HA とその共役塩基 A^- だけでなく，溶媒に由来するオキソニウムイオン H_3O^+ と水酸化物イオン HO^- も共存する[*1]．さらに溶媒の水分子 H_2O は酸としても塩基としても作用できる．これらの酸および塩基化学種がいずれも触媒として反応に関与できる可能性がある．これらの化学種がそれぞれどのように反応に関与するかを調べることによってはじめて，酸塩基触媒反応の機構を考察することができる．そのためには，それぞれの化学種の濃度を制御した溶液，すなわち緩衝溶液 (buffer solution) を用いて反応速度を調べる必要がある．

　緩衝溶液は式(5.9)，すなわち式(8.2)に基づいて，添加する弱酸と共役塩基の濃度比 $[HA]/[A^-]$（緩衝剤濃度比 buffer ratio という）を一定に保つことによって，pHを一定にした水溶液である．

[*1] オキソニウムイオンの濃度，すなわち水素イオン濃度 $[H^+]$ は $pH(=-\log[H^+])$ で表され，イオン積 $[H^+][OH^-](=K_w)$ は一定である．25℃で $K_w=10^{-14}$ である．

8.1 特異触媒と一般触媒の区別

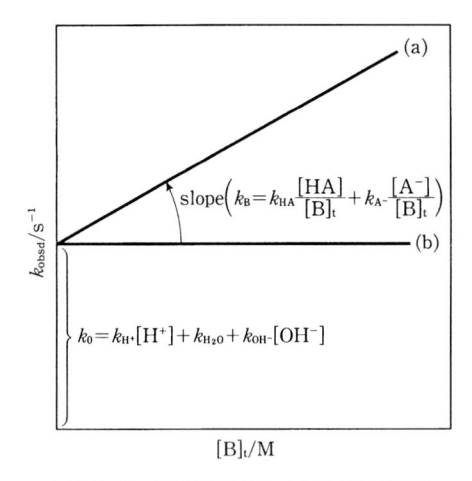

図8.2 酸・塩基触媒反応における緩衝剤効果

グラフ中の記述:
- (a) slope $\left(k_B = k_{HA}\dfrac{[HA]}{[B]_t} + k_{A^-}\dfrac{[A^-]}{[B]_t}\right)$
- (b) $k_0 = k_{H^+}[H^+] + k_{H_2O} + k_{OH^-}[OH^-]$
- 縦軸: k_{obsd}/s^{-1}
- 横軸: $[B]_t/\mathrm{M}$

$$\mathrm{pH} = \mathrm{p}K_a - \log\frac{[HA]}{[A^-]} \tag{8.2}$$

緩衝溶液を用いることによって，pH（したがって$[H^+]$と$[HO^-]$）を一定にして$[HA]$と$[A^-]$を変えることができる．このように条件を変化させて酸塩基触媒反応の速度を測定すると，得られる擬一次反応速度定数k_{obsd}が緩衝剤濃度（$[B]_t = [HA] + [A^-]$）に依存する場合とそうでない場合とに分かれる［式(8.3)，図8.2］.

$$k_{obsd} = k_B[B]_t + k_0 \tag{8.3}$$

さらに濃度比$[HA]/[A^-]$を変えることによってHAとA^-の割合とpHを変えることができるので，k_Bが$[HA]$と$[A^-]$のどちらに（あるいは両者に）依存するのか決めることができる［式(8.4)］し，k_0を$[H^+]$と$[HO^-]$の依存項に分けることもできる［式(8.5)］．その結果としてH_2O分子以外の酸塩基が関与していない反応項（k_{H_2O}）があるかどうかもわかる．この反応項（k_{H_2O}）は，無触媒反応あるいは水反応とよばれる．

$$k_B[B]_t = k_{HA}[HA] + k_{A^-}[A^-] \tag{8.4}$$

$$k_0 = k_{H^+}[H^+] + k_{HO^-}[HO^-] + k_{H_2O} \tag{8.5}$$

前者のように一般的に酸（または塩基）化学種がすべて触媒作用を示す反応が一般触媒反応であり，後者のように溶媒の共役酸H_3O^+（または溶媒の共役塩

基 HO^-) だけが特異的に触媒作用を示す反応が特異触媒反応である．

8.2 特異酸触媒反応

アセタールやエステルのような酸素化合物の酸触媒反応によくみられ，酸素プロトン化が前段平衡として含まれ，基質の共役酸を中間体として反応する．

$$\underset{OR}{\underset{|}{\times}}\underset{OR}{} + HA \underset{速い}{\overset{K_1}{\rightleftharpoons}} \underset{OR}{\underset{|}{\times}}\overset{+H}{\underset{OR}{}} + A^- \tag{8.6}$$

$$\underset{OR}{\underset{|}{\times}}\overset{+H}{\underset{OR}{}} \underset{遅い}{\overset{k_2}{\longrightarrow}} \underset{}{>}=\overset{+}{O}R + ROH \tag{8.7}$$

$$\underset{速い}{\overset{H_2O}{\longrightarrow}} >=O + 2ROH$$

この反応を基質Sの反応として一般的に書くと，次のようになる．

$$S + HA \overset{K_1}{\rightleftharpoons} HS^+ + A^- \tag{8.8}$$

$$HS^+ \overset{k_2}{\longrightarrow} \text{product} \tag{8.9}$$

この反応の速度vは式(8.10a)のように表され，HAのK_aを用いると式(8.10b)のように変換できる．

$$v = k_2[HS^+] = k_2K_1\frac{[HA][S]}{[A^-]} \tag{8.10a}$$

$$= \frac{K_1k_2}{K_a}[H^+][S] \tag{8.10b}$$

$$k_{obsd} = \frac{K_1k_2}{K_a}[H^+] \tag{8.11}$$

すなわち，基質のプロトン化が速い前段平衡に含まれており，律速段階では基質の共役酸(プロトン化中間体)が触媒とは無関係に反応していく．この場合には，プロトン化に関与する酸分子種が何であろうとも反応速度はオキソニウムイオン(溶媒の共役酸)濃度$[H^+]$のみに依存し，他の一般酸HAは反応速度に影響しない．律速過程の遷移状態にはA^-のフラグメントが含まれず，H^+フラグメントだけが含まれていることを考えると，この結果が合理的に理解できる．

8.3 一般酸触媒反応

ビニルエーテルの加水分解は, 二重結合プロトン化を経て進行するが, このような炭素プロトン化が律速になる反応は, 一般酸触媒反応になる.

$$A-H \quad \overset{k_1}{\underset{遅い}{\longrightarrow}} \quad H_3C-\overset{+}{C}(OR) + A^- \tag{8.12}$$

$$H_3C-\overset{+}{C}(OR) \quad \overset{H_2O}{\underset{速い}{\longrightarrow}} \quad >\!\!=\!\!O + ROH \tag{8.13}$$

基質 S について一般式を書くと式 (8.14) のようになり, 律速段階に HA から S へのプロトン移動を含み, 反応速度は簡単に式 (8.15) で表せる.

$$S + HA \xrightarrow{k_1} HS^+ + A^- \longrightarrow \text{product} \tag{8.14}$$

$$v = k_1[HA][S] \text{ あるいは } k_{obsd} = k_1[HA] \tag{8.15}$$

この反応においては, 広い pH 領域において反応速度を測定し, pH と速度の関係を調べると, 水反応 (H_2O が一般酸触媒になる) のみられることが多い (後述, 図 8.7 参照).

8.4 塩基触媒反応

酸触媒反応の場合と同じように, (基質から塩基触媒への) プロトン移動が律速段階に関与している場合には一般塩基触媒反応になり, プロトン移動が前段平衡として含まれ, 生成した基質の共役塩基を中間体とする反応は特異塩基触媒反応になる.

特異塩基触媒反応は, 基質 SH について式 (8.16) と (8.17) のように表せ, k_{obsd} は式 (8.18) で表される. ただし K_w は水のイオン積 $K_w = [H^+][HO^-] = 10^{-14}$ (25 ℃) である.

$$SH + A^- \underset{}{\overset{K_1}{\rightleftharpoons}} S^- + HA \tag{8.16}$$

$$S^- \xrightarrow{k_2} \text{product} \tag{8.17}$$

$$k_{obsd} = \frac{K_1 K_a k_2}{K_w}[HO^-] \tag{8.18}$$

代表的な反応例としてエチレンクロロヒドリンの環化 (8.19) がある.

$$\text{Cl-CH}_2\text{CH}_2\text{OH} \xrightleftharpoons{\text{HO}^-} \text{Cl-CH}_2\text{CH}_2\text{O}^- \longrightarrow \triangle + \text{Cl}^- \tag{8.19}$$

一般塩基触媒反応の代表例はカルボニル化合物のエノール化 (8.20) であり, α 炭素から塩基触媒 A^- へのプロトン移動が律速になっている.

$$\text{A}^- \cdots \text{H-CH}_2\text{-C(=O)-Me} \longrightarrow \text{H}_2\text{C=C(O}^-\text{)-Me} + \text{HA} \tag{8.20}$$

8.5 特異酸・一般塩基触媒反応

基質 S の共役酸 HS^+ から塩基触媒へのプロトン移動が律速段階に含まれる反応がある. この反応は式 (8.21) のように書け, 反応速度は式 (8.22) で表されるので, みかけ上, 一般酸触媒反応と同じ形になる. この反応は HS^+ の一般塩基触媒反応であるが, 律速遷移状態には H^+ フラグメントと A^- フラグメントの両方が含まれているために, 結果的に反応速度が [HA] に比例することになっている. このような反応は特異酸・一般塩基触媒反応ということができるが,「機構上の一般酸触媒反応」ともいわれる.

$$\text{S} + \text{HA} \xrightleftharpoons{K_1} \text{HS}^+ + \text{A}^- \xrightarrow{k_2} \text{product} \tag{8.21}$$

$$v = k_2[\text{HS}^+][\text{A}^-] = k_2 K_1 [\text{HA}][\text{S}] \text{ あるいは } k_{\text{obsd}} = k_2 K_1 [\text{HA}] \tag{8.22}$$

この形式の反応の代表例は酸触媒エノール化である.

$$\text{H}_3\text{C-C(=O)-Me} + \text{HA} \rightleftharpoons \text{H}_3\text{C-C(OH}^+\text{)-Me} + \text{A}^- \tag{8.23}$$

$$\text{A}^- \cdots \text{H-CH}_2\text{-C(OH}^+\text{)-Me} \longrightarrow \text{H}_2\text{C=C(OH)-Me} + \text{HA} \tag{8.24}$$

8.6 Brønsted 則

一般酸塩基触媒反応においては, あらゆる種類の酸 HA と塩基 B がその強さに応じて触媒効果を示す. 触媒定数と触媒 (塩基の場合は共役酸 HB^+) の酸性度定数との間には式 (8.25) と (8.26) のように直線自由エネルギー関係が成

り立ち，この関係を Brønsted 則という．

$$\log k_{HA} = -\alpha p K_{HA} + g_a \tag{8.25}$$

$$\log k_B = \beta p K_{BH^+} + g_b \tag{8.26}$$

式(8.25)と(8.26)は，それぞれ酸触媒および塩基触媒反応における関係を示しており，Brønsted 係数 α と β は通常 0～1 の値をとる．

酸塩基が多官能性である場合には，酸の等価なプロトン数 p と塩基のプロトン受容部位数 q によって統計的補正をほどこす必要がある．たとえば，カルボン酸 RCOOH では $p=1, q=2$, H_3O^+ では $p=3, q=1$ (同じ酸素上の2組の非共有電子対はふつう区別しない)，HSO_4^- では $p=1, q=4$ である．

$$\log \frac{k_{HA}}{p} = -\alpha \left[pK_{HA} + \log \frac{p}{q} \right] + g_a \tag{8.27}$$

$$\log \frac{k_B}{q} = \beta \left[pK_{BH^+} + \log \frac{p}{q} \right] + g_b \tag{8.28}$$

Brønsted 直線関係の一例としてグルコースの塩基触媒変旋光の触媒定数と触媒の pK_{BH^+} との関係を図 8.3 に示し，代表的な一般酸塩基触媒反応の α と β 値を表 8.1 にまとめた．直線自由エネルギー関係の係数である α と β 値は，酸塩基の強さに対する触媒定数の依存度を表している．触媒反応の律速過程は

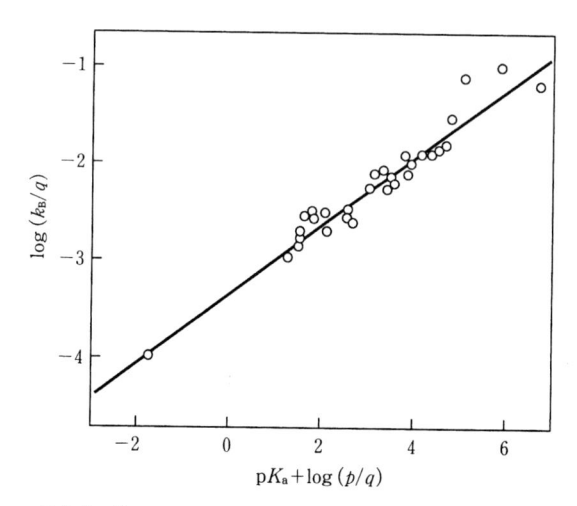

図 8.3　グルコースの塩基触媒変旋光における Brønsted 関係
[文献 1 の Figure 9.3 をもとに改変]

表 8.1 一般酸塩基触媒反応の Brønsted 係数

No.	反応	α	β
1	グルコースの変旋光	0.30	0.40
2	$MeCH(OH)_2$ の脱水	0.54	
	酸触媒加水分解		
3	$HC(OEt)_3$	0.77	
4	$H_2C=CHOPh$	0.84	
5	$H_2C=CHOEt$	0.70	
6	$H_2C=CMeOEt$	0.64	
	エノール化		
7	CH_3COCH_3 (pK_a=19.3)	0.56	0.89
8	CH_3COCH_2Cl (pK_a=16.5)		0.82
9	$CH_3COCH_2CO_2Et$ (pK_a=10.5)		0.59
10	$CH_3COCH_2COCH_3$ (pK_a=9.3)		0.48
11	$CH_3COCHBrCOCH_3$ (pK_a=8.3)		0.42

プロトン移動であり，遷移状態におけるプロトン移動の程度を反映していると考えられている．

たとえば，ビニルエーテル類の加水分解 (No.4〜6) では反応性の高いものほど α 値が小さく，遷移状態は反応原系に近い (プロトン移動の程度が小さい) といえる．カルボニル化合物の塩基触媒エノール化 (No.7〜11) では，表に示した pK_a 値からわかるように炭素酸の酸性度が大きくなるほど β 値が小さくなり，遷移状態における脱プロトン化の程度は小さいといえる．アセトンの酸触媒エノール化 (No.7, α=0.56) は，プロトン化カルボニル体からの一般塩基触媒エノール化 [式 (8.23) と (8.24)] といえるが，このエノール化の β=1−α=0.44 とみなせる．この値は合理的である．

このように Brønsted 直線関係の解析により，多くの酸塩基触媒反応の機構が解析されているが，触媒の pK_a が広範囲にわたる場合には直線関係が成立せず，徐々に傾きが変化した曲線を示すこともある．これは Hammond 仮説から予測されるように遷移状態の位置が触媒の強さによって連続的に変動しているものと解釈される[*2]．図 8.4 に種々のカルボニル化合物の一般塩基によるエノール化の速度とその平衡定数の関係を示す[2]．平衡定数は対数単位で 25 にもわたっており，ゆるやかな曲線は基質の反応性によって β 値が変化すること (表 8.1 の No.7〜11) に対応している．

[*2] Marcus 理論による解釈もある (10.4 節参照)．

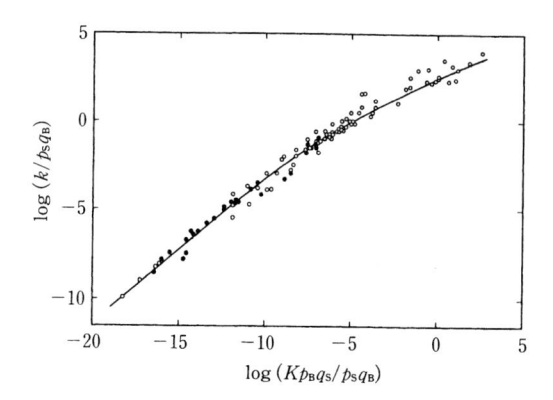

図 8.4 種々のカルボニル化合物の塩基触媒エノール化速度と平衡定数の関係 [文献 2]
p_s, q_s と p_B, q_B はそれぞれ基質と塩基の反応部位数に関する統計的補正値を表す.

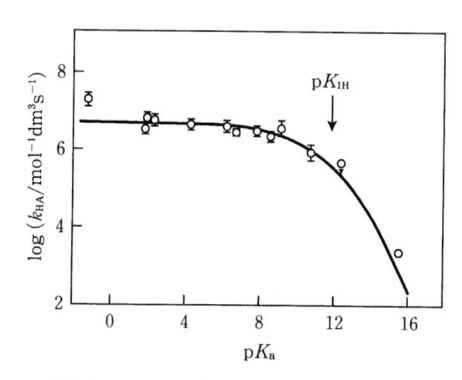

図 8.5 反応 (8.30) の Brønsted 関係 [文献 4]

プロトン移動がヘテロ原子間で起こっている場合には，傾きが1から0へと大きく変化した曲線になる (図 8.5). これは強酸から弱酸を生じるような熱力学的に有利なヘテロ原子間のプロトン移動が拡散律速 (一定値，約 10^{10} mol^{-1} dm^3 s^{-1}) で起こるためであり，この場合，基質と触媒の pK_a 値が等しくなる点が変曲点になる (このような曲線関係を Eigen 曲線[3] という). 拡散律速のような速い過程が律速になることは一見不思議に思われるかもしれないが，その一例はアセトアルデヒドに対するチオラートイオンの付加においてみられる[4] [式 (8.29) と (8.30)]. この例のように，律速段階が二分子反応 (k_2) であるの

に前段平衡の逆反応(中間体の分解, k_{-1})が単分子反応であり, $k_2[\mathrm{HA}] < k_{-1}$ となることは十分可能である. 図 8.5 に示したのが, この反応の Brønsted 関係である.

$$\underset{\mathrm{Me}}{\mathrm{H}}\!\!>\!\!\mathrm{C}\!\!=\!\!\mathrm{O} + \mathrm{MeOCOCH_2S^-} \underset{k_{-1}}{\overset{k_1}{\rightleftarrows}} \underset{\mathrm{H}}{\overset{\mathrm{Me}}{>}}\!\!\mathrm{C}\!\!<\!\!\overset{\mathrm{O}^-}{\mathrm{SCH_2CO_2Me}} \quad (\mathrm{I^-}) \tag{8.29}$$

$$\mathrm{I^-} + \mathrm{HA} \xrightarrow{k_2} \underset{\mathrm{H}}{\overset{\mathrm{Me}}{>}}\!\!\mathrm{C}\!\!<\!\!\overset{\mathrm{OH}}{\mathrm{SCH_2CO_2Me}} \quad (\mathrm{IH}) \tag{8.30}$$

酸触媒 HA の $\mathrm{p}K_\mathrm{a}$ が IH のそれ ($\mathrm{p}K_\mathrm{IH}$) よりも小さいときには, 式 (8.30) のプロトン移動は熱力学的に有利なプロセスであり HA によらず拡散律速で起こる. したがって, $\alpha=0$ となる. HA の $\mathrm{p}K_\mathrm{a}$ が $\mathrm{p}K_\mathrm{IH}$ よりも大きくなると, k_2 の逆過程のプロトン移動が拡散律速になるはずであり, $\log k_2$ の変化は HA の $\mathrm{p}K_\mathrm{a}$ と同じ依存性を示すので $\alpha=1$ になる.

反応式 (8.31) に示す四面体基質の環開裂反応では, 中間体アニオンの開環が非常に速く, 第一段階のヒドロキシ基の解離が律速になることが見いだされた[4]. その Brønsted 関係は図 8.6 のようになり, $\mathrm{OH^-}$ による触媒定数は $7 \times 10^9\ \mathrm{mol^{-1}\,dm^3\,s^{-1}}$ となり, 実際に拡散律速の速度定数が測定された. 基質の

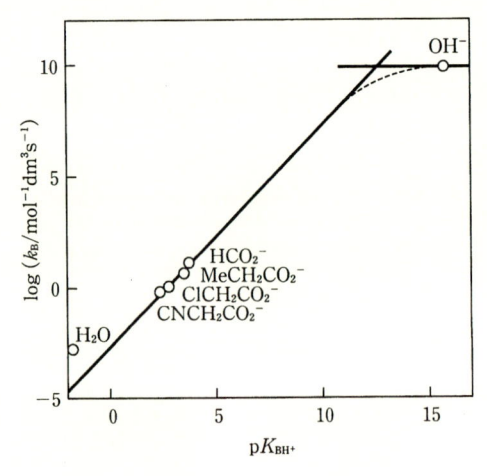

図 8.6 反応 (8.31) の Brønsted 関係 [文献 5]

pK_a は，変曲点として 12.6 と見積もられる．

$$\text{(8.31)}$$

8.7 pH と速度の関係

緩衝剤（一般酸塩基）の影響を除いた速度定数は式 (8.5) のようになるので，$\log k_0$ を pH に対してプロットすると図 8.7 のような曲線が得られる．酸触媒反応は勾配 -1（$[H^+]$ に一次）の直線となり pH$=0$ における k_0 が k_{H^+} ということになる．一方，塩基触媒反応は勾配 1（$1/[H^+]$ すなわち $[OH^-]$ に一次）の直線となり pH$=14$ における k_0 が k_{HO^-} となる．中性付近の一定値は k_{H_2O} に等しく，水反応 (water reaction) あるいは無触媒反応 (uncatalyzed reaction) といわれるが，実際には H_2O 分子が一般酸あるいは一般塩基として作用してい

コラム Brønsted 係数について (その一)

Brønsted の α と β は，ふつう 0~1 の間の値をとり，律速段階におけるプロトン移動の程度を表していると考えられている．実際に観測される値は 0.2~0.8 になることが多いが，0 や 1.0 の値も観測されている (Eigen 曲線，207 ページ参照)．実際問題としては，$\alpha=1$ の酸触媒反応においては水中で最も強酸である H_3O^+ の触媒効果が大きく現れ，一般酸の触媒作用を観測しにくいため，実験的に特異酸触媒と誤認されやすい．一部の教科書で「$\alpha=1$ の酸触媒反応は，遷移状態でプロトン移動が完結している反応に対応し，特異酸触媒反応に相当する」という説明がされているが，これは明らかな誤りである．α は実験的に得られるパラメーターに過ぎず，一般酸触媒過程のプロトン移動が遷移状態で大きく進んでいることを示唆するということ，そして実験的に誤認されやすいことと，一般酸触媒と特異酸触媒の機構の考え方とは別問題である．反応速度解析において，$\alpha=1$ の一般酸触媒反応では H_3O^+ 以外の一般酸も触媒項に現れるが，特異酸触媒反応では一般酸の項は原理的に現れない．両触媒機構は，「基質の共役酸」が中間体として含まれるか否かによって，明確に区別できる．塩基触媒についても同様である．

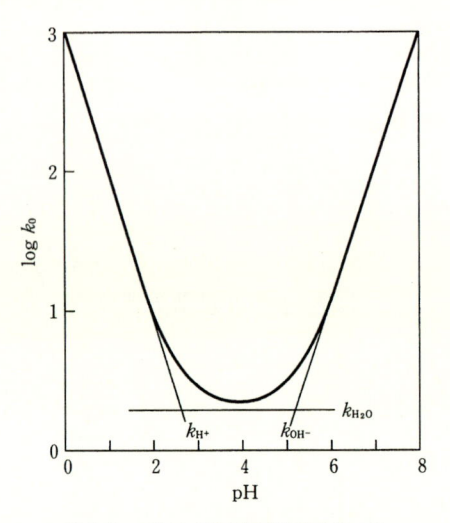

図8.7 pH-速度関係図［速度式(8.5)］

コラム　Brønsted 係数について（その二）　ニトロアルカン異常性

　Brønsted 係数は遷移状態におけるプロトン移動の程度を表し，0〜1の値になることを述べた．しかし，実際には1より大きな値も観測されている．代表的な例は，Bordwell らが報告した水中での置換ニトロフェニルメタンのプロトン移動である（式(1)）[1]．

$$p\text{-}X\text{-}C_6H_4CH_2NO_2 + B \rightleftharpoons p\text{-}X\text{-}C_6H_4CHNO_2^- + HB^+ \tag{1}$$

この反応の Brønsted α 値は，塩基として NaOH および 2,6-ルチジンを用いたときに，それぞれ1.54および1.30であり，明らかに1より大きい．この結果は，速度に及ぼす置換基効果が平衡におけるよりも大きいことを示している．このようなニトロアルカン類の酸塩基反応における異常性は，他の反応系でも観測されており，ニトロアルカン異常性（nitroalkane anomaly）とよばれている．

　歴史的には1953年に Pearson が，種々の炭素酸の解離が水中で良好な Brønsted 関係を与える（$\alpha=0.6$）にもかかわらず，ニトロメタンとニトロエタンだけが相関直線から下方に外れることを示し，ニトロアルカンのプロトン移動がその酸性度から予測されるよりも遅いことを初めて指摘した[2]．

　このような異常性の原因にはいろいろな説明があるが，プロトン移動によって生じる負電荷の分散の程度が遷移状態と生成物とで異なることに由来するというのが最も一般的である[3]．すなわち，生成物であるニトロアルカンの共役塩基では生成した負電荷のほとんどがニトロ基上に非局在化しているのに対し，プロトン移動の遷移状態では H^+ との静電相互作用のため負電荷の多くが炭素上に局在し，ニトロ

るのがふつうである．ケトンのエノール化やエステルの加水分解は，酸触媒でも塩基触媒でも進行するので，図8.7のような関係を示す．

しかし，実際の反応系においては酸触媒項あるいは塩基触媒項だけがみられることが多い．ケテンアセタールの加水分解(8.32)は，ビニルエーテルの場合と同様に，プロトン化律速で進むが，反応性が高いので水分子を一般酸として進む水反応も観測される[6]（図8.8）．

$$\text{Ph(OMe)C=CH(OMe)} \xrightarrow{k_{H^+}[H^+] + k_{H_2O}} \text{PhCH}_2\text{-C}^+(\text{OMe})_2 \longrightarrow \text{PhCH}_2\text{-C(=O)OMe} + \text{MeOH} \quad (8.32)$$

類似の反応として，エノールのケト化(8.33)がある[7]．この反応のpH-速度関係は，図8.9のようになる．この反応には塩基触媒項もみられ，さらに

基による安定化をあまり受けていないという考え方である．

$$R\text{-CH=N}^+(\text{O}^-)_2 \qquad \text{B}\cdots\text{H}^{\delta+}\cdots\text{R-CH-NO}_2^{\delta-}$$

しかし，DMSO中では反応(1)において安息香酸イオンを塩基に用いると $\alpha = 0.92$ であり[4]，さらに気相ではニトロアルカン異常性は観測されないという理論計算もある[5]．ニトロアルカン異常性の原因に溶媒効果が関係していることは確かなようであるが，具体的にどのように関係しているかは明らかでない[6]．

引用文献

1) F. G. Bordwell and W. J. Boyle, Jr. *J. Am. Chem. Soc.*, **93**, 511 (1971), **94**, 3907 (1972).
2) R. G. Pearson and R. L. Dillon, *J. Am. Chem. Soc.*, **75**, 2439 (1953).
3) A. J. Kresge, *Can. J. Chem.*, **52**, 1897 (1974).
4) J. R. Keefe, J. Morey, C. A. Palmer and J. C. Lee, *J. Am. Chem. Soc.*, **101**, 1295 (1979).
5) H. Yamataka, Mustanir and M. Mishima, *J. Am. Chem. Soc.*, **121**, 10223 (1999); J. R. Keefe, S. Gronert, M. E. Colvin and N. L. Tran, *J. Am. Chem. Soc.*, **125**, 11730 (2003).
6) N. Agmon, *J. Am. Chem. Soc.*, **102**, 2164 (1980).

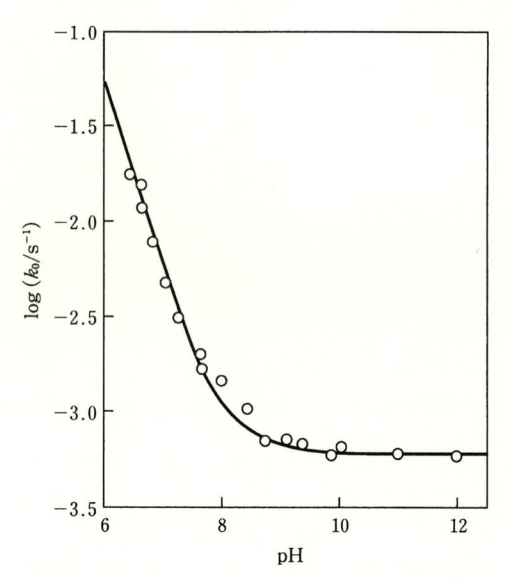

図 8.8 ジフェニルケテンアセタールの加水分解 [文献 6]

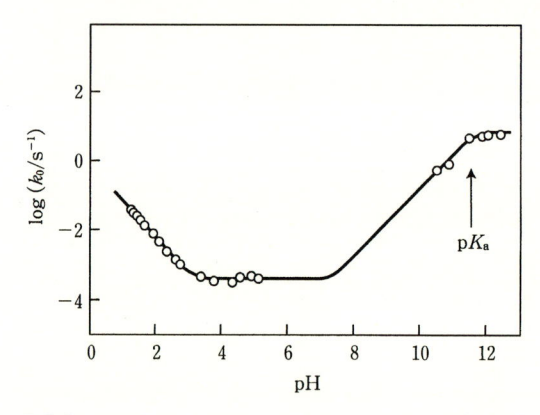

図 8.9 イソブチルアルデヒドエノールのケト化反応 [文献 7]

pH 11.6 あたりに変曲点を示して pH 12 以上では速度が一定になる．この変曲点はエノールのエノラートへの解離の pK_a に相当する．pH 4〜7 領域の無触媒反応の過程として，エノールの水によるプロトン化 (k_{H_2O}) とエノラートの H_3O^+ によるプロトン化 (k'_{H^+}) が考えられる．実際のこの領域の k_{obsd} がエノールエーテル $Me_2C=CHOR$ の k_{H_2O} よりも 10^6 倍も大きいことから，後者

の反応過程であると説明される．pH 8 以上の領域の反応は，エノラートへの水からのプロトン化として説明でき，pH 4 以上ではエノラートの反応が支配的になっていることになり，全 pH 領域の反応速度定数は式 (8.34) で表される．その第 2 項は pH 4~7 では $k'_{H^+}K_a$ に，pH 8~11 では $k'_{H_2O}K_a/[H^+]$ に，pH 12 以上では k'_{H_2O} で近似できる．

$$\text{Me}_2\text{C=CHOH} \xrightleftharpoons{K_a} \text{Me}_2\text{C=CHO}^- + \text{H}^+$$

$$\downarrow k_{H^+}[H^+]+k_{H_2O} \qquad \downarrow k'_{H^+}[H^+]+k'_{H_2O} \tag{8.33}$$

$$\text{Me}_2\text{CHCHO}$$

$$k_0 = k_{H^+}[H^+] + \frac{K_a(k'_{H^+}[H^+] + k'_{H_2O})}{K_a + [H^+]} \tag{8.34}$$

この例のように基質が酸あるいは塩基性基をもっていると，その pK_a において解離が起こるので，その割合に応じて反応速度が変化する．そのような例は，アスピリン（アセチルサリチル酸）の加水分解など，分子内触媒反応で一般的にみられる（8.11 節参照）．アスピリンの加水分解は式 (8.35) のように進行し，その反応速度は図 8.10 のような pH 依存性を示す[8]．アスピリンの COOH 基の pK_a は約 4 であり，pH 5~9 の領域では解離した基質の COO$^-$ 基が分子内塩基として H_2O の求核攻撃を促進する機構で反応しているものと考えられている．この速度一定領域の反応速度定数（分子内塩基触媒）は，対応

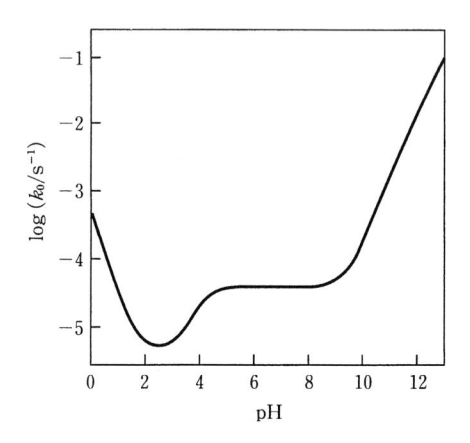

図 8.10 アスピリンの加水分解 [文献 8]

する p-COOH 誘導体の速度定数よりも約 50 倍大きい．

(8.35)

測定 pH 領域において律速段階が変化する場合にも，pH-速度関係に変曲点がみられる．そのような例として，Schiff 塩基の生成と加水分解がある．この反応は正と逆反応に対応し同じ反応機構で説明されるが，基質の二分子反応となる生成反応よりも加水分解のほうがわかりやすい．加水分解は式 (8.36) のように進み，pH-速度関係は図 8.11 のようになる[9]．低 pH では第二段階が

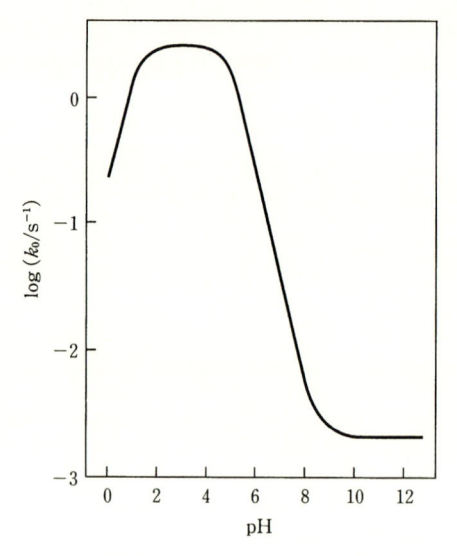

図 8.11 　N-(o-メトキシベンジリデン) アニリンの加水分解 [文献 9]

(pK_{BH^+}=5.2)

律速であり，高 pH では第一段階が律速になる．

$$\begin{array}{c}\succ=NR\\H^+\end{array}\underset{k_{-1}[H^+]\;\;k_{-2}(H_2O)}{\overset{k_1(H_2O)\;\;k_2[OH^-]}{\rightleftarrows}}\succ\!\!\begin{array}{c}OH\\NHR\end{array}\xrightarrow{k_3}\succ=O+RNH_2 \qquad (8.36)$$

$$\updownarrow K_a$$

$$\succ=NR$$

以上のように酸塩基触媒反応の pH-log k_0 プロットにおいて，直線部分の勾配は整数（通常 −1 か 0 か +1）になるはずであり，そのpHにおける基質と遷移状態の荷電状態の違いを反映している．

8.8 強酸中における反応

通常の有機化合物は非常に弱い塩基であり，強酸中でかなりの割合でプロトン化されてはじめて目に見える速度で反応するものが多い．エステルやエーテルがその例である．このような強酸条件では求核種として作用できるものは水分子しかない（強酸の共役塩基は求核種としては弱い）ので，律速反応過程に水分子が関与するかどうかが問題になる．言い換えれば，一般塩基として作用できるのは水分子だけということになる．

8.8.1 A1 反応と A2 反応

強酸中ではまずプロトン化が平衡的に起こり，プロトン化基質が単分子的に分解する場合と，水の求核攻撃を受けて二分子的に反応する場合とがあり，それぞれ A1 反応および A2 反応といわれる．A1 反応は特異酸触媒反応 (8.2 節) に相当し，A2 反応は特異酸・一般塩基触媒反応 (8.5 節) に相当する．その代表的な例を表 8.2 にまとめているが，たとえばエーテルの開裂反応は，アルキル基が第三級であるか第一級であるかによって，プロトン化エーテルと求核種 (水) の反応が S_N1 あるいは S_N2 的に進行するので，A1 あるいは A2 反応になる．これらはプロトン化が ROH の脱離を促進する求核置換反応であり，単分子反応で進むか二分子反応で進むかは S_N1/S_N2 反応選択性の原理に従う．アセタールの加水分解も A1 反応の例であるが，反応性が高いのであまり強酸を

表 8.2 酸触媒反応の例

反 応	文 献
A1 反応	
第三級エーテルの開裂	R. L. Burwell, Jr., *Chem. Rev.*, **54**, 615 (1954)
アセタールの加水分解	E. H. Cordes, H. G. Bull, *Chem. Rev.*, **74**, 5812 (1974)
トリオキサンの分解	R. P. Bell, *et al.*, *J. Chem. Soc.*, 1286 (1956)
エポキシドの開環	J. G. Pritchard and F. A. Long, *J. Am. Chem. Soc.*, **78**, 2667 (1956)
第三級アルキルエステルの加水分解	C. A. Bunton and J. L. Wood, *J. Chem. Soc.*, 1522 (1955)
β-ラクトンの加水分解	F. A. Long and M. Purchase, *J. Am. Chem. Soc.*, **72**, 3267 (1950)
酸無水物の加水分解	C. A. Bunton, *et al.*, *J. Chem. Soc.*, 6174 (1965)
ピナコール転位	C. A. Bunton, *et al.*, *J. Chem. Soc.*, 402 (*1958*)
Beckmann 転位	L. P. Hammett and A. J. Deyrup, *J. Am. Chem. Soc.*, **82**, 6104 (1960)
A-S_E2 反応	
芳香族化合物の水素同位体交換	J. Banger, *et al.*, *J. Chem. Soc., Perkin Trans. 2*, 39 (1974)
アルケンの水和	N. C. Deno, *et al.*, *J. Am. Chem. Soc.*, **87**, 2157 (1965)
A2 反応	
第一級エーテルの開裂	J. Koskikallio and E. Whalley, *Can. J. Chem.*, **37**, 788 (1959)
エステル加水分解	C. A. Lane, *J. Am. Chem. Soc.*, **86**, 2521 (1964) ; M. L. Bender, *et al.*, *J. Am. Chem. Soc.*, **83**, 123 (1961)
アミド加水分解	K. Yates and J. B. Stevens, *Can. J. Chem.*, **43**, 529 (1965)

必要としない．プロピレンオキシドのような置換エポキシドの開環は単分子的に進行するが，エチレンオキシドは A2 機構で開環する．

これらの範疇に入らない反応としてベンゼンの水素同位体交換やアルケンの水和反応がある．これらの反応は律速的なプロトン化で進行する反応であり，遷移状態には余分の水分子が含まれないので酸性度依存性は A1 反応の場合に似ている．しかし，律速過程は二分子反応であり，求電子置換とみなせるので，A-S_E2 反応といわれる．この反応は，弱酸による一般酸触媒反応(8.3節)に相当する．

カルボン酸エステルの A1 加水分解は，開裂する結合の位置によって $A_{Al}1$ と $A_{Ac}1$ 機構に区別される．$A_{Al}1$ 機構は第三級アルキルエステルのようにアルキル-酸素結合の切断によってアルキルカチオンを生成する反応であり，安定なカルベニウムイオンを生成できる場合に起こる．$A_{Ac}1$ 機構は β-ラクトンのようにアシル-酸素結合の切断によってアシリウムイオンを生成して進行する反応である．2,6-ジメチル安息香酸メチルのように立体障害が大きくしかもカ

ルベニウムイオンを生成しにくいような場合にも $A_{Ac}1$ 反応が起こる．

$A_{Al}1$ 反応

$$\underset{R}{\overset{O}{\|}}{\text{C}}-\text{OCMe}_3 \overset{H^+}{\rightleftarrows} \left[\underset{R}{\overset{+OH}{\|}}{\text{C}}-\text{O-CMe}_3 \longleftrightarrow \underset{R}{\overset{OH}{\|}}{\text{C}}=\overset{+}{\text{O}}-\text{CMe}_3 \right] \longrightarrow \tag{8.37}$$

$$\underset{R}{\overset{O}{\|}}{\text{C}}-\text{OH} + \text{Me}_3\text{C}^+ \xrightarrow{H_2O} \underset{R}{\overset{O}{\|}}{\text{C}}-\text{OH} + \text{Me}_3\text{COH}$$

$A_{Ac}1$ 反応

$$\text{(2,6-Me}_2\text{C}_6\text{H}_3)\overset{O}{\|}\text{C}-\text{OMe} \overset{H^+}{\rightleftarrows} \text{Ar}-\overset{+OH}{\|}\text{C}-\text{OMe} \longleftrightarrow \text{Ar}-\overset{OH}{\|}\text{C}=\overset{+}{\text{O}}\overset{\text{Me}}{\underset{H}{}} \longrightarrow \tag{8.38}$$

$$\text{Ar}-\overset{+}{\text{C}}=\text{O} + \text{MeOH} \xrightarrow{H_2O} \text{ArCO}_2\text{H} + \text{MeOH}$$

A2 反応

$$\underset{R}{\overset{O}{\|}}{\text{C}}-\text{OR} \overset{H^+}{\rightleftarrows} \underset{R}{\overset{+OH}{\|}}{\text{C}}-\text{OR} \overset{H_2O}{\rightleftarrows} \underset{RO}{\overset{R}{\underset{OH_2}{\|}}}\overset{OH}{\underset{}{}} \rightleftarrows \underset{RO}{\overset{R}{\underset{H}{\|}}}\overset{OH}{\underset{}{\overset{+}{}}} \overset{-ROH}{\rightleftarrows} \tag{8.39}$$

$$\underset{R}{\overset{+OH}{\|}}{\text{C}}-\text{OH} \overset{-H^+}{\rightleftarrows} \underset{R}{\overset{O}{\|}}{\text{C}}-\text{OH}$$

単純なエステルの酸加水分解はふつう A2 機構で進行するが，酸濃度の増大とともに A2 機構から A1 機構に移行することが多い[10]．強酸中で水の活量が減少するからである．図 8.12 に示すように，A1 反応（t-ブチルエステルは $A_{Al}1$，フェニルエステルは $A_{Ac}1$ 機構）は酸濃度とともに急速な速度増大を示すが，A2 機構で進む酢酸エチルや酢酸イソプロピルの加水分解は硫酸濃度 50～60% において水の活量の減少に伴う減速を示し，80% 付近から $A_{Al}1$ 機構に変化して速度上昇を示す．ベンジルエステルの場合にはこの機構変化が 60% 付近でみられる．

安息香酸エステルでも，同様に強酸中で A2 から A1 機構に変化するが，この場合は通常 $A_{Ac}1$ 機構である．これは，アシリウムイオンがフェニル基によって共役安定化を受けているからである．すなわち，プロトン化エステル基質はアルキルカチオンとアシリウムイオンの安定な方向に開裂し，$A_{Al}1$ 機構あるいは $A_{Ac}1$ 機構になるのである [式 (8.40)]．安息香酸エチルの安息香酸側に置換基として電子求引基があると $A_{Al}1$ 機構になる[11]．その結果は，濃硫酸中における A1 反応速度の Hammett プロットに現れ，競争反応に特徴的な下

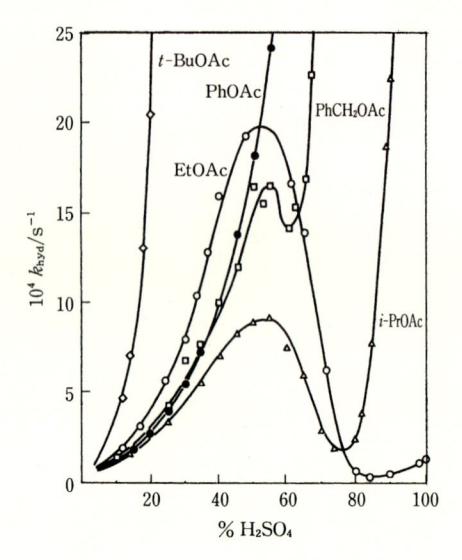

図 8.12 硫酸中におけるエステル加水分解 [文献 1, Figure 10.19]

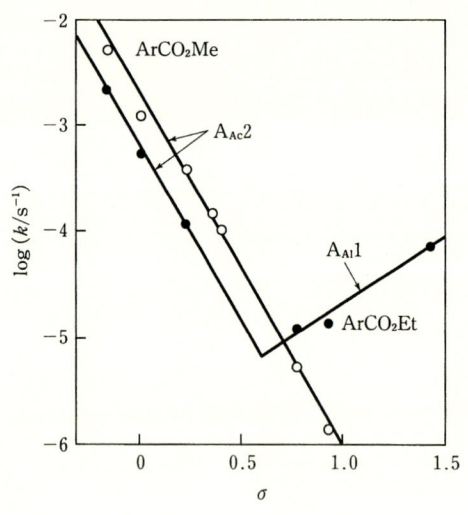

図 8.13 置換安息香酸エステルの 99%H_2SO_4 中における加水分解 [文献 1, Figure 10.20b]

に凸の折れ線になる (図 8.13, 7.7.1 節参照).

$$\text{ArCO}_2\text{H} + \text{R}^+ \xleftarrow{A_{Al}1} \underset{\text{Ar}}{\overset{\text{OH}}{\underset{|}{\text{C}}}}\text{OR} \xrightleftharpoons[]{\text{H}^+} \underset{\text{Ar}}{\overset{\text{O}}{\underset{|}{\text{C}}}}\text{OR} \quad \xrightarrow{A_{Ac}1} \text{Ar}-\overset{+}{\text{C}}=\text{O} + \text{ROH} \tag{8.40}$$

8.8.2 反応機構の判別

　A1反応とA2反応とは，2.5節でも述べたように，活性化エントロピーや活性化体積からも考察できるが，酸濃度依存性によっても判別できる．A1反応は基質Sの酸度関数と相関するはずであり，$\log k_{obsd}$は酸度関数H_0と直線関係を示す．しかし，A2反応の遷移状態には水分子が含まれるので，反応速度は水の活量にも依存する．したがって，反応速度は酸濃度とともに増大し，高酸濃度で水の活量が減少すると極大値を経て速度も減少することになる．

　両反応機構を判別する方法として，古くはZucker-Hammett仮説の基準が有名でありA1反応では$\log k_{obsd}$がH_0に直線相関するのに対して，A2反応では$\log[\text{H}^+]$に相関するとされていた．しかし，この関係は限定された酸濃度範囲でのみ適用可能であり，その根拠も不明確で，適切な方法ではないと考えられるようになった．

　Bunnett[11]は，水分子の関与に注目し，$\log k_{obsd} + H_0$と$\log a_{\text{H}_2\text{O}}$の相関を調べ，その直線の勾配$w$の大きさが遷移状態に含まれる水分子数と関係あるものと考えた．パラメーターwは水に関する反応次数に模して考えることができ，この解析は一定の成功をおさめている．しかし，基質によって酸度関数が異なることから問題が生じることもある．

$$\log k_{obsd} + H_0 = w \log a_{\text{H}_2\text{O}} + \text{constant} \tag{8.41}$$

さらに5.2.1節で述べたBunnett-Olsenの取扱いにのっとり，遷移状態の

表8.3　Bunnettによる酸触媒反応機構の判別

w	律速過程における水の役割	反応例
$-2.5 \sim 0$	含まれない	A1, A-S_E2 反応
$1.2 \sim 3.3$	求核種として反応	A2 反応
>3.3	塩基としても関与	エノール化，エステル加水分解

ϕ を求めて，その数値から反応機構を考察することも行われているが，これらはいずれも酸度関数 H_0 をもとにしている．5.2.2 節で述べたように，過剰酸性度パラメーター X が強酸媒質の酸性度を表す普遍的なパラメーターとして適当であるという考えに基づき，このパラメーターを用いる反応解析が行われるようになった．

8.8.3 過剰酸性度パラメーターによる反応解析[13]

A1 反応は，式 (8.42) のように表せ，基質 S の共役酸の酸解離定数を K_{SH^+} とすると，その反応速度は式 (8.43) のようになり，式 (8.44) が得られる．ここで k_{obsd} は全基質濃度 $[S]_t=[S]+[SH^+]$ に対するみかけの擬一次速度定数である．

$$S \underset{K_{SH^+}}{\rightleftarrows} SH^+ \xrightarrow{k_2} product \tag{8.42}$$

$$v = k_{obsd}[S]_t = \frac{k_2[SH^+]\gamma_{SH^+}}{\gamma_\ddagger} \tag{8.43}$$

$$k_{obsd} = \frac{k_2}{K_{SH^+}} \frac{[S][H^+]}{[S]_t} \frac{\gamma_S \gamma_{H^+}}{\gamma_\ddagger} \tag{8.44}$$

さらに式 (8.45) の仮定を入れると式 (5.22) を用いて式 (8.46) が得られる．この仮定は遷移状態の活量係数と基質の活量係数との類似性 $\gamma_\ddagger = \gamma_{SH^+}{}^{m^\ddagger}(\gamma_S\gamma_{H^+})^{1-m^\ddagger}$ を仮定していることになり，不合理ではない．式 (8.46) の関係は基質がほとんどプロトン化されていない条件に適用できる．A2 反応に対しては，律速段階で H_2O 分子が関与するので k_2 の代わりに $k_2 a_{H_2O}$ を使えばよい．したがって式 (8.47) になる．

$$\log \frac{\gamma_S \gamma_{H^+}}{\gamma_\ddagger} = m^\ddagger \log \frac{\gamma_S \gamma_{H^+}}{\gamma_{SH^+}} = m^\ddagger m^* X \tag{8.45}$$

$$\log k_{obsd} - \log \frac{[S]}{[S]_t} - \log[H^+] = \log \frac{k_2}{K_{SH^+}} + m^\ddagger m^* X \tag{8.46}$$

$$\log k_{obsd} - \log \frac{[S]}{[S]_t} - \log[H^+] - \log a_{H_2O} = \log \frac{k_2}{K_{SH^+}} + m^\ddagger m^* X \tag{8.47}$$

基質がほとんどプロトン化されているような条件では，式 (8.45) の仮定式の両辺に $\log \gamma_{SH^+}$ を加えて変形した式 (8.48) の関係と式 (8.46) から，式 (8.49) が得られる．A2 反応の場合には式 (8.49) に $\log a_{H_2O}$ 項が加わる．

8.8 強酸中における反応

$$\log \frac{\gamma_{SH^+}}{\gamma_\ddagger} = (m^\ddagger - 1) m^* X \tag{8.48}$$

$$\log k_{obsd} - \log \frac{[SH^+]}{[S]_t} = \log k_2 + (m^\ddagger - 1) m^* X \tag{8.49}$$

また，律速的なプロトン化で反応が進行する A-S_E2 反応に対しては式 (8.50) が成り立つ．

$$\log k_{obsd} - \log[H^+] = \log k_2 + m^\ddagger m^* X \tag{8.50}$$

代表的な A1 反応としてトリオキサンの分解反応(8.51)の反応速度を式 (8.46) でプロットしたのが，図 8.14 である．3 種類の強酸が統一的に整理でき，勾配 $m^\ddagger m^* = 1.091 (\pm 0.010)$ である．アセタールの m^* は 0.5 より小さいことがわかっているので $m^\ddagger > 2$ となる．一般的に A1 反応の $m^\ddagger$ は 1 より大きい．

$$\text{(反応式)} \tag{8.51}$$

オレフィンおよびアセチレンの A-S_E2 反応のほかベンゼンのトリチウム同

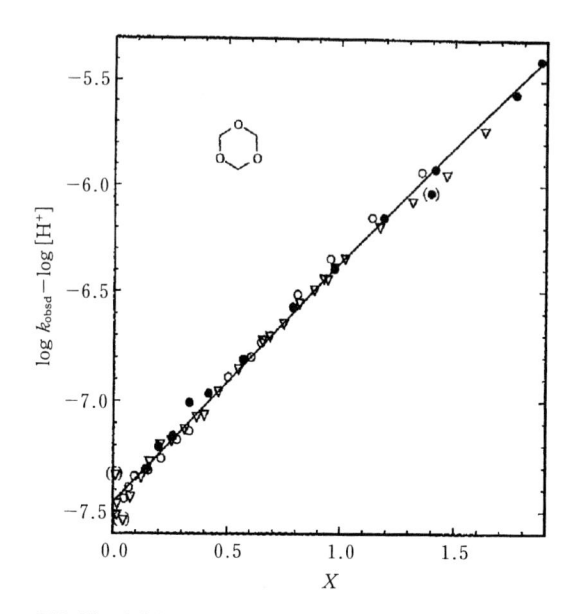

図 8.14 硫酸水溶液中におけるトリオキサンの分解 [文献 13]

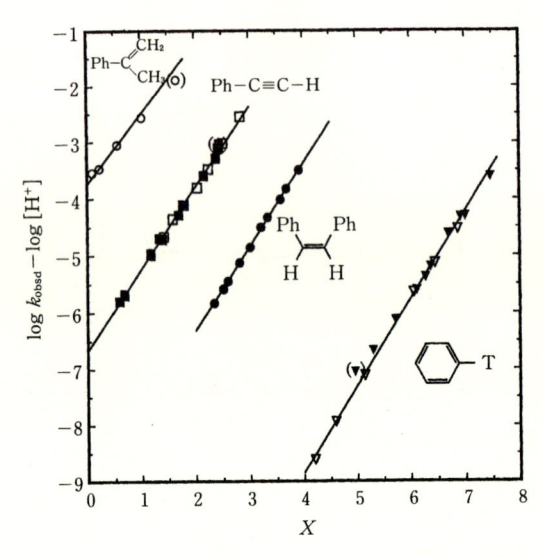

図 8.15 A-S_E2 反応の過剰酸性度パラメーターによる取扱い [文献 13]

位体交換反応 (8.52) も，式 (8.50) で整理され，図 8.15 のような直線相関が得られる．炭素プロトン化の m^* を 1.8 とすると，$m^{\ddagger}$ は 0.74〜0.86 であり 1 より小さい．

$$\text{（式 8.52）} \tag{8.52}$$

硫酸水溶液中におけるエステル加水分解の反応速度を式 (8.46) に基づいてプロットすると，図 8.16 のようになる．酢酸 t-ブチルと 2,6-ジメチル安息香酸メチルは直線を与え A1 機構で反応している．前者は $A_{Al}1$ 反応であり，勾配 1.552，切片 −3.983，後者は $A_{Ac}1$ 反応であり，勾配 1.253，切片 −10.78 である．一方，安息香酸メチルは極大値をもつ曲線領域を経て 80%H_2SO_4 以上ではじめて直線になる．低酸濃度領域では A2 反応であり，高酸濃度で A1 反応になる．A1 反応領域における直線の勾配は 1.245 であり，2,6-ジメチル安息香酸メチルの場合とほぼ等しいが，切片は −14.48 であり 2,6-ジメチル体に比べて A1 反応性が 4 桁ほど低く，低酸濃度領域で A2 反応が優先的に起こる一因になっている．

8.8 強酸中における反応

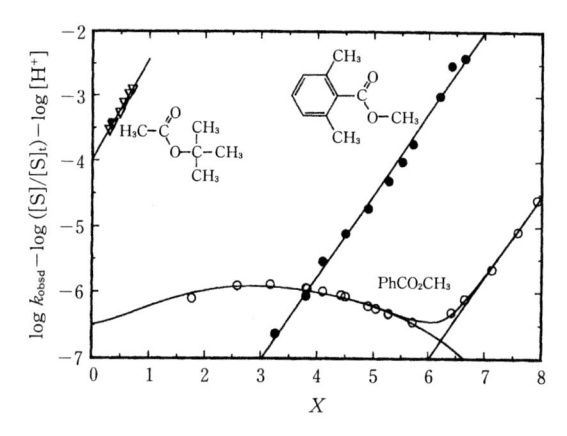

図 8.16 硫酸水溶液中におけるエステル加水分解 [文献 13]

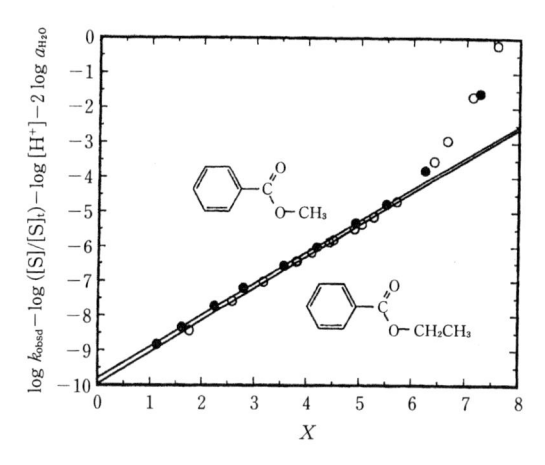

図 8.17 安息香酸エステルの A2 加水分解 [文献 13]

安息香酸メチルとエチルエステルの A2 反応について，H_2O の活量 a_{H_2O} を考慮して解析が行われた．式 (8.47) では満足な直線関係が得られず，H_2O の活量項を $2\log a_{H_2O}$ と 2 倍考慮してはじめて良好な直線関係が得られた（図 8.17）．勾配と切片は 0.91 (Me)，0.92 (Et) と -9.80 (Me)，-9.97 (Et) であり，勾配はほぼ等しく，メチルエステルの方がわずかに (1.5 倍) 高反応性である．H_2O の活量項に係数 2 が必要であることは，安息香酸エステルの A2 加水分解の遷移状態に 2 分子の水が関与していることを示している．1 分子が求

核種としてもう1分子が塩基として作用していると考えられる．この傾向はエステル加水分解に一般的にみられ，Bunnett の w 値も大きな値をとり，矛盾しないことを示している．

8.9 求核触媒反応

ヨウ化物イオンが塩化アルキルの加水分解 (8.53) を加速したり，シアン化物イオンがベンゾイン縮合 (8.54) を起こしたりするような反応においては，明らかに求核種が触媒として働いており，プロトン移動は触媒反応には関与していない．このような触媒作用は求核触媒作用 (nucleophilic catalysis) とよばれる．

$$R\text{-}Cl \xrightarrow{I^-} R\text{-}I \xrightarrow{H_2O} R\text{-}OH \quad (8.53)$$
$$+ HI$$

$$2\,PhCHO \xrightleftharpoons{CN^-} Ph\text{-}\underset{OH}{C}H\text{-}\underset{O}{C}\text{-}Ph \quad (8.54)$$

アルデヒドからセミカルバゾンを生成する反応においてはアニリンが触媒作用を示す[14]．この触媒作用は，アニリンの Schiff 塩基の生成が速いにもかかわらず，熱力学的な安定性が不十分であることに由来する．この反応系にヒドロキシルアミンを添加すると，同一速度でオキシムが生成する．

$$\begin{array}{c} RCHO \xrightarrow{H_2NNHCONH_2} RCH=NNHCONH_2 \\ \big\updownarrow PhNH_2 \qquad \qquad \nearrow H_2NNHCONH_2 \\ RCH=NPh \xrightarrow{H_2NOH} RCH=NOH \end{array} \quad (8.55)$$

無水酢酸の加水分解は酢酸イオン（脱離基）によっては影響されないが，ピリジンによって加速される．脱離基（共通イオン）は，一般塩基触媒反応なら

8.9 求核触媒反応

ば塩基として反応に関与し加速できるはずであるが,共通イオンが直接求核的に作用しても基質が生じるだけなので求核触媒反応の速度には影響を及ぼさない.また,ピリジンによる触媒反応は酢酸イオンによって減速される.これらの事実は無水酢酸の求核触媒加水分解反応機構で合理的に説明できる[式(8.56)と(8.57)].ピリジンの求核触媒反応におけるアシルピリジン中間体から,酢酸イオンによる逆反応が起こるために反応が阻害される.

$$\text{Me-C(=O)-OAc} + \text{N}\diagup\diagdown \rightleftharpoons \text{Me-C(=O)-N}^+\diagup\diagdown + {}^-\text{OAc} \quad (8.56)$$

$$\text{Me-C(=O)-N}^+\diagup\diagdown + \text{H}_2\text{O} \longrightarrow \text{AcOH} + \text{N}\diagup\diagdown \quad (8.57)$$

酢酸 p-ニトロフェニルの加水分解は,種々の塩基種によって加速される.触媒の代表例はイミダゾールである.これは塩基として水の求核的な攻撃を促進することもできる[式(8.58)]し,求核種として直接カルボニル炭素を攻撃して中間体(アシルイミダゾール)を生成することによって反応を促進するこ

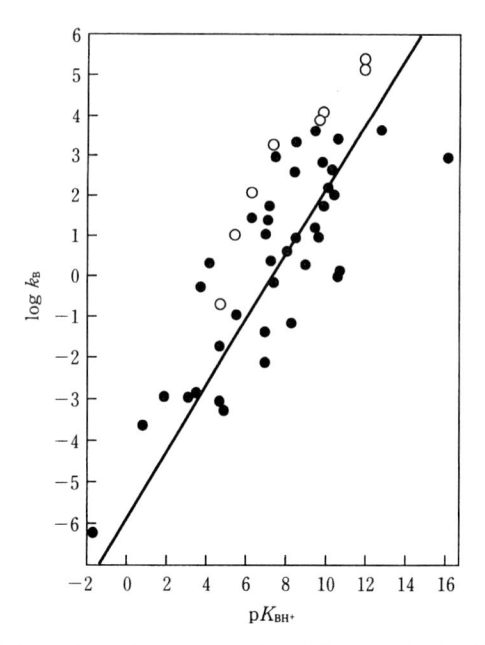

図 8.18 酢酸 p-ニトロフェニルの加水分解における求核触媒作用
○ は α 求核種を示す.[文献 14 の Figure 1 をもとに改変]

ともできる [式 (8.59) と (8.60)]. この場合には実際にアシルイミダゾールが検出できる (1.6.2 節参照) ことから, 求核触媒として作用しているものと結論された. 図 8.18 にみられるように, この反応の Brønsted プロットはばらつきが大きく, α 求核種 (α nucleophile) などが特に大きい触媒作用を示していることからも, この反応が求核触媒反応であるという結論を支持している. また塩基触媒よりも β 値が大きく, 立体効果が大きく作用する[15].

$$\text{Me-C(=O)-OAr} \xrightarrow{} \text{Me-C(OH)-OAr} + \text{HN}^+\text{NH} \quad (8.58)$$

$$\text{Me-C(=O)-OAr} \rightleftharpoons \text{Me-C(O^-)(Im)-OAr} \rightleftharpoons \text{Me-C(=O)-Im} + \text{ArO}^- \quad (8.59)$$

$$\text{Me-C(=O)-Im} \rightleftharpoons \text{Me-C(OH)(Im)} \xrightarrow{} \text{Me-C(=O)-OH} + \text{Im-H} \quad (8.60)$$

このような加溶媒分解における求核触媒と塩基触媒は, 溶媒同位体効果によっても区別できる. 上の求核触媒反応 (8.59) では, 律速過程にプロトン移動が含まれていないので重水中でもほとんど同位体効果を示さない (k_{H_2O}/k_{D_2O} $=1\sim2$) が, 式 (8.58) のような形式で起こる塩基触媒反応では, 水分子からのプロトン移動が律速過程に関係しているので一次同位体効果 ($k_{H_2O}/k_{D_2O}=2\sim4$) を示す. ジクロロ酢酸エチルのイミダゾール触媒加水分解 (8.61) では $k_{H_2O}/k_{D_2O}=3$ であり, この場合は塩基触媒反応と結論された.

$$\text{Cl}_2\text{HC-C(=O)-OEt} \xrightarrow{} \text{Cl}_2\text{HC-C(OH)-OEt} \xrightarrow{} \text{Cl}_2\text{CHCO}_2\text{H} + \text{EtOH} \quad (8.61)$$

チオールによるエステル加水分解の加速も求核触媒の例として知られている.

以上のような求核触媒反応の特徴は, 求核種が基質の炭素原子と共有結合を

形成して可逆的に共有結合中間体 (covalent intermediate) を生じるところにある．この反応機構の特徴から，求核触媒は共有結合触媒 (covalent catalysis) ともいわれる[16]．このような反応過程が触媒反応になるためには，触媒になる求核種の反応性が反応剤の求核性よりも大きく，中間体が熱力学的に生成物よりも不安定で高反応性であることが必要である．このことにより中間体の生成とそれから求核種を再生する分解反応とがいずれも速やかに起こり，触媒による加速が達成される．

以上のような求核触媒反応機構は酵素反応によくみられる．

8.10 求電子触媒反応

求核触媒に対応して求電子種が共有結合中間体を形成して進行する触媒反応を求電子触媒反応という．金属イオンや金属ハロゲン化物による触媒反応も含めて求電子触媒ということもあるが，これらはふつう Lewis 酸とよばれているし，反応機構的にも大きく異なるので，Lewis 酸触媒として別に考えた方がよかろう．ここではあまり触れない．金属イオンはプロトンに代わる酸として触媒していることが多いが，キレート形成によりさらに高度な触媒作用を実現していることも多い．ATP を含む反応をはじめとして，このような金属イオンの触媒作用は生体反応にもしばしばみられる．金属ハロゲン化物 (Lewis 酸) による触媒反応は Friedel-Crafts 反応を代表例として，求電子反応によくみられる．

アニソールの臭素化において，反応速度が Br_2 の濃度の二次に依存することが知られているが，2 分子目の Br_2 はもう 1 分子の臭素原子に作用して臭化物イオンの脱離を助けているので，求電子触媒とみなせる．

$$\text{（図）} \quad (8.62)$$

β-ケト酸の脱炭酸は，式 (8.63) のように進むが，カルボニル基のプロトン化によりカルボニル基の電子受容基 (electron sink) としての効果が増大し，反応が促進される．

$$(8.63)$$

同じ効果はカルボニル基を Schiff 塩基に変換することによっても達成できる．Schiff 塩基はカルボニル基よりも強い塩基であり，中性 pH でも効率的にプロトン化されるので，より効果的な電子受容基となり反応が促進される．すなわち，アミンが脱炭酸の触媒になる．その効率はふつう第一級，第二級，第三級アミンの順に減少する．アミンは求核種として反応するが，触媒作用はプロトン化されて電子受容効果を発揮することによってはじめて発現されているので，この触媒作用は求電子触媒と分類されている．実際には，Schiff 塩基中間体を経由する反応とともに，条件によっては四面体中間体から直接協奏的に脱炭酸を起こしている可能性も考えられている．

$$(8.64)$$

ピリドキサール（ビタミン B_6）は補酵素として生体内でアミノ酸の種々の変換反応にかかわっているが，酵素のない条件でもこれらの反応は進行する．ピリドキサールのアルデヒド基が求電子触媒として働き，Schiff 塩基を生成することから反応が始まる（図 8.19）．Schiff 塩基中間体の窒素は分子内 OH と水素結合した構造をとっているが，この水素の pK_a は 5.9 であり，プロトン移動した構造と平衡状態にあり後者も分子内水素結合で安定化されている．いずれの構造も同じような反応性を示し，α-アミノ酸のラセミ化，α-ケト酸とのアミン交換反応，脱炭酸，さらにアルキル基に脱離可能な官能基があると脱

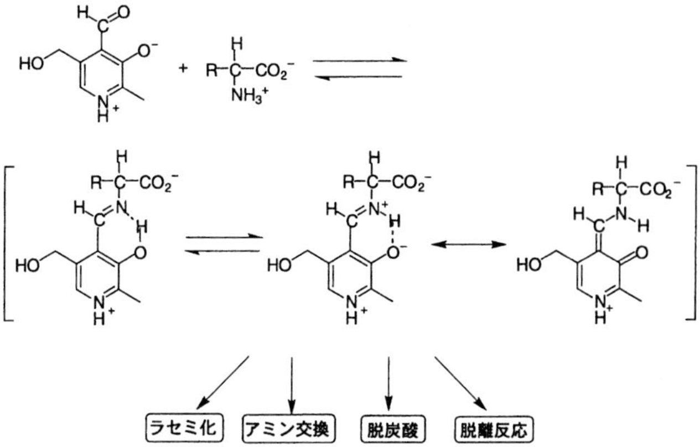

8.10 求電子触媒反応

図 8.19 ピリドキサールによる触媒反応

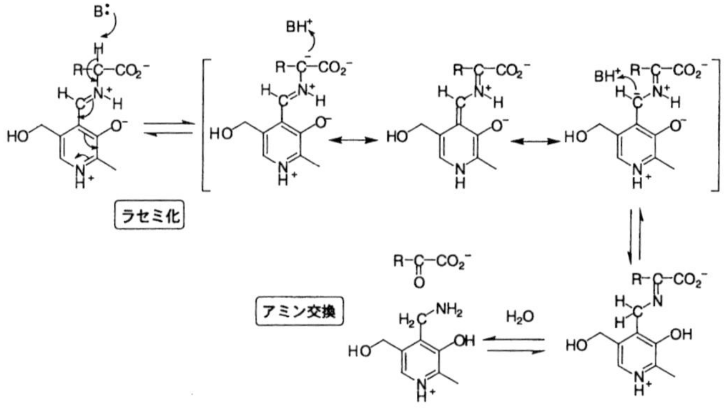

図 8.20 ピリドキサールの Schiff 塩基の反応 (その一)

離反応によってアミノ酸の変換を起こす. これらの変換反応を促進しているのは, 共通してイミニウム基の電子求引性とピリジニウム核の電子受容基としての作用である. このようにしてピリドキサールが求電子触媒になっているが, 金属イオンあるいは酵素によってさらに加速される.

塩基触媒による α-水素の引抜きにより α-アミノ酸のラセミ化とアミン交換が進行する (図 8.20). 再プロトン化の位置によってラセミ化とアミン交換が起こる. ラセミ化の後, 加水分解でピリドキサールと α-アミノ酸が再生される. アミン交換では, Schiff 塩基のシフトの後, 加水分解により α-ケト酸と

ピリドキサミンが生成する．ピリドキサミンは別の α-ケト酸と反応して，新しい α-アミノ酸とともにピリドキサールを再生する．

Schiff 塩基中間体のカルボキシラート基から電子をとると脱炭酸が進行し，上の反応と類似のカルボアニオンが生成する(図 8.21)．ここでも再プロトン化の位置によってアミンとピリドキサール，アルデヒドとピリドキサミンを生

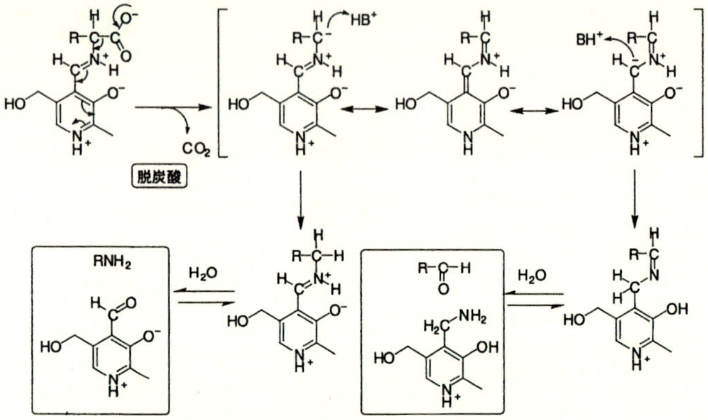

図 8.21 ピリドキサールの Schiff 塩基の反応(その二)

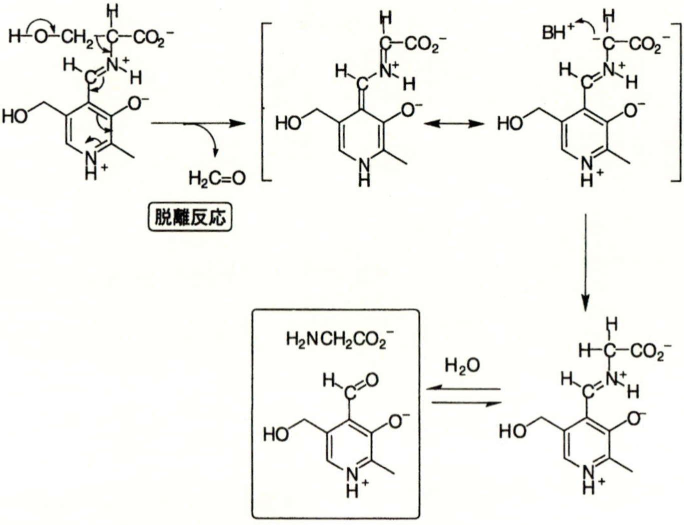

図 8.22 セリンの脱離反応

成する結果となる．

脱離反応の一つは，セリンからホルムアルデヒドとグリシンを生成する反応である（図 8.22）．ヒドロキシメチル側鎖から電子を取り込むことによってホルムアルデヒドが脱離し，カルボアニオン型中間体の α プロトン化を経て加水分解によりグリシンが生じる．

8.11 多官能性触媒と分子内触媒

8.11.1 酵素触媒反応

生体反応の触媒である酵素は，温和な条件で効率よく特異的な反応促進を実現しており，その機構を解明し，それにならって高効率な触媒を設計しようとする考えがある．酵素触媒の特徴は，特異的な基質の取込み（分子認識）と大きな加速にある．その加速の原因として (a) 協同触媒作用，(b) 配向効果，(c) 濃度効果，(d) 分子歪みによる活性化などが考えられている．(a) は，二つ以上の官能基が酸と塩基あるいは求核触媒として協奏的に作用して効率よく加速するものであり，多官能性触媒作用と言い換えることができる．(c) は，基質の取込みによって生成する酵素-基質錯体の分子内反応として触媒反応が進むことを意味しており，分子内触媒反応としてその特徴をみることができる．(b) は協同触媒と分子内反応における立体配座と分子軌道の配向に関係している．(d) は基質取込みによって生じると考えられている．このような酵素触媒反応の考え方については，優れた専門書がある[16,17]．

8.11.2 多官能性触媒

二官能性触媒の古典的な例は，2-ヒドロキシピリジン（2-ピリドン）によるテトラメチルグルコースの変旋光 [式 (8.65)] の加速である[18]．ベンゼン中におけるこの触媒の効果は，同じ濃度のフェノールとピリジンの組合せよりも 7000 倍大きい．この触媒過程は，酸と塩基が協同して促進しており，触媒は一つの互変異性体から別の異性体構造に変換しているので，互変異性触媒 (tautomeric catalyst) とよばれることもある．

$$(8.65)$$

このような触媒作用はカルボン酸やリン酸のようなオキシ酸でもみられる（SH を基質とすると下のように書ける）が，この変旋光に対する協同触媒作用は，水溶液中では失われてしまい非水溶液中でだけ観測される[19]．

一方，アミドの加水分解[20]や関連反応[21]においては，上記の互変異性型触媒やオキシ酸などによる酸-塩基二官能性触媒作用が水溶液中でも働く．詳しく調べられているのは，式 (8.66) のようなイミドエステルの加水分解において四面体中間体からアミンが生成する過程に対する触媒効果であり，アミド加水分解における四面体中間体の分解過程に相当する．その結果は，対応する単純な一般酸あるいは塩基触媒に比べて数倍から 9000 倍近い効果がある（表 8.4）[21]．

$$(8.66)$$

分子内に塩基グループをもつ二官能性求核触媒の例も数多く知られている．これは求核触媒が共有結合中間体をつくった後，分子内酸塩基触媒として作用

表 8.4 反応 (8.66) におけるアミン生成過程における二官能性触媒の効果

酸触媒	速度比[a]	塩基触媒	速度比[b]
$HSeO_3^-$	4.3	HPO_4^{2-}	52
$Me_2HAsO_3^-$	7.4	$HAsO_4^{2-}$	61
HCO_3^-	290	$H_2AsO_3^-$	150
acetone oxime	8700	$(CF_3)_2C(OH)O^-$	47
6-chloro-2-pyridone	17	$(CHF_2)_2C(OH)O^-$	22
2-pyridone	1460	$CF_3(CH_3)C(OH)O^-$	14
		2-pyridone	15

a) 同じ pK_a の単官能性酸触媒定数との比．
b) 同じ pK_{BH^+} の単官能性塩基触媒定数との比．

する場合と求核攻撃を分子内塩基が助ける場合とがあり，次節の分子内触媒と密接に関係している．

　グルタチオンを補酵素として進行する α-ケトアルデヒドの α-ヒドロキシ酸への変換反応のモデル系として，2-アミノエタンチオール類の触媒作用が調べられ，アミノ基が分子内塩基と酸として式 (8.67) のように効率よく反応することが確かめられた[22]．

$$(8.67)$$

8.11.3 分子内触媒
a. 分子内反応

　二つの官能基が分子内にあって，環状の遷移状態を経て反応するような分子内反応は，対応する二分子反応と比べて衝突確率が高く，それだけ効率よく反応が進む．その反応速度を定量的に比較するとき，単分子反応の速度定数 (k_1/s^{-1}) と二分子反応の速度定数 ($k_2/\mathrm{mol}^{-1}\,\mathrm{dm}^3\,\mathrm{s}^{-1}$) を比較することになるので，速度比 k_1/k_2 は濃度の次元 $\mathrm{mol}\,\mathrm{dm}^{-3}$ になる．したがって，この速度比を有効モル濃度 (effective molarity, EM) という[23]．EM は，一つの反応中心の近傍にもう一つの基質が EM に相当する濃度で存在する二分子反応の速度に匹敵する加速であることを表している．実際には，EM は $10^{10}\,\mathrm{mol}\,\mathrm{dm}^{-3}$ にもなることがあり，分子内反応の加速が単なる濃度効果によるものでないことは明らかである．

　最も簡単な分子内反応であるエチレンクロロヒドリンの塩基触媒による環化反応 (8.68) の EM は，$2.5\times10^3\,\mathrm{mol}\,\mathrm{dm}^{-3}$ と見積もられている．エチレン架橋部にメチル置換すると結合まわりの回転が阻害されて環化反応が促進され，EM が増大する．このような環化速度に対する置換基の効果は Thorpe-

Ingold 効果とよばれている.

$$\text{}^-\text{O}\text{-CH}_2\text{-CH}_2\text{-Cl} \longrightarrow \triangle\text{O} + \text{Cl}^- \tag{8.68}$$

EM/mol dm^{-3} 2.5×10^3 8×10^5 10^8

EM を求めるためには，対応する二分子反応を基準に選ばなければならないが，適切な基準反応を簡単に決めることはできない．上の例では，クロロエタンとエトキシドの反応が基準として考えられるが，ジメチル置換体にはt-ブトキシドの方が適切かもしれない．しかし，立体効果は二分子反応と小員環の生成では全く異なるということも問題である．結局，上の数値はメトキシドとの反応速度に補正を加えたものである[23]．

表 8.5 に，3-(o-ヒドロキシフェニル)プロピオン酸とその誘導体の酸触媒

表 8.5 3-(o-ヒドロキシフェニル)プロピオン酸誘導体の酸触媒ラクトン化における有効モル濃度

No.	基質	相対速度	EM/mol dm^{-3}
1		$1.0^{a)}$	4.7×10^5
2		6	3.2×10^6
3		400	1.9×10^8
4		3.7×10^5	1.7×10^{11}
5		1.1×10^3	5.2×10^8

a) 基準．30℃ における $k_{\text{H}^+}=7.0\times10^{-5}$ mol^{-1} dm^3 s^{-1}.

ラクトン化 [式(8.69)] の EM を示している[23]. ベンゼン環にメチル基をつけてもほとんど影響を受けない (No.2) が, 側鎖にメチル基を導入し, さらにベンゼン環にメチル基置換すると, EM は 10^{11} mol dm^{-3} 以上になる (No.4). この加速は, 二つの官能基に介在する結合まわりの回転が置換基によって大きく阻害されるために, 反応に望ましい配座に固定された結果である. 単結合を二重結合に変えた場合にも, 10^3 倍ほど速度が増大している (No.5).

$$\text{(8.69)}$$

介在する結合の数は, 生成してくる環状構造の安定性とともに結合の自由回転の結果, 分子内反応の EM に大きく影響する. 表8.6に ω-ブロモアルキルアミンの環化反応 [式(8.70)] の速度に及ぼす環員数の影響を相対反応速度としてまとめている. 五員環が最も生成しやすく, 六員環がそれに次ぐが, この傾向は環化反応に一般的にみられるものである.

$$\text{(8.70)}$$

b. 隣接基関与

加溶媒分解において隣接基が反応に関与し反応を加速する現象が広く認められており, 隣接基関与 (neighboring group participation あるいは anchimeric assistance) といわれる. 分子内のヘテロ原子基が関与する例はメトキシアルキルスルホナートの加酢酸分解にみられる. 表8.6に相対速度を示したように, 近接のメトキシ基は電子求引効果によって減速を示しているが, ブチルおよびペンチル誘導体 ($n+1=5,6$) では大きな加速がみられる. この反応は, 反

表8.6 分子内反応における環員数の影響 (相対反応速度)

基　質	環員数 ($n+1$)				
	3	4	5	6	7
$H_2N(CH_2)_nBr$	70	1.0	6×10^4	1×10^3	17
$MeO(CH_2)_nOBs$[a]	0.28	0.67	657	123	1.2

a) $Me(CH_2)_3OBs$ を基準にした相対速度. [文献24]

応式(8.71)に示すような環状オキソニウムイオンを中間体として進行しており，酸素の非共有電子対が分子内求核中心として反応しているので，分子内求核触媒による求核置換反応ということができる．このことは，式(8.71)のように異性体基質から出発した場合，共通の中間体を経て2種類の異性体生成物をどちらからも同じように生成することから確かめられる．この例でも，五員環中間体を経る場合に最大速度が観測されている．

$$\text{Bs} = p\text{-BrC}_6\text{H}_4\text{SO}_2 \tag{8.71}$$

類似の隣接基関与としてよく知られている例は，trans-2-アセトキシシクロヘキシルトシラートの加溶媒分解が，シス体よりも500〜2000倍も速く，立体化学保持の生成物を与えることである．trans-アセトキシ基は式(8.72)のように脱離基の背面から関与できるが，cis-アセトキシ基は関与できないためである．

$$\text{Ts} = p\text{-MeC}_6\text{H}_4\text{SO}_2 \tag{8.72}$$

このような加溶媒分解における隣接基関与は，二重結合やC-C結合によっても起こり，反応加速だけでなく転位を誘起することも多い．

c. 分子内触媒

加溶媒分解における隣接基関与が，求核置換における分子内求核触媒とみなせることを上に述べたが，カルボニル化合物の反応における求核触媒や酸塩基触媒を分子内化することができる．8.9節で酢酸フェニルの加水分解が求核触媒作用を受けることを述べ，図8.18のBrønsted関係を示した．式(8.73)に示すフェニルエステルの加水分解は，同じように分子内求核触媒で進むと考えられており，中間体無水物を経て反応する．その触媒効果，すなわち無水物生成における EM は表8.7のようになる．このデータも，結合まわりの回転の

8.11 多官能性触媒と分子内触媒

表 8.7 エステル加水分解における分子内求核触媒

No.	基質	EM/mol dm^{-3}
1	(CO$_2$Ar, CO$_2^-$)	2.2×10^2
2	(CO$_2$Ar, CO$_2^-$ gem-dimethyl)	2.1×10^3
3	(CO$_2$Ar, CO$_2^-$)	5.1×10^4
4	(cis-CO$_2$Ar, CO$_2^-$)	3×10^9
5	(bicyclic CO$_2$Ar, CO$_2^-$)	2.4×10^8

制限による立体配座の固定が分子内触媒効率に大きく影響していることを示している.

$$\text{(C-OAr, CO}_2^-\text{)} \longrightarrow \text{(anhydride)} + \text{ArO}^- \xrightarrow{H_2O} \text{(CO}_2\text{H, CO}_2\text{H)} \tag{8.73}$$

8.7 節で述べたアスピリンの加水分解 [式 (8.35)] は,エステル加水分解における分子内塩基触媒の例であった.pH 7 付近における加水分解速度は,分子内カルボン酸基がない場合よりも 10^3 倍以上速くなっているが,安息香酸イオンの触媒作用と比較して $EM = 13$ mol dm^{-3} と見積もられている.水分子の介入する一般塩基触媒の EM が,求核触媒の場合に比べてずっと小さくなるのは遷移状態の自由度からみて十分理解できる.下に示すように,類似のジカルボン酸においては求核触媒反応になり,EM もずっと大きくなる.

$EM = 13$ mol dm^{-3}
一般塩基触媒

$EM = 2.6 \times 10^7$ mol dm^{-3}
求核触媒

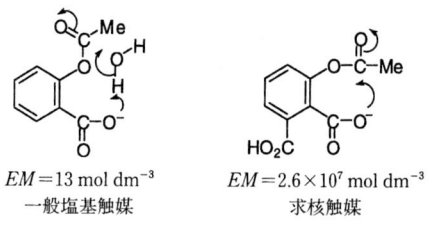

一般酸塩基触媒反応においても,水分子を介さないで直接プロトン移動が関

与する場合には,十分大きな効果を示す.通常のアセタール加水分解は特異酸触媒反応として進み一般酸の効果はみられないが,安定なカルボカチオンを生成する反応系では弱い一般酸触媒効果が観測される.このような反応で,分子内カルボン酸は効率よく一般酸として作用する.一方,エノール化に対してはカルボン酸イオンのような弱塩基の触媒作用はほとんどみられないにもかかわらず,分子内の官能基として用いると十分な触媒作用を示し,$EM > 20$ mol dm^{-3} と見積もられている.

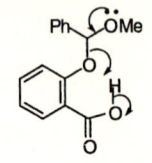

$EM = 9500$ mol dm^{-3}
アセタール加水分解

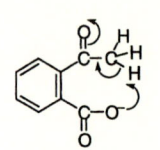

$EM > 20$ mol dm^{-3}
塩基触媒エノール化

引用文献

1) N. Isaacs, Physical Organic Chemistry, 2nd ed., Longman (1995).
2) R. P. Bell, The Proton in Chemistry, 2nd ed., Chapman and Hall (1973), p. 203.
3) M. Eigen, *Angew. Chem., Int. Ed. Engl.*, **3**, 1 (1964).
4) H. F. Gilbert and W. P. Jencks, *J. Am. Chem. Soc.*, **99**, 7931 (1977).
5) T. Okuyama and T. Fueno, *J. Am. Chem. Soc.*, **107**, 4224 (1985).
6) T. Okuyama, S. Kawao and T. Fueno, *J. Org. Chem.*, **46**, 4372 (1981).
7) Y. Chiang, A. J. Kresge and P. A. Walsh, *J. Am. Chem. Soc.*, **104**, 6122 (1982).
8) L. J. Edwards, *Trans. Faraday Soc.*, **46**, 723 (1950).
9) J. J. Charette and E. de Hoffmann, *J. Org. Chem.*, **44**, 2256 (1979).
10) K. Yates and R. A. McClelland, *J. Am. Chem. Soc.*, **89**, 2688 (1967).
11) D. M. Kershaw and J. A. Leisten, *Proc. Chem. Soc.*, **1960**, 84.
12) J. F. Bunnett, *J. Am. Chem. Soc.*, **83**, 4956, 4968, 4973, 4978 (1961).
13) R. A. Cox, *Adv. Phys. Org. Chem.*, **35**, 1-66 (2000).
14) E. H. Cordes and W. P. Jencks, *J. Am. Chem. Soc.*, **84**, 826 (1962).
15) W. P. Jencks and J. Carriuolo, *J. Am. Chem. Soc.*, **82**, 1779 (1960).
16) W. P. Jencks, Catalysis in Chemistry and Enzymology, McGraw-Hill (1969).
17) (a) M. Page and A. Williams, Organic and Bioorganic Mechanisms, Longman (1997); (b) 大野惇吉, 酵素反応の有機化学, 丸善 (1997).
18) C. G. Swain and J. F. Brown, Jr., *J. Am. Chem. Soc.*, **74**, 2534, 2538 (1952).
19) P. R. Rony and R. O. Neff, *J. Am. Chem. Soc.*, **95**, 2896 (1973).
20) B. A. Cunningham and G. L. Schmir, *J. Am. Chem. Soc.*, **89**, 917 (1967); M. F. Alders-

ley, A. J. Kirby, P. W. Lancaster, R. S. McDonald and C. R. Smith, *J. Chem. Soc., Perkin Trans. 2*, 1487 (1974).
21) Y. -N. Lee and G. L. Schmir, *J. Am. Chem. Soc.*, **101**, 3026 (1979).
22) T. Okuyama, S. Komoguchi and T. Fueno, *J. Am. Chem. Soc.*, **104**, 2582 (1982).
23) A. J. Kirby, *Adv. Phys. Org. Chem.*, **17**, 183 (1980).
24) S. Winstein, E. Alred, R. Heck and R. Glick, *Tetrahedron*, **3**, 1 (1958).

9

反応経路と反応機構

　有機反応は本質的に多様であり，複雑な性質をもっている．反応基質の構造や反応条件のわずかな違いによって反応機構が変動し，反応ごとにさまざまな様相を呈する．まず，反応機構は大きく協奏反応と多段階反応に二分される．二つの反応機構がどのように違い，それをどう見分けるのか，そしてなぜその機構が選択されるのか，すでにいくつかの例について述べてきた．ここでは，段階的な反応に予想される中間体の寿命の観点から，もう少し深くこの問題を考えてみよう．その上で，反応機構の多様性が More O'Ferrall 反応座標図を用いてどのように表現され説明されるか，具体的な例について述べる．

9.1 中間体寿命と反応機構

9.1.1 多段階反応と協奏反応

　反応機構の多様性の観点から，多段階反応から協奏反応まで反応機構を連続的なものとしてとらえる見方もあるが，この二つの反応機構は中間体を含むか否かによって明確に区別できるといってもいい．段階的反応であるというためには，中間体が一つの分子種として実在することを確認できなければならない．その極限は結合の振動周期 $10^{-14} \sim 10^{-13}$ s の時間スケールになる．すなわち，反応中間体が実在物として認められるためには1振動以上存在している必要があり，その寿命[*1] は 10^{-13} s よりも長くなければならない．一連の反応で，中間体の寿命が徐々に変化するような反応系を考えると，（仮想的な）中間体の寿命が 10^{-13} s よりも短くなると，段階的な反応は協奏反応に変化すること

[*1] 分解反応の擬一次速度定数 k の逆数を寿命 τ (lifetime) といい，反応が50%まで進むのに要する時間を半減期 $t_{1/2}$ (half-life) という．すなわち，$\tau = 1/k$, $t_{1/2} = \ln 2/k = 0.693/k$ である．

9.1 中間体寿命と反応機構

```
                    非強制的協奏反応
        ←----------------------------------→
  段階的反応（遊離中間体）    前会合段階反応  強制協奏反応
  ←--------------------→ ←---------------→ ←---→
  |        |        |        |        |        |        |
寿命 (s)  10⁻⁵    10⁻⁷    10⁻⁹   10⁻¹¹   10⁻¹³   10⁻¹⁵
```

図 9.1 中間体寿命と反応機構

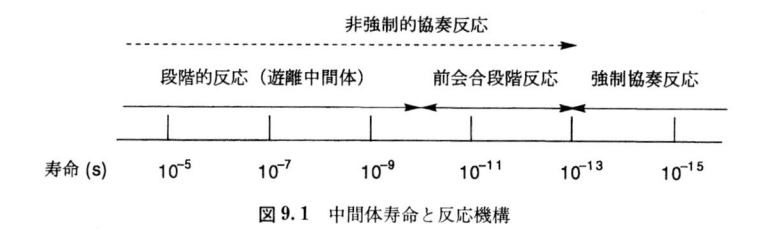

になる．このように中間体が存在できなくなったために，一段階になった反応を強制協奏反応（enforced concerted reaction）とよんでいる[1,2]．それよりも長寿命の中間体を生成できる場合でも反応条件によっては協奏反応で進むこともあるし，ペリ環状反応のように軌道論的に協奏反応が有利な場合もある．

溶媒の再配列に要する時間スケールは 10^{-11} s といわれており，イオン対が解離する速度は 10^{10} s^{-1} 程度なので，溶液反応においては，寿命が 10^{-10} から 10^{-13} s 程度の中間体は生成してから溶媒和平衡の状態になる前に反応してしまうことになる．したがって，このように短寿命の中間体を含む反応の機構は境界領域の反応としての問題をかかえることになる．次節で述べる求核置換反応のイオン対機構や，もっと一般的に前会合機構（preassociation mechanism）が関与してくる．溶媒再配列の時間もないような短寿命の分子種が中間体として意味をもってくるためには，反応に関与する分子が前もって会合錯体を形成し，生成した中間体は溶媒などとの反応を起こす前にただちに反応相手に捕捉されなければならない．これが前会合機構である．中間体の寿命と反応機構の関係は図 9.1 のようにまとめられる．

9.1.2 中間体の寿命

不安定な反応中間体の高速反応の速度を実測することは通常難しいので，適当な基準反応との競争反応から，速度支配の条件で生成物比を分析して，その速度定数を推定することが多い．そのような基準反応は時計反応（clock reaction）といわれる．

一定速度で分子内反応を起こすラジカルをラジカル時計（radical clock）といい，その分子内反応と競争的に起こる反応の速度を推算し，寿命を推定することが行われてきた．たとえば，式 (9.1) や (9.2) に示すような転位反応が用

いられている (25℃における速度定数を示している)[3].

$$\triangleright\!\cdot \underset{k_{-1} = 4.9\times 10^3\ \text{s}^{-1}}{\overset{k_1 = 1.3\times 10^8\ \text{s}^{-1}}{\rightleftarrows}} \cdot\!\diagup\!\!\!\diagdown \tag{9.1}$$

$$\overset{\cdot}{\bigcirc}\!\!\diagdown \xrightarrow{k = 1\times 10^5\ \text{s}^{-1}} \overset{\cdot}{\pentagon} \tag{9.2}$$

カルボカチオンの安定性と水溶液中における寿命は表5.16にもまとめてあるが，t-ブチルカチオンの寿命がほぼ溶媒再配列の速度に匹敵する10^{-11} s と見積もられている．このようなカルボカチオンの寿命を決めるためには，拡散律速で進む二分子反応を時計反応として用いる．アジ化物あるいは亜硫酸イオンは，カルボカチオンが特別に安定でなければ拡散律速 ($k_\text{d} = 5\times 10^9\ \text{mol}^{-1}\ \text{dm}^3\ \text{s}^{-1}$) で反応する．Jencks らはアセタールの酸触媒加水分解を SO_3^{2-} または N_3^- の存在下に調べ，生成物比から式 (9.4) に基づいて，H_2O との擬一次速度定数 k_{H_2O} を計算した[4,5].

$$\underset{\text{OMe}}{\overset{\text{OMe}}{\diagup\!\!\!\diagdown}} \xrightarrow[H_2O]{H_3O^+} \underset{\text{OMe}}{\overset{+}{\diagdown}} \begin{array}{l} \xrightarrow{k_{H_2O}\ (H_2O)} \underset{P_W}{\diagup\!\!\!\diagdown\!\!=\!O} \quad (9.3a) \\ \xrightarrow{k_\text{d}[SO_3^{2-}]} \underset{P_N}{\overset{\text{OMe}}{\diagup\!\!\!\diagdown\!\!\diagdown_{SO_3^-}}} \quad (9.3b) \end{array}$$

$$\frac{P_W}{P_N} = \frac{k_{H_2O}}{k_\text{d}[SO_3^{2-}]} \tag{9.4}$$

$$\diagup\!\!\!\diagdown\!\!=\!O + SO_3^{2-} \xrightarrow[H_2O]{k_{SO_3}} \underset{SO_3^-}{\overset{OH}{\diagup\!\!\!\diagdown\!\!\diagdown}} \tag{9.5}$$

そのようにして得られた k_{H_2O} を，対応するカルボニル化合物の求核付加反応 (9.5) の速度定数 k_{SO_3} に対して対数プロットすると直線自由エネルギー関係 (図9.2) が得られた．この直線関係に基づいて，ホルムアルデヒドアセタールから生じると予想されるメトキシメチルカチオンの k_{H_2O} が 10^{15} s^{-1} と見積もられる．この仮想的なカチオンの水中における寿命は 10^{-15} s 程度ということになり，このようなカチオンは中間体として存在し得ないと予想される．すなわち，ホルムアルデヒドアセタールの酸触媒加水分解は，他のアセタールと違ってカルボカチオンの生成を避け，プロトン化アセタール中間体が二分子的に H_2O と反応して (A2反応) 進行する．この二分子過程は他の求核種によって

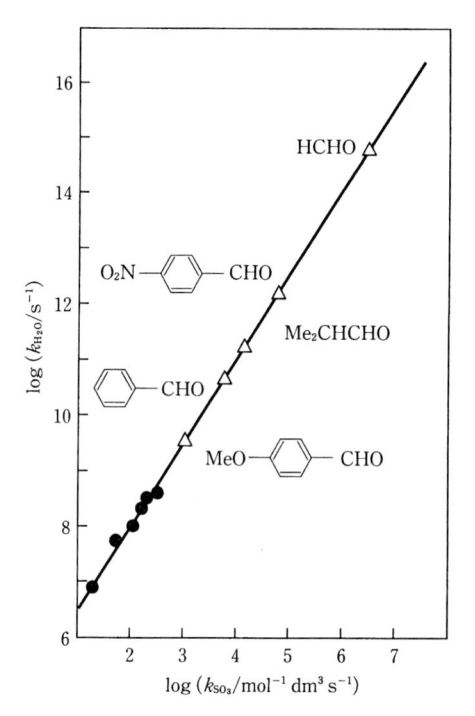

図9.2 メトキシカルベニウムイオンへの水の付加速度 (k_{H_2O}) と対応するカルボニル化合物への亜硫酸イオンの付加速度 (k_{SO_3}) との関係 [文献4]
黒丸は置換アセトフェノンの点を示す.

も加速されるはずであり，実際に求核剤を添加することによって反応が加速されることが確かめられている．

カルボアニオンの寿命については，E1cB脱離反応における H-D 交換反応と脱離反応の速度比から，式 (9.6) に示すような反応スキームに従って，溶媒の再配列 ($k_S = 10^{11}$ s^{-1}) を基準にして見積もられた例がある[6].

$$A^- + H-\overset{|}{\underset{|}{C}}-\overset{|}{\underset{|}{C}}-X \underset{k_{-1}}{\overset{k_1}{\rightleftarrows}} AH \cdot \overset{|}{\underset{|}{C}}-\overset{|}{\underset{|}{C}}-X \underset{k_{-2}}{\overset{k_2}{\rightleftarrows}} \overset{|}{C}=\overset{|}{C} + X^-$$

$$k_S \downarrow D_2O \qquad (9.6)$$

$$A^- + D-\overset{|}{\underset{|}{C}}-\overset{|}{\underset{|}{C}}-X \overset{k_{-1}}{\longleftarrow} AD \cdot \overset{|}{\underset{|}{C}}-\overset{|}{\underset{|}{C}}-X \underset{k_{-2}}{\overset{k_2}{\rightleftarrows}} \overset{|}{C}=\overset{|}{C} + X^-$$

脱離基 X をチオラートとし，pK_a が 22～27 のシアノ置換カルボアニオンを生成する反応系で $k_1 \approx 10^{11}\,\mathrm{s}^{-1}$, $k_2 = 10^{10} \sim 10^{13}\,\mathrm{s}^{-1}$ と推定され，前会合機構で進行する E1cB 反応であることが考察されている．

9.2 飽和炭素における求核置換反応

9.2.1 反応機構の一元論と二元論

ここでは，多様で複雑な機構が最もよく研究されてきた脂肪族求核置換反応を研究事例として取り上げ，これまでに行われてきた膨大な研究成果を要約し，その多様性について紹介するとともに，今後の課題について述べる．

脂肪族求核置換反応は S_N1 と S_N2 反応に分類されるが，個々の反応がどちらの機構で起こるのかは，反応次数，立体化学，基質構造と反応性相関，求核種や脱離基の効果などから判別され，溶媒効果 (4.8.1 節) や反応速度同位体効果 (6.5.5 節) も有用な情報を与えることを述べた．しかし境界領域にあって，その区別が必ずしも容易でないことも多い．まず，図 9.3 の More O'Ferrall 反応座標図をみてみよう．

図 9.3 では，縦軸に C-X 結合次数，横軸に C-Nu 結合次数を取っており，Nu+R-X → Nu-R+X なる置換反応の経路を表している．図の左下と右上の角はそれぞれ反応原系と生成系に相当し，左上はカルボカチオン中間体，右下

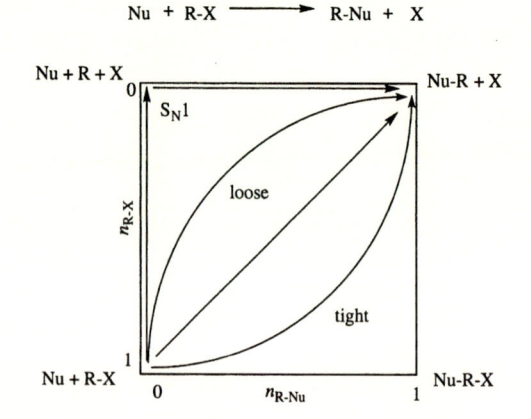

図 9.3　S_N2 反応の More O'Ferrall 反応座標図

は仮想的な5価炭素の中間体を表す．左下から左上の角を経て右上へ至る経路はカルボカチオン中間体を経る S_N1 反応経路であり，それ以外の面内のすべての領域は S_N2 反応の経路に相当する．たとえば，左下から右上の角への対角線は反応中，α炭素に関する全結合次数が1で変化しない典型的な S_N2 反応の経路であり，遷移状態 (TS) の位置は脱離基の脱離能と求核種の求核能の大きさによって反応原系あるいは生成系に偏った場合が出てくる．一方，右下の領域は全結合次数が1以上になる tight な S_N2，左上の領域は全結合次数が1以下になる loose な S_N2 経路に相当し，この変化は仮想的な中間体（左上角）の安定性（Rの構造）によって起こると予想される．このようにみていくと，S_N2 反応には tight から loose への幅広い反応機構のスペクトルがあり，S_N1 は loose な S_N2 の特殊な場合であるとみることもできる．

このように S_N1 と S_N2 の機構変動を TS 構造の変化ととらえる見方のほかに，反応経路の変化とみる考え方がある．図9.4に示すイオン対スキームをみてみよう．このスキームはもともと S_N1 型加溶媒分解反応のイオン対の挙動を説明するために Winstein によって提唱された[7]ものであるが，Sneen は脂肪族求核置換反応の機構をイオン対に対する求核種の二分子的な反応として統一的に表すことを提案した[8]．

このイオン対スキームでは，RX はイオン化によって接触イオン対を生成し，さらに溶媒介在イオン対，遊離イオンへと解離する．それぞれの段階で求核種と反応して置換生成物を与えるが，その状況はカルボカチオン中間体の寿命に依存している．このスキームで，反応基質が求核種と直接反応する過程が S_N2 であり，それ以外の過程はすべて S_N1 機構とみなせる．このようにみると S_N1 反応にも，幅広いバリエーションがあることがわかる．

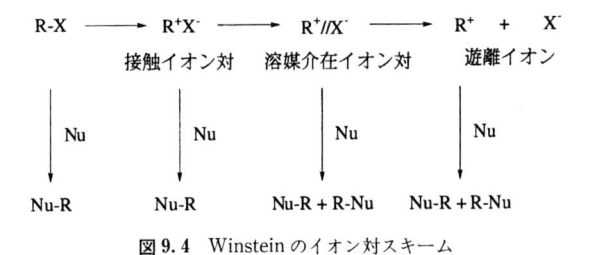

$$R\text{-}X \longrightarrow R^+X^- \longrightarrow R^+/\!/X^- \longrightarrow R^+ + X^-$$

接触イオン対　　溶媒介在イオン対　　　遊離イオン

各段階で Nu と反応:

- R-X + Nu → Nu-R
- R⁺X⁻ + Nu → Nu-R
- R⁺//X⁻ + Nu → Nu-R + R-Nu
- R⁺ + X⁻ + Nu → Nu-R + R-Nu

図9.4　Winstein のイオン対スキーム

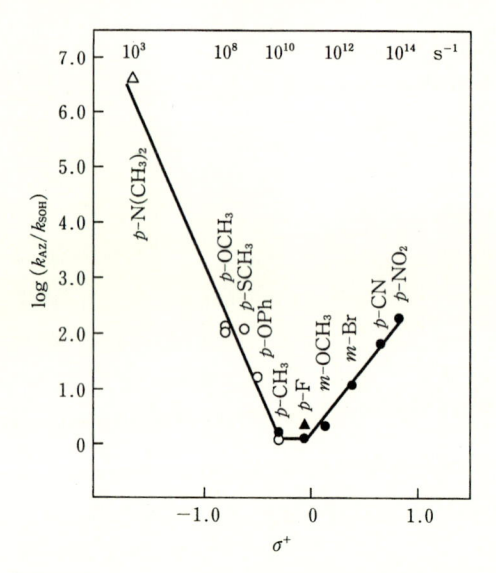

図 9.5 置換 1-フェニルエチル誘導体の求核置換反応 [文献 10]
50：50(v/v)TFE-H$_2$O, イオン強度 0.5 (NaClO$_4$), 室温.

9.2.2　ベンジル誘導体の求核置換反応

　ベンジルカチオンの寿命は 50%TFE 水溶液中において 2.5×10^{-12} s と見積もられており，ベンジル誘導体は境界領域の反応性を示す典型的な基質である．Richard ら[2,9]はベンジル型カチオンの寿命と反応機構について詳細な研究を行っている．中間体寿命によって反応機構が切り替わることを明確に示した例[10]を示そう．式 (9.7) に示す環置換 1-フェニルエチル誘導体の加溶媒分解を TFE 水溶液中でアジ化物イオン存在下に行い，生成物比を決定した．生成物比から速度比 k_{AZ}/k_{SOH} を求め置換基定数 σ^+ に対してプロットすると，電子供与基側で $\rho^+=-4$，求引基側で $\rho^+=2.5$ の V 字型の関係が得られた (図 9.5)．

$$\text{Ar}\underset{\text{H}}{\overset{\text{Me}}{\diagdown}}\text{X} \xrightarrow{\text{TFE-H}_2\text{O}} \text{Ar}\underset{\text{H}}{\overset{\text{Me}}{\diagdown}}^+ \begin{cases} \xrightarrow{k_{SOH}(\text{SOH})} \text{Ar}\underset{\text{H}}{\overset{\text{Me}}{\diagdown}}\text{OS} & (9.7\text{a}) \\ \xrightarrow{k_{AZ}[\text{N}_3^-]} \text{Ar}\underset{\text{H}}{\overset{\text{Me}}{\diagdown}}\text{N}_3 & (9.7\text{b}) \end{cases}$$

X = ArS, PhO$^+$H, ArCO$_2$, Cl, Br

　これは，置換基によって反応機構が変化していることを示している．より安定なカルボカチオンを生成する電子供与基置換体は S$_N$1 機構で進み，N$_3^-$ はカ

ルボカチオンを拡散律速 ($5\times10^9 \mathrm{mol^{-1}\,dm^3\,s^{-1}}$) で捕捉していると考えられる．したがって，この領域では k_{AZ} については $\rho^+=0$ であり，k_{SOH} は $\rho^+=4$ の依存性で変化していることになり，カルボカチオンの反応として合理的である．k_{SOH} を図の上部に示している．p-メチル体で $10^{10}\,\mathrm{s^{-1}}$，無置換体では $10^{11}\,\mathrm{s^{-1}}$ になっている．この領域では求核性の強い N_3^- は S_N2 的に，あるいは前会合機構で反応するようになっている．さらにカルボカチオンの寿命が短くなると，中間体として生成することなく，溶媒の反応も S_N2 機構で進むようになる．すなわち，強制協奏機構で進む．この領域の基質は塩化物 ($X=Cl$) であり，$\rho=\rho(k_{AZ})-\rho(k_{SOH})=2.5$ ということになる．

一方，都野らは種々の置換基をもつベンジルトシラートとジメチルアニリンの反応 (Menschutkin 反応) (9.8) を調べ，反応速度がアニリンに依存する項としない項からなる[式 (9.9)]ことを示し，S_N1 と S_N2 機構が同時に起こっていることを明らかにした[11]．

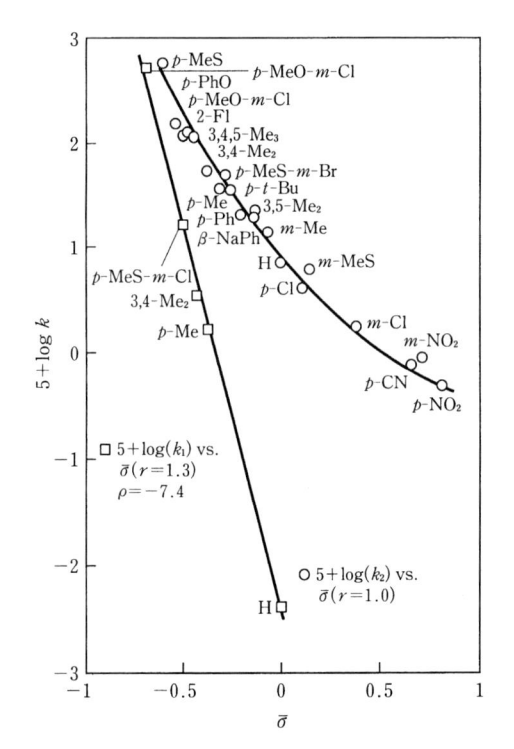

図 9.6 置換ベンジルトシラートと m-ニトロジメチルアニリンの置換反応における置換基効果 (アセトニトリル中，35℃)[文献 11]

$$X\text{-C}_6\text{H}_4\text{-CH}_2\text{OTs} + \text{ArNMe}_2 \xrightarrow{\text{MeCN}} X\text{-C}_6\text{H}_4\text{-CH}_2\text{N}^+\text{Me}_2\text{Ar} \ \text{TsO}^- \quad (9.8)$$

$$k_{obsd} = k_1 + k_2[\text{ArNMe}_2] \quad (9.9)$$

ArNMe$_2$ として m-ニトロ体を用いた場合の置換基効果を Hammett 型プロットで図 9.6 に示す．湯川-都野式 (7.5 節参照) で解析すると，k_1 は $\rho = -7.4$，$r = 1.3$ でよい直線関係を与え，イオン化過程に対応している．一方，k_2 は σ^+ 値にプロットすると傾きのゆるやかな曲線になり，S_N2 過程に対応している．さらに p-メチルベンジルトシラートについて，^{18}O 交差実験を行ったところ，速度論的に k_1 項が観測できないような条件でもスルホナートの酸素の交差が起こっていることが確認された．すなわち，可逆的にベンジル型カチオンが生成しており，S_N2 機構が支配的な条件でも S_N1 反応が併発して起こっていることが明らかになった．

9.2.3 第二級アルキル誘導体の求核置換反応

アルキル誘導体については，通常第一級化合物が S_N2 反応を受け，第三級化合物が S_N1 反応を受けるのに対して，第二級アルキル基質の反応は境界領域にあるといわれる．このような場合の S_N1/S_N2 反応機構の判定基準として α-メチル基効果が有用である．α 炭素上の H を CH$_3$ に変えると S_N1 反応は中間体安定化のため加速され，S_N2 反応は立体障害のため減速されると予想される．実際に α-CH$_3$/H 速度比 (25°C) は，エタノール中のメチルトシラートでは 0.44，80% エタノール中のイソプロピルトシラートでは $10^{3.7}$，2-アダマンチルトシラートでは $10^{7.5}$ となり，α-CH$_3$/H 速度比は機構の違いを反映していることがわかる．2-アダマンチル体で得られた $10^{7.5}$ は，極限的 (limiting) な S_N1 反応で期待される α-CH$_3$/H 速度比とみなされ，最大値を与える．これより小さな値が得られた場合には，α-H 体で S_N2 反応の寄与があるものと考えられる．上の例では，80%EtOH 中のイソプロピルトシラートの反応は極限的な S_N1 反応とはいえないと結論できる．イソプロピル系の加溶媒分解反応についてもっと詳しくみてみよう．

種々の位置で同位体標識したイソプロピル β-ナフタレンスルホナートの加溶媒分解反応速度をいくつかの溶媒中で測定し，速度同位体効果を調べたとこ

表 9.1 イソプロピル β-ナフタレンスルホナートの加溶媒分解における反応速度同位体効果（65℃）

溶媒	N_{OTS}	Y_{OTS}	$10^5\,k/\mathrm{s}^{-1}$	$^{12}k/^{14}k$ α-^{14}C	k_H/k_D α-D_1	$^{12}k/^{14}k$ β-^{14}C	k_H/k_D β-D_6
EtOH	0.09	−2.033	7.05±0.08	1.095±0.004	1.07±0.01	1.009±0.002	1.22±0.01
80 T	−1.55	0.406	6.34±0.03	1.089±0.003	1.11±0.01	1.015±0.002	1.49±0.01
TFE	−2.74	1.147	6.08±0.07	1.055±0.002	1.15±0.01	1.017±0.003	1.77±0.01
97 HFIP	−3.93	2.46	11.5±0.1	1.044±0.001	1.18±0.01	1.010±0.002	2.22±0.02

ろ，表 9.1 に示すような結果が得られた[12]．反応溶媒が EtOH から 80 T (80 wt % TFE-H₂O), TFE, 97 HFIP (97 wt % HFIP-H₂O) に変わるにつれて，溶媒の求核性 (N) は減少しイオン化能 (Y) は増大するが，反応速度そのものには大きな変化がみられない．しかし，同位体効果は溶媒によって大きく変化している．α-^{14}C 同位体効果が小さくなり，同時に α-D_1 および β-D_6 同位体効果が大きくなる傾向は，上記の溶媒の変化に応じて反応機構が S_N2 から S_N1 へと変化したことによるとして合理的に解釈できる．

この同位体効果の結果で興味深いのは，反応で β 炭素に関する結合は変化しないにもかかわらず，すなわち β-^{14}C 同位体効果が二次同位体効果であるにもかかわらず有意の値を示してしていること，またその大きさが 97 HFIP 中で小さくなっていることである．β-^{14}C 同位体効果が観測されたことは，これらの反応では β-Me 基の超共役が反応座標の一部として寄与していることを示している．さらにその大きさが EtOH＜80 T＜TFE と増大し，HFIP で逆に減少していることは，これらの反応の律速段階が EtOH 中での S_N2 から TFE 中でのイオン化の段階，さらに HFIP 中での接触イオン対から溶媒介在イオン対へのイオン対解離の段階へと変化したものとして理解されている．このように，同位体効果は S_N1-S_N2 機構の境界領域の反応について，その機構変動を詳細に調べることのできる有効な研究手法である．

9.2.4 有機反応の真の理解に向けて

塩化 t-ブチル (t-BuCl) の反応は，歴史的に典型的な S_N1 反応であると考えられてきた．しかしながら，t-BuCl でさえも極限的な S_N1 反応ではないという主張もある．たとえば，立体的に S_N2 反応の起こり得ない塩化 1-アダマンチル (1-AdCl) と t-BuCl とを比較すると，気相では 1-Ad カチオンは t-Bu

カチオンより約 5 kcal mol^{-1} 安定であり,また求核性のきわめて低い97 HFIP 中での加溶媒分解反応速度は両者でほぼ等しいのに対し,求核性の大きな水中の反応では t-BuCl のほうが 1000 倍以上も速く反応することが明らかになっている[13]. このことは, t-BuCl の加水分解反応で溶媒による何らかの求核的な加速効果が働いていることを意味している.

問題は,この加速効果の本質が何であるかということである. S_N2 反応のような α 炭素との結合生成を伴う求核攻撃か,三つのメチル基との水素結合相

コラム　S_N2 反応中間体と超原子価結合

飽和炭素における S_N2 反応は,炭素を中心とする 5 配位の遷移状態を経て協奏的に進行すると考えられている. この状態は,炭素がオクテット則を超えて 5 価をとれないので,中間体にはなり得ないと説明されている. しかし,第三周期の典型元素を中心に,オクテット則を超えた超原子価化合物の存在が一般的に知られるようになり,その結合様式が d 軌道を使うことなく可能な三中心四電子結合の超原子価結合 (hypervalent bonding) であると理解されるようになった[1]. それならば,第二周期元素を中心原子とする超原子価化合物も可能であり,実際 F_3^- はそのような結合をもつアニオンである.

そこで,広島大学の秋葉欣哉と山本陽介らは炭素を中心とする超原子価化合物の合成に挑戦し,下図の左のような化合物を結晶として単離することに成功した[2]. この化合物における中心炭素原子と 1,8-位の二つの酸素原子の間の距離が 2.43 Å と 2.45 Å でほぼ等しいこと,および計算による結合状態の解析などから,中心炭素は超原子価 5 配位状態であることが確かめられた.

さらに最近,山本らは,下図の右に示すようなビニル位 S_N2 反応の遷移状態モデルの安定化にも取り組んでいる. まだ不安定で,マイクロ秒程度の寿命でしか観測されていないようであるが,今後が楽しみである.

引用文献

1) K.-y. Akiba (ed), Chemistry of Hypervalent Compounds, Wiley-VCH (1999).
2) K.-y. Akiba, M. Yamashita, Y. Yamamoto and S. Nagase, *J. Am. Chem. Soc.*, **121**, 10644 (1999).

互作用か,あるいは水と分極した反応基質との静電的な相互作用による安定化か,それらを判断する決定的な証拠はない.むしろ,実験結果のみからでは反応過程の姿を思い浮かべることは困難であるといえるであろう.有機反応機構の研究の究極の目的が反応過程を分子レベルで理解することであるとするなら,最も詳しく研究されてきた脂肪族求核置換反応でさえも,未だに反応の中身はブラックボックスであるといわざるを得ない.

近い将来,物理有機化学実験と分子動力学シミュレーションなどの理論計算との共同作業によって,反応の始まりから終わりまでを動画をみるように理解できるときが来ることを期待したい.

9.3 不飽和炭素における求核置換反応

9.3.1 カルボニル基における求核置換

カルボン酸誘導体の求核置換反応はアシル移動反応ともいわれるが,エステル加水分解の機構でよく知られているように,一般的には四面体中間体を経る付加-脱離機構で進行する(1.4節および8.8.1節参照).このような機構は結合性機構(associative mechanism)ともいわれる.一方,強酸中においてはエステルの開裂がアシリウムイオンを中間体とする S_N1 型の $A_{Ac}1$ 機構で進むこともある(8.8.1節参照).同様の機構は,安定なアシリウムイオンを生成するようなハロゲン化アシルの加水分解にもみられることを述べた(7.7.1節参照).このような反応機構は解離性機構(dissociative mechanism)ともいわれる.

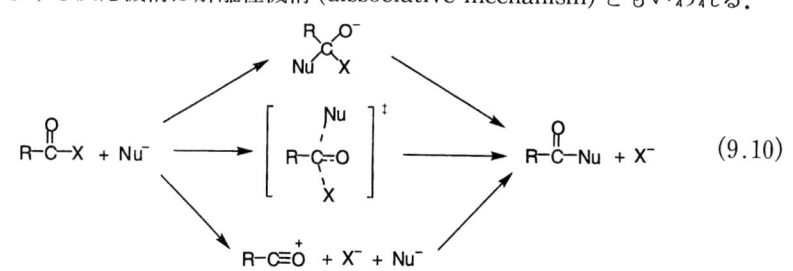

$$R-\overset{O}{\underset{}{C}}-X + Nu^- \longrightarrow \begin{bmatrix} Nu \\ R-C=O \\ X \end{bmatrix}^{\ddagger} \longrightarrow R-\overset{O}{\underset{}{C}}-Nu + X^- \quad (9.10)$$

このような2種類の段階的な反応機構の他に,中間体を経由しない協奏反応機構も起こり得ることが報告されている.中間体が存在しないことを証明することは難しいが,フェニルエステルのフェノール交換のような対称的な反応を

考えると，中間体を経る反応ではその生成段階と分解段階とは同じような遷移状態をもっていると予想される［式 (9.11)］．したがって，求核種となるフェノラートあるいは脱離基となるフェノラートの環置換基を系統的に変化させると，両者の pK_a が等しくなる点を境にして律速段階が変化するはずである．そのことは，フェノール（求核種あるいは脱離基の共役酸）の pK_a に関する Brønsted プロットの傾きに反映されて，プロットが折れ線になる可能性がある．しかし，そのような実験においても折れ線は観測されず，常に直線関係が得られた（図 9.7）[14]．

$$R-\overset{O}{\underset{}{C}}-OAr + {}^-OAr' \underset{k_{-1}}{\overset{k_1}{\rightleftarrows}} \underset{Ar'O}{\overset{R}{\underset{}{C}}}\overset{O^-}{\underset{OAr}{}} \underset{k_{-2}}{\overset{k_2}{\rightleftarrows}} R-\overset{O}{\underset{}{C}}-OAr' + {}^-OAr \qquad (9.11)$$

この結果は，協奏反応機構を示唆しているようにみえるが，これは偶然二つの段階の Brønsted β が等しかったに過ぎないのかもしれない．このような実験をいろいろ行って，β の大きさから協奏機構の遷移状態の位置を考察したところ，協奏反応として合理的な結果が得られた．すなわちこの場合には，カルボニル炭素上の置換反応が協奏的に起こっていると結論された[14]．この協奏的機構は，反応速度同位体効果の結果からも支持されている[15]．その一つの実験では，酢酸 p-ニトロフェニルのニトロ基を ${}^{15}N$ で標識すると，OH^- の反応ではほとんど同位体効果がみられないのに，フェノラートとの反応では同位体効

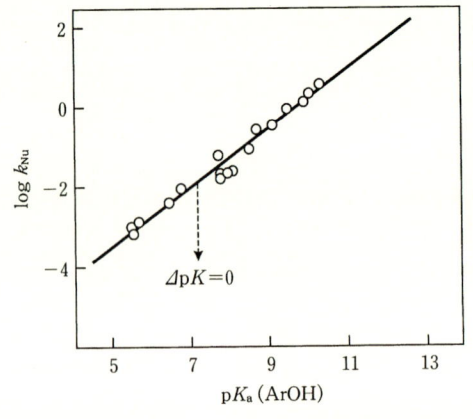

図 9.7 酢酸 p-ニトロフェニルとフェノラートイオンの反応における Brønsted 型プロット［文献 16 の Figure 4 をもとに改変］

果が観測された．後者の場合には，律速遷移状態でニトロ基の電子状態が変化している，すなわち C–O 結合の切断が進んでいると考えられるので，協奏反応機構と矛盾しない．

この協奏反応において求核種の攻撃方向は，基本的に分子面内（σ^* 攻撃）と直交方向（π^* 攻撃）の2種類可能である．カルボニル炭素では立体化学を利用することができないので，実験的にこれを決めることは不可能であるが，それぞれは解離性の機構と結合性の機構の極限状態に対応するので，脱離基の脱離能にも依存していると考えられる．

同じような取扱いで，炭酸アリールエステルと一連のピリジンとの反応では，Brønsted 型プロットが折れ線となり，二段階反応の律速段階の変化に対応していると考えられている[17]．

9.3.2 ビニル基における求核置換

ハロゲン化ビニルは，一般にハロゲン化アルキルに比べて非常に反応性が低く求核置換を起こしにくいが，酸塩化物のビニル類似体ともいえる β-クロロビニルケトンは，付加-脱離機構によって式 (9.12) のように求核置換反応を起こす．このビニル化合物は，カルボニル基で活性化されており，第一段階は Michael 付加に相当する．

$$ \tag{9.12}$$

一方，ビニルカチオンを安定化する要因があれば S_N1 型置換反応も起こる．フェニル基で安定化されたビニルカチオンを経る S_N1 反応［式 (9.13)］は 1960 年代に確立された．このように，ビニル基の求核置換はカルボニル基の求核置換とよく似ている．

$$ \tag{9.13}$$

しかし，立体配置反転で進むような協奏的なビニル求核置換（S_N2）反応はほとんど観測例がなかった．ビニル C–X 結合が強く，面内背面攻撃に対する立体障害が大きいために起こらないと説明され，さらに初期の分子軌道法に基づ

く理論的な支持(この理論的な結論は最近の高精度の分子軌道計算によって覆されている)も得て,一般的に「ビニル炭素上ではS_N2反応は起こらない」と信じられるようになり,多くの教科書にそのように記述されている。

ビニル求核置換の代表的な機構は,式(9.14)のように書け,以前から知られていた付加-脱離(Ad_N-E)とS_N1型(S_NV1)機構のほかに,π^*攻撃(直交方向,$S_NV\pi$機構)とσ^*攻撃(分子面内,$S_NV\sigma$機構)による協奏的なビニルS_N2反応が考えられる[18]。このビニルS_N2反応が現在どのように考えられているかまとめておこう。

$$(9.14)$$

ビニル誘導体の加溶媒分解においても,飽和化合物と同じように,β位の硫黄,ヨウ素置換基やフェニル基が隣接基関与して,三員環中間体を経て反応する例がある[式(9.15)と(9.16)]。隣接基関与を分子内求核置換とみなせば,これは立体配置反転の置換反応が二重に起こっているものとみなせる。すなわち,$S_NV\sigma$機構の特別な例といえる。

$$(9.15)$$

$$(9.16)$$

9.3 不飽和炭素における求核置換反応

カルベノイドの反応(9.17)は, t-ブチルアニオンを求核種とする置換反応とみれば立体反転で起こる二分子的な求核置換反応とみなせるが, これも特殊な例である.

$$\text{(9.17)}$$

最近, 高反応性のビニルヨードニウム塩のハロゲン化物イオンによる求核置換反応(9.18)が完全な立体反転で進むことが見いだされ, この反応が $S_N V\sigma$ 機構の例として確立された[19]. この反応では, 副反応として脱離が起こるが, 置換と脱離の比率は β-アルキル基に大きく依存し, 式(9.18)の下に示すようになる. t-ブチル基のように立体障害が大きいと分子面内からの背面攻撃は完全に脱離反応にとって代わられる. β-ハロゲノビニルヨードニウム塩は立体

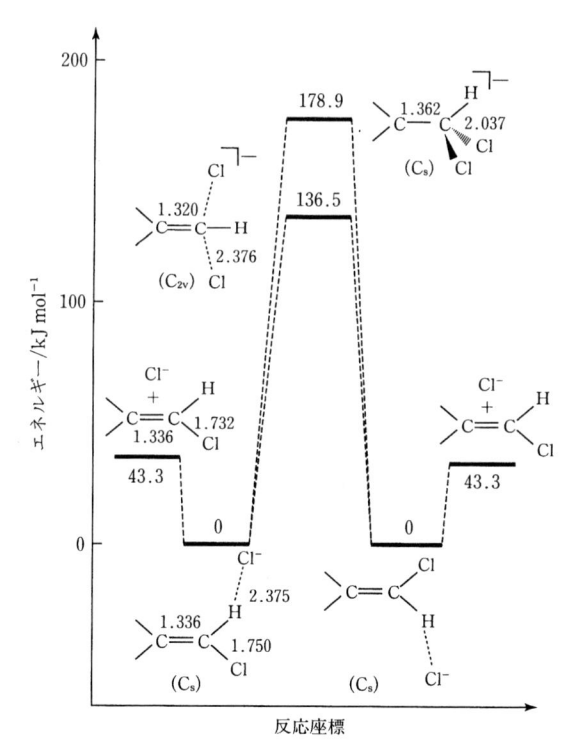

図9.8 $CH_2=CHCl$ と Cl^- の S_N2 反応のエネルギー図 G2(+)分子軌道計算の結果[文献 20 a].

配置保持で $S_NV\pi$ 反応を起こすこともわかった.

$$\begin{array}{c} R \\ H \end{array}\!\!=\!\!\begin{array}{c} H \\ I^+\text{-Ph} \end{array} + X^- \longrightarrow \begin{array}{c} R \\ H \end{array}\!\!=\!\!\begin{array}{c} X \\ H \end{array} + R\text{—}\!\equiv\!\text{—}H + PhI \qquad (9.18)$$
$$(X^- = Cl^-, Br^-, I^-)$$

$X^- = Cl^-$ のとき:	R=Me	72	28
(CH_3CN 中, 25℃)	R=n-C_8H_{17}	54	46
	R=i-Pr	41	59
	R=t-Bu	0	100

このような研究結果に刺激されて,理論計算も再検討された.最も簡単なモデル系として塩化ビニルの塩化物イオンによる置換反応(9.19)について計算した結果,図9.8にみられるように,$S_NV\sigma$ と $S_NV\pi$ 機構がいずれも可能であり,$S_NV\sigma$ 遷移状態の方が低エネルギーであるということであった[20a].別の類似のモデル系でも同じような結果が得られた[20].ビニル S_N2 反応が不可能な反応であるというより,別の反応経路が優先して起こり,この反応が観測されていなかったということである.

$$\begin{array}{c} H \\ H \end{array}\!\!=\!\!\begin{array}{c} H \\ Cl \end{array} + Cl^- \longrightarrow \left[\begin{array}{c} H \\ H \end{array}\!\!=\!\!\begin{array}{c} Cl \\ H \\ Cl \end{array}\right]^\ddagger \longrightarrow \begin{array}{c} H \\ H \end{array}\!\!=\!\!\begin{array}{c} Cl \\ H \end{array} + Cl^- \qquad (9.19)$$

9.3.3 芳香族求核置換

ベンゼン誘導体の求核置換反応には,(a) 付加-脱離と(b) S_N1 型反応機構に加えて(c) 脱離-付加機構が知られている.(a)はアニオン性の付加中間体(Meisenheimer 錯体ともいう)を安定化するようなニトロ基などをもつ活性化芳香族化合物にみられる.(b)は特に優れた脱離基 N_2 をもつジアゾニウムイオンにみられ,フェニルカチオンを中間体として進む.(c)は強塩基性の条件で初めて起こる反応であり,中間体としてベンザインを経由している.これらはいずれも特徴的な中間体をもつ段階的な反応であり,協奏的な置換反応は一般的には起こらないとされている.

芳香族化合物では立体化学的研究が行えないので,フェノラートを求核種と脱離基に用いる対称的な置換反応における Brønsted プロットの直線性から,協奏反応の可能性が検討された.1,3,5-トリアジン誘導体を基質に選ぶと,そのような反応が可能であり,種々のフェノラートによる置換反応(9.20)の速

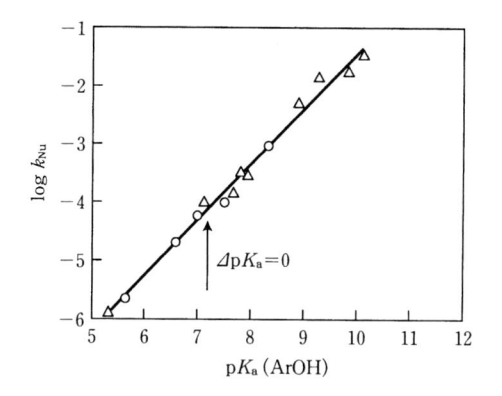

図 9.9 2-(4-ニトロフェノキシ)-4,6-ジメトキシ-1,3,5-トリアジンとフェノラートイオンの反応における Brønsted 型プロット [文献 21]

度を測定し，Brønsted プロットを調べた[21]．Brønsted プロットは図 9.9 に示すようになり，傾きの変化が予想される脱離基の pK_a (7.2, p-ニトロフェノール)においても，変化は観測されず，良好な直線関係となった．このことから，この芳香族化合物の求核置換は協奏的に起こっていると説明されている．

$$(9.20)$$

芳香族化合物の構造から求核攻撃は直交方向からのみ可能であり，$S_N V\pi$ 機構に相当する $S_N Ar\pi$ 機構とでも称すべき機構である．

9.4 脱 離 反 応

9.4.1 反応機構の変動 ― More O'Ferrall 反応座標図による予測

オレフィンを生成する脱離反応の機構は，第 2 章においてポテンシャルエネルギー図（図 2.8）で示したように，二分子機構（E2）から単分子機構（E1 と E1cB）まで連続的に変動する．その遷移状態の変動の様子は，ポテンシャルエネルギー図を簡略化して図 9.10 のように表して，More O'Ferrall 反応座

標図として視覚的に表記することができる．More O'Ferrall 図の価値は生成物や仮想的な中間体の安定性から遷移状態の変化を予測できる点にあり，このことを脱離反応で検証してみよう．

$$Y + \underset{X}{\overset{H}{C_\beta - C_\alpha}} \longrightarrow \left[\underset{X}{\overset{Y}{\underset{H}{C = C}}} \right]^{\ddagger} \longrightarrow YH + \underset{}{C=C} + X \tag{9.21}$$

図の縦軸と横軸はそれぞれ H–C 結合と C–X 結合の結合次数であり，図の左下角と右上角は反応原系と生成系を表している．右下角はカルボカチオン中間体に相当し，この中間体を経由する E1 機構では，一般的にその生成が律速であり，S_N1 反応と同じ律速段階をもっている．したがって，中間体の速い分解過程が生成物決定段階になり，S_N1 と E1 反応に分かれることになる．その選択性を決めるのは，カルボカチオンの構造とともに反応条件下での求核性と塩基性とのバランスである．一方，左上角はカルボアニオン中間体に相当し，この中間体を経由する E1cB 機構では，通常中間体の分解過程が律速になる．すなわち，カルボアニオン (基質の共役塩基) からの脱離基の喪失を律速段階とする単分子反応となる．E1cB 機構とよばれる所以である．この機構は，比較的脱離能の低い脱離基を有し，安定なカルボアニオンを生成しやすい基質について強塩基性条件下でみられる．その代表的な例は，アルドール反応における塩基触媒脱水である．式 (9.22) のようにエノラートイオンを中間体とし，水酸化物イオンを脱離基として進むので，E1cB 基質の条件にあっていることがわかるだろう．

$$\underset{}{\overset{OH}{\underset{}{\bigwedge}}\overset{O}{\underset{}{}}} \rightleftharpoons \underset{}{\overset{OH}{\underset{}{\bigwedge}}\overset{O^-}{\underset{}{}}} \longrightarrow \underset{}{\overset{}{\underset{}{\bigwedge}}\overset{O}{\underset{}{}}} \tag{9.22}$$

塩基性条件においては E2 から E1cB 反応が観測される．図 9.10 の反応座標図には，完全な E2 および E1cB 型 E2 の反応経路と遷移状態の位置を示している．いま，二つの遷移状態が A および B の点にあるとしよう．遷移状態 A の平行および直交方向の振動モードは図 9.10 の (A) に示したようになる．平行方向の振動は完全に協奏的なモードであり，直交方向では C–X 結合と H–

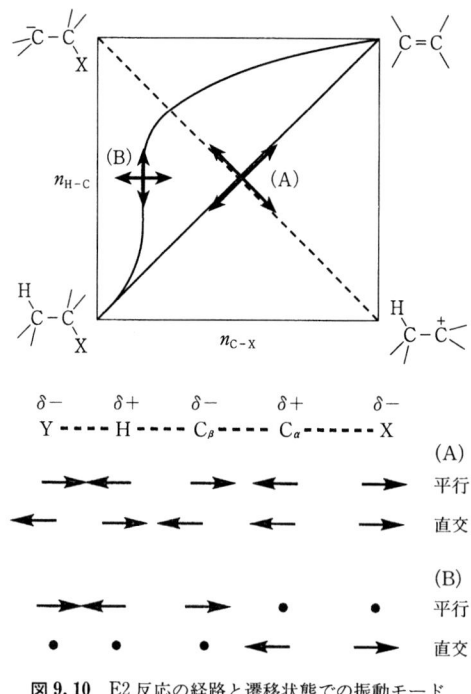

図 9.10 E2 反応の経路と遷移状態での振動モード
(A) 完全 E2, (B) E1cB 型 E2.

C 結合の変化が相殺し C=C 二重結合性は変化しない. 一方, 図の (B) に示したように, 遷移状態 B では平行方向のモードは主として C⋯H 結合の開裂であり, 直交方向は C⋯X 結合の開裂に相当する.

この二つの E2 反応において, 脱離基 X, α 炭素, β 炭素, および塩基 Y に摂動を加えた場合に, 遷移状態はどのように変化するだろうか. More O'Ferrall 反応座標図を用いた予想結果を図 9.11 に示す. まず, X がよりよい脱離基に変化した場合を図 9.11 の (a) でみてみよう. X がよりよい脱離基になるということは X^- が安定になるということなので, 図 9.10 の右下と右上の角のエネルギーが下がる. 平行方向では安定化を受けたのとは逆方向に遷移状態が移動するので, 完全な E2 反応での変化は図に矢印で示したように, 左下の反応原系の方向になる. 一方, 直交方向では安定化を受けた方向に遷移状態が移動するので, 右下のカルボカチオン中間体の方向に向かう. この際, 平行方

(A) 完全な E2 遷移状態

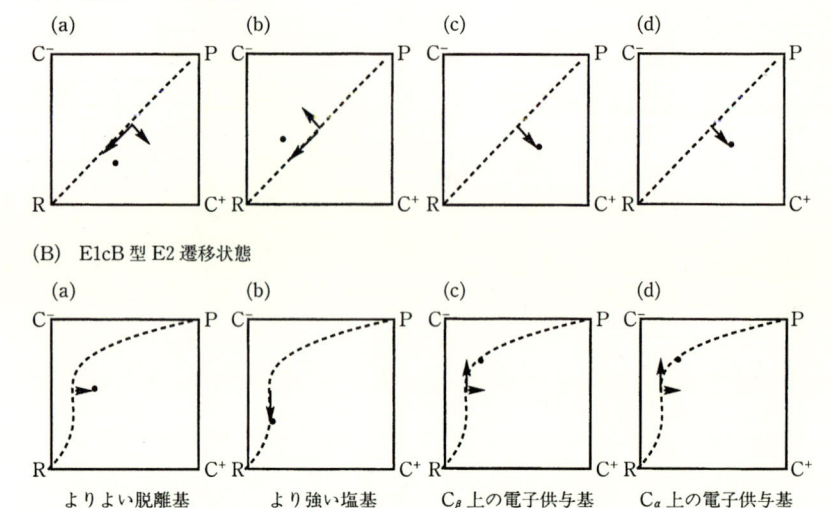

図 9.11　E2 反応の反応座標図と遷移状態の位置の変化
R, P は反応原系および生成系，C^+, C^- はカルボカチオンおよびカルボアニオン中間体を表す．
矢印は平行および直交方向の遷移状態の変化，また黒丸は移動後の遷移状態の位置を表す．

(B) E1cB 型 E2 遷移状態

(a) よりよい脱離基　(b) より強い塩基　(c) C_β 上の電子供与基　(d) C_α 上の電子供与基

向の移動のほうが直交方向より大きいことは，すでに述べたとおりである．実際の遷移状態の動きはこの二つのベクトルの和になる．結果として，完全な E2 反応は E1 型 E2 反応へと変化する．

それでは，E1cB 型 E2 反応ではどうなるであろうか．図に示した E1cB 型 E2 反応では，平行方向のモードは加えられた摂動の向きとほぼ直交しているので，平行方向への移動はほとんどない．一方，直交方向では，安定を受けた向き，すなわち反応座標図の右辺に向かって移動する．その結果，反応はより完全な E2 反応に近い機構へと変化する．

α 炭素，β 炭素，および塩基 Y に対する摂動が遷移状態の構造や機構を変化させる様子を，図 9.11 の (b)〜(d) に示した．練習問題として，確かめてみるとよい．同様の遷移状態構造変化の予測は，E2 反応だけでなく他の有機反応にも適用できる．

9.4.2 2-フェニルエチル誘導体の脱離反応

2-フェニルエチル誘導体を用いてE2からElcB機構にわたる脱離反応 (9.23) について系統的な研究が行われている. エトキシドによるE2反応における置換基効果は脱離基によって変化する (表9.2)[22]. 脱離能が小さくなるに従って ρ 値が大きくなり, ElcB 的な遷移状態になっていることを示している. 2位のHをDに置き換えたときの反応速度同位体効果は, 脱離基Xが Brのときの $k_H/k_D=7.1$ から $^+NMe_3$ のときの3.0まで大きく変化している. 遷移状態における C-H 結合の切断は, 臭化物の場合には50%程度進んでいるが, トリメチルアンモニウム塩の場合にはさらに大きく開裂が進んだ状態であると説明できる. このようなアンモニウム塩の脱離反応がElcB的であることは, OH^- を塩基とした脱離反応における塩基の重水素二次同位体効果の値からも結論されている. p-Cl体の反応において $k_{OD^-}/k_{OH^-}=1.73 (80℃)$ であり, 水素が半分塩基の方に移動した状態, すなわち half-transfer の遷移状態に予想される値 (1.44) よりも大きい. これは, 移動する水素原子が β 炭素よりも塩基の方とより強く結合していることを示しており, 反応は大きな β 炭素のアニオン性を伴ったElcB的な機構で進んでいるといえる.

$$\text{Y-C}_6\text{H}_4\text{-CH}_2\text{-CH}_2\text{-X} \xrightarrow[\text{EtOH}]{\text{EtONa}} \text{Y-C}_6\text{H}_4\text{-CH=CH}_2 \qquad (9.23)$$

表9.2 2-フェニルエチル誘導体の脱離反応[a]における置換基効果と反応速度同位体効果[22]

X	ρ	k_H/k_D	X	ρ	k_H/k_D
I	2.07		$^+SMe_2$	2.75	5.1
Br	2.14	7.1	F	3.12	
OTs	2.27	5.7	$^+NMe_3$	3.77	3.0
Cl	2.61				

a) エタノール中, 30℃におけるEtONaによる脱離反応.

表9.3 置換 2-フェニルエチルトリメチルアンモニウム塩のE2反応[a]における反応速度同位体効果[23]

Y	k_H/k_D	k^{14}/k^{15}
p-MeO	2.64	1.0137
H	3.23	1.0133
p-Cl	3.48	1.0114
p-CF$_3$	4.16	1.0088

a) エタノール中, 40℃におけるEtONaによる脱離反応.

いくつかの p-置換 2-フェニルエチルトリメチルアンモニウム塩($X=$ $^+NMe_3$)の E2 反応について測定された反応速度同位体効果[23]を表 9.3 に示す。置換基 Y が電子供与性になるにつれて 2 位の重水素同位体効果が小さくなっている。このことは、水素の一次同位体効果が half-transfer の点で極大値を示しその前後では値が小さくなることを考慮すると、電子供与基によってカルボアニオンを不安定化したとき遷移状態での C_β-H 結合開裂の程度がさらに大きくなったことを示している。一方、脱離基窒素の同位体効果 (k^{14}/k^{15}) は C_α-N 結合の開裂が進んでいるほど大きいと考えてよいから、実験値は Y が電子供与性になるにしたがって C_α-N 結合開裂の程度が大きくなることを意味している。以上のような C_β 上の電子的摂動による遷移状態構造の変化は、図 9.11 の (c) に示した予測と完全に一致している。

水溶液中におけるベンジル型アニオンの寿命は比較的長く、無置換のベンジルアニオンでもプロトン化速度は $k_{H_2O}=5×10^7\,mol^{-1}\,dm^3\,s^{-1}$(THF 中、24℃)であり、$p$-ニトロベンジルアニオンでは $k_{H_2O}=2×10^{-2}\,s^{-1}$($H_2O$ 中、22℃)程度である。したがって、上でみてきたような E2 反応は、中間体寿命のために強制された機構ではないことになる。p-ニトロ誘導体の反応でも、アンモニオ基のように脱離能が小さい場合を除いては E2 機構で進行する。

カルボアニオンを中間体として進む E1cB 機構については、2-(p-ニトロフェニル)エチルアンモニウム塩 (**1**) を用いて詳しく調べられている[24]。式 (9.24) の反応を塩基性 H_2O と D_2O 中で行い、緩衝剤効果を調べたところ、**1a** について図 9.12 に示すような飽和曲線が得られた。反応速度は H_2O 中よりも D_2O 中における方が速く、H/D 同位体交換も観測された。このことは平衡的にカルボアニオンが生成していることを示し、律速段階の変化のために飽和曲線が得られた (2.8 節参照) と考えられる。低緩衝剤濃度においては中間体カルボアニオンの生成過程 (第一段階) が律速であるが、酸塩基濃度の増大とともにプロトン移動 (第一段階) が加速されて分解過程が律速になるとして合理的に説明できる。この機構における可逆性 $k_{-1}(H_2O)/k_2$ は、アンモニオ基の脱離能 [式 (9.24) に脱離基の pK_{BH^+} を示している] とともに小さくなることが明らかにされている。

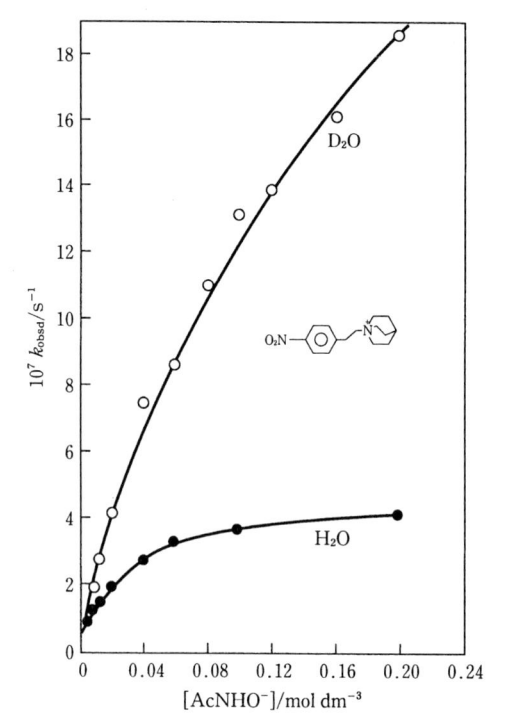

図 9.12 2-(*p*-ニトロフェニル)エチルアンモニウム塩 **1a** の脱離反応速度に対する緩衝剤効果 [文献 24]

$$\text{O}_2\text{N}-\text{C}_6\text{H}_4-\text{CH}_2\text{CH}_2-\overset{+}{\text{N}}\text{R}_3 \underset{k_{-1}[\text{HA}]}{\overset{k_1[\text{A}^-]}{\rightleftarrows}} \text{O}_2\text{N}-\text{C}_6\text{H}_4-\overset{-}{\text{CH}}\text{CH}_2-\overset{+}{\text{N}}\text{R}_3$$

1

1a, $NR_3 = $ キヌクリジニル ($pK_{BH+} = 11.45$)

1b, $NR_3 = NMe_3$ ($pK_{BH+} = 9.85$)

1c, $NR_3 = $ DABCO-N$^+$Me ($pK_{BH+} = 3.01$)

1d, $NR_3 = $ ピリジル ($pK_{BH+} = 5.16$)

$$\xrightarrow{k_2} \text{O}_2\text{N}-\text{C}_6\text{H}_4-\text{CH}=\text{CH}_2 + NR_3 \quad (9.24)$$

　脱離能の変化による律速段階の変化は，ピリジニウム塩 **1d** とそのピリジニウム環置換誘導体を用いて詳しく調べられている[25]．OH$^-$ による反応速度定数とピリジニウム脱離基の pK_a との Brønsted 型関係は，図 9.13 に示すよう

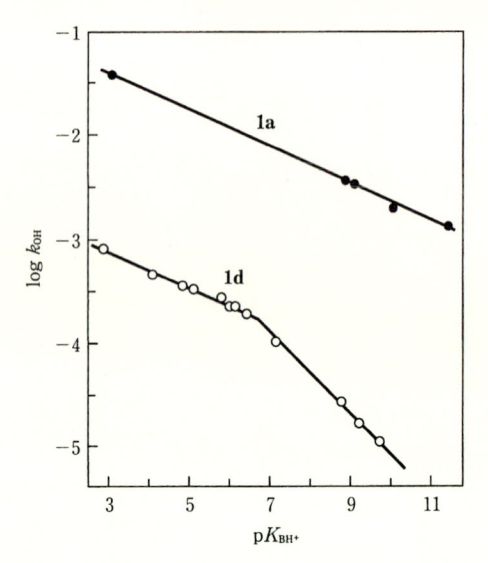

図9.13 2-(p-ニトロフェニル)エチルアンモニウム塩, **1a** と **1d**, の脱離反応における Brønsted プロット [文献 25]

に, $pK_a=6.5$ を境にして, $\beta_{lg}=-0.17$ から $\beta_{lg}=-0.39$ に変化する折れ線になる. pK_a 値が小さく脱離能の大きいピリジニウム塩 ($pK_a<6.5$) では脱プロトン化が律速であるが, 脱離基の $pK_a>6.5$ になると中間体カルボアニオンの分解過程が律速になるものと説明される. 同じような律速段階の変化はキヌクリジニウム塩 **1a** の場合にはみられない.

以上のように, カルボアニオンを中間体とする脱離反応は E1cB 反応といわれる. これはもともと脱離能の低い誘導体の反応として単分子的な中間体の分解過程が律速段階になることが多いと考えられたためであるが, 実際には二分子的な脱プロトン化が律速段階になることも少なくない. そのような場合も含めて E1cB 反応とよばれている.

引用文献

1) W. P. Jencks, *Acc. Chem. Res.*, **9**, 425 (1976) ; *Acc. Chem. Res.*, **13**, 161 (1980) ; *Chem. Soc. Rev.*, **10**, 345 (1981).

2) J. P. Richard, 有機反応論の新展開, 奥山　格, 友田修司, 山高　博編, 東京化学同人 (1995), p. 13.
3) D. Griller and K. U. Ingold, *Acc. Chem. Res.*, **13**, 317 (1980).
4) P. R. Young and W. P. Jencks, *J. Am. Chem. Soc.*, **99**, 8238 (1977).
5) T. L. Amyes and W. P. Jencks, *J. Am. Chem. Soc.*, **111**, 7888 (1989).
6) J. C. Fishbein and W. P. Jencks, *J. Am. Chem. Soc.*, **110**, 5087 (1988).
7) S. Winstein and G. C. Robinson, *J. Am. Chem. Soc.*, **80**, 169 (1958).
8) R. A. Sneen, *Acc. Chem. Res.*, **6**, 46 (1973).
9) (a) J. P. Richard, *Tetrahedron*, **51**, 1535 (1995) ; (b) J. P. Richard, T. L. Amyes, S.-S. Lin, A. C. O'Donoghue, M. M. Toteva, Y. Tsuji and K. B. Williams, *Adv. Phys. Org. Chem.*, **35**, 67 (2000).
10) J. P. Richard and W. P. Jencks, *J. Am. Chem. Soc.*, **104**, 4689 (1982).
11) S. D. Yoh, Y. Tsuno, M. Fujio, M. Sawada and Y. Yukawa, *J. Chem. Soc., Perkin Trans.* 2, 7 (1989).
12) H. Yamataka, S. Tamura, T. Hanafusa and T. Ando, *J. Am. Chem. Soc.*, **107**, 5429 (1985).
13) K. Takeuchi, M. Takasuka, E. Shiba, T. Kinoshita, T. Okazaki, J.-L. M. Abboud, R. Norario and O. Castanõ, *J. Am. Chem. Soc.*, **122**, 7351 (2000).
14) A. Williams, *Acc. Chem. Res.*, **22**, 387 (1989) ; *Adv. Phys. Org. Chem.*, **27**, 1-55 (1992) ; Concerted Organic and Bio-organic Mechanisms, CRC Press (2000).
15) A. Hengge, *J. Am. Chem. Soc.*, **114**, 6575 (1992) ; A. C. Hengge and R. A. Hess, *J. Am. Chem. Soc.*, **116**, 11256 (1994).
16) S. Ba-Saif, A. K. Luthra and A. Williams, *J. Am. Chem. Soc.*, **109**, 6362 (1987).
17) E. A. Castro, F. Ibanez, S. Lagos, M. Schick and J. G. Santos, *J. Org. Chem.*, **57**, 2691 (1992).
18) T. Okuyama and G. Lodder, *Adv. Phys. Org. Chem.*, **37**, 1-56 (2002).
19) M. Ochiai, K. Oshima and Y. Masaki, *J. Am. Chem. Soc.*, **113**, 7059 (1991) ; T. Okuyama, T. Takino, K. Sato and M. Ochiai, *J. Am. Chem. Soc.*, **120**, 2275 (1998) ; T. Okuyama, T. Takino, K. Sato, K. Oshima, S. Imamura, H. Yamataka, T. Asano and M. Ochiai, *Bull. Chem. Soc. Jpn.*, **71**, 243 (1998).
20) (a) M. N. Glukhovtsev, A. Pross and L. Radom, *J. Am. Chem. Soc.*, **116**, 5961 (1994) ; (b) C. K. Kim, K. H. Hyun, C. K. Kim and I. Lee, *J. Am. Chem. Soc.*, **122**, 2294 (2000) ; (c) R. D. Bach, A. G. Baboul and H. B. Schlegel, *J. Am. Chem. Soc.*, **123**, 5787 (2001).
21) A. Hunter, M. Renfrew, D. Rettura, J. A. Talor, J. M. J. Whitmore and A. Williams, *J. Am. Chem. Soc.*, **117**, 5484 (1995).
22) W. H. Saunders, The Chemistry of Alkenes, S. Patai, ed., John Wiley & Sons (1964), p. 155.
23) P. J. Smith and A. N. Bourns, *Can. J. Chem.*, **52**, 749 (1974).
24) J. R. Keeffe and W. P. Jencks, *J. Am. Chem. Soc.*, **103**, 2457 (1981) ; **105**, 265 (1983).
25) J. W. Bunting and J. P. Kanter, *J. Am. Chem. Soc.*, **113**, 2457 (1991).

10
電子移動と極性反応

　これまで主としてイオン的な反応すなわち極性反応を，酸と塩基あるいは求電子種と求核種の立場から電子対(2電子)の動きに注目しながらみてきた．反応に関与する化学種を電子対受容体と電子対供与体として分類してきたわけであるが，電子受容体(酸化剤)と電子供与体(還元剤)の反応として，一電子移動のエネルギーである酸化還元電位から化学反応性を統一的にみていこうと

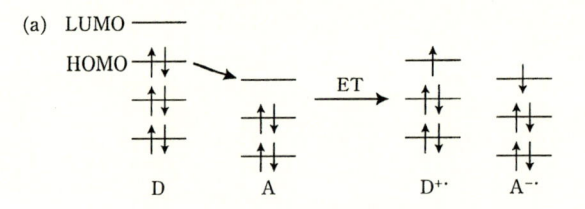

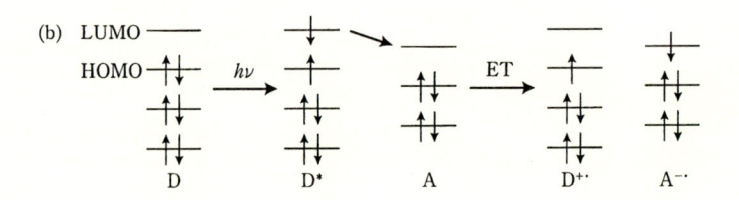

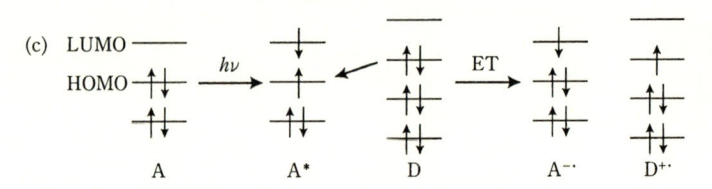

図10.1　電子移動反応における HOMO と LUMO
(a) 熱電子移動；(b), (c) 光電子移動．

いう考え方がある[1,2]．この最終章で，一電子移動の理論である Marcus 理論を紹介し，電子移動と極性反応の関係について解説するとともに，最後に Marcus 理論の応用についても述べる．

10.1 一 電 子 移 動

電子供与体 (electron donor) D から電子受容体 (electron acceptor) A への一電子移動が中性の有機分子間で起こると，ラジカルカチオンとラジカルアニオンが生成する．生じたこれらの荷電種は一般に反応性が高く，種々の後続反

表 10.1 電子供与体の酸化電位とイオン化ポテンシャル

電子供与体	E_{ox}° [a]	IP [b]
ベンゼン	2.26	9.24
トルエン	2.25	8.82
デュレン[c]	1.84	8.03
ヘキサメチルベンゼン	1.62	7.85
アニソール	1.76	8.22
1,4-ジメトキシベンゼン	1.34	7.90
ビフェニル	1.92	7.95
ナフタレン	1.54	8.14
アントラセン	1.09	7.45
アニリン	0.98	7.72
トリエチルアミン	1.15	7.50
ジメチルスルフィド	1.35	8.68
チオフェン	1.70	8.86
チアントレン[d]	1.28	
フェノチアジン[e]	0.58	
$H_2C=CH_2$	3.20	10.51
シクロヘキセン	1.98	8.94
$H_2C=CH-CH=CH_2$	2.33	9.07
$HC\equiv CH$		11.40
$H_2C=CHOEt$	1.74	
ジヒドロピラン[f]	1.46	
$(MeO)_2C=C(OMe)_2$	0.62	
$H_2C=C(OSiMe_3)_2$	1.30	
$Me_2C=C(OMe)(OSiMe_3)$	0.90	

a) アセトニトリル中における酸化電位 (V vs SCE)．b) イオン化ポテンシャル (eV)．
c) Me に Me が 4 つ付いたベンゼン d) チアントレン e) フェノチアジン f) ジヒドロピラン

応を引き起こす.

$$D + A \rightleftharpoons D^{+\cdot} + A^{-\cdot} \tag{10.1}$$
電子供与体　電子受容体　　ラジカルカチオン　ラジカルアニオン

表10.2 電子受容体の還元電位と電子親和力

電子受容体	E_{red}° [a]	EA [b]
$NO_2C_6H_5$	−1.15	1.01
$1,4\text{-}(CN)_2C_6H_4$	−1.6	1.10
$1,2,4,5\text{-}(CN)_4C_6H_2$(TCNB)	−0.65	1.6
1-シアノナフタレン	−1.98	0.68
1,4-ジシアノナフタレン	−1.28	
9-シアノアントラセン	−1.39	1.27
9,10-ジシアノアントラセン	−0.98	
p-ベンゾキノン	−0.51	1.89
クロラニル (CA) [c]	0.02	2.76
DDQ [d]	0.52	
TCNBQ [e]	0.90	
o-クロラニル [f]	0.32	
TCNE [g]	0.24	2.9
TCNQ [h]	0.19	2.84
ビアセチル	−1.03	0.75
ベンゾフェノン	−1.83	0.64
$C(NO_2)_4$	0.0	1.8
ICl		2.84
Cl_2	0.58	2.4
Br_2	0.47	2.6
I_2	0.22	2.4
Ph_3C^+	0.29	
Ph_2I^+	−0.42	
NO_2^+	1.27	
$Fe(Phen)_3^{3+}$ [i]	0.99	
フェロセニウムイオン	0.46	
デカメチルフェロセニウムイオン	−0.13	

a) アセトニトリル中における還元電位 (V vs SCE). b) 電子親和力 (eV).

この反応では，DのHOMOからAのLUMOに電子が移動するので，そのエネルギー差が反応のエネルギー変化に相当する（図10.1(a)）．DとAの電子供与能と電子受容能は，気相ではイオン化ポテンシャルと電子親和力で表されるが，溶液ではDの一電子酸化電位E_{ox}°とAの一電子還元電位E_{red}°ではかられ，電気化学的に測定できる．溶液中における電子移動反応のGibbs自由エネルギー変化$\varDelta G_{et}^\circ$は，E_{ox}°とE_{red}°の差（$\varDelta G_{et}^\circ = E_{ox}^\circ - E_{red}^\circ$）で表される．代表的な電子供与体の$E_{ox}^\circ$と電子受容体の$E_{red}^\circ$を表10.1と表10.2に示す．可逆的な電子移動は$\varDelta G_{et}^\circ < 0$の有利な（発エルゴン的な）方向にしか起こらないが，熱力学的に不利な（$\varDelta G_{et}^\circ > 0$の吸エルゴン的な）電子移動でも，ラジカルイオンの後続反応が速ければさまざまな反応を引き起こすことになる．

光照射してDあるいはAを励起状態にすると，基底状態では吸エルゴン的で起こりにくい電子移動が，容易に起こるようになる．図10.1(b)に示すように，DのHOMOの電子がLUMOに励起されると，その励起エネルギー分だけDの酸化電位は負側に移動して酸化されやすくなる．Aを励起した場合（図10.1(c)）には，励起エネルギー分だけ還元電位が正側に移動して還元されやすくなる．生じたラジカルイオン対は逆電子移動を起こしやすいが，後続反応が速やかに起これば，光電子移動を経由する化学反応が実現される．

10.2 Marcus理論

10.2.1 溶液中の電子移動

溶液中における電子移動は，まずDとAの衝突により前駆錯体すなわち電荷移動錯体[DA]を形成し，ついで電子移動を起こして生成物ラジカルイオン対[D$^{+\cdot}$A$^{-\cdot}$]を生じる．この生成物錯体は解離して遊離ラジカルイオンになる．

$$D + A \rightleftarrows \underset{\text{前駆錯体}}{[DA]} \rightleftarrows \underset{\text{生成物錯体}}{[D^{+\cdot}A^{-\cdot}]} \rightleftarrows D^{+\cdot} + A^{-\cdot} \tag{10.2}$$

この反応過程のエネルギー断面図は前駆錯体と生成物錯体の自由エネルギー変化曲線の交差モデルとして図10.2のように表される（2.2節参照）．両曲線の交点が遷移状態に相当するが，この点では[DA]と[D$^{+\cdot}$A$^{-\cdot}$]のエネルギー

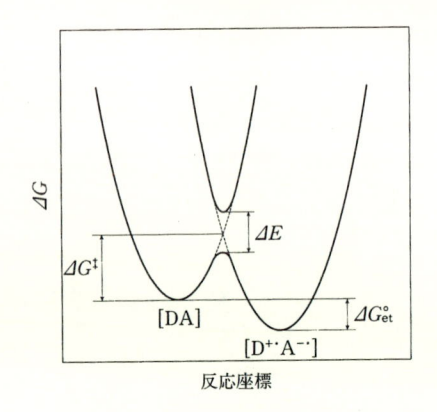

図 10.2 電子移動過程のエネルギー

が等しいので，遷移状態は両者の共鳴で表現することもできる．

$$\text{DA} \longleftrightarrow \text{D}^{+\cdot}\text{A}^{-\cdot}$$

その共鳴エネルギー，すなわちDとAの電荷移動相互作用(CT)エネルギーだけ，実際の遷移状態は安定化していると考えられる．この相互作用によってエネルギー曲線は基底状態と励起状態のエネルギー曲線に分離し，エネルギーギャップ ΔE が生じる．相互作用が大きく基底状態と励起状態のギャップ ΔE が十分大きい場合には，電子移動は基底状態のエネルギー曲線に沿って断熱的(adiabatic)に進行するが，ΔE が小さい場合には，それだけのエネルギーを外部から得て励起状態に遷移できるので反応は非断熱的(diabatic)になる．このようなときには，反応物のエネルギー曲線にのったまま原系にもどる可能性が生じるため，電子移動の確率が小さくなる．電子移動が断熱的になるためには $\Delta E \geq 4\,\text{kJ mol}^{-1}$ であれば十分であるといわれており，DとAの衝突によって起こる通常の溶液反応は断熱的に起こる．遷移状態における電荷移動(軌道)相互作用がさらに大きいときには，電子移動状態ではなく共有結合の形成が進んだ遷移状態を経て通常の極性反応として記述される．

10.2.2 電子移動の速度

電子移動反応の速度は，反応のエネルギー変化 ΔG_{et}° にも依存するが，原子核配置の変化に要するエネルギーに大きく支配されている．すなわち，電子移

動速度そのものは非常に速く,Franck-Condonの原理に支配されているということである.前駆錯体においてDとAの構造と溶媒和の状態が,同じ原子核配置をもつ生成物錯体 $[D^{+\cdot}A^{-\cdot}]$ の活性化状態とエネルギー的に等しくなったとき,電子移動は瞬時に起こる.DとAをそのような状態に活性化するのに要するエネルギーが電子移動反応の速度を決めている.このようなモデルによって電子移動の速度を定量的に説明するのがMarcus理論である[3].

Marcusは,前駆錯体と生成物錯体のエネルギー曲線を放物線(二次関数)に近似し,その交差モデルに従って,電子移動反応の活性化エネルギー $\Delta G^{\ddagger}$ を式(10.3)のように表現した.$\Delta G_0^{\ddagger}$ は $\Delta G_{et}^{\circ}=0$ のときの $\Delta G^{\ddagger}$ であり,固有エネルギー障壁(intrinsic energy barrier)といわれる(図10.3).

$$\Delta G^{\ddagger} = \Delta G_0^{\ddagger}\left(1+\frac{\Delta G_{et}^{\circ}}{4\Delta G_0^{\ddagger}}\right)^2 + w \tag{10.3}$$

ここで w は仕事の項(work term)といわれ,前駆錯体をつくるのに要するエネルギーであり,主として静電相互作用に基づくので中性分子の場合には無視できる.また $\lambda = 4\Delta G_0^{\ddagger}$ は,図10.3からわかるように活性化過程を経ないで安定な [DA] の核配置のまま電子移動を起こすために必要なエネルギーに相当し,$\Delta G_{et}^{\circ}=0$ のときには $[D^{+\cdot}A^{-\cdot}]$ の安定な状態に原子と溶媒を再配列するのに要するエネルギーに等しい.そこで,λ は再配列エネルギー(reorganization energy)とよばれている.

Marcusの式(10.3)は,電子移動の活性化エネルギー $\Delta G^{\ddagger}$ (したがって,速

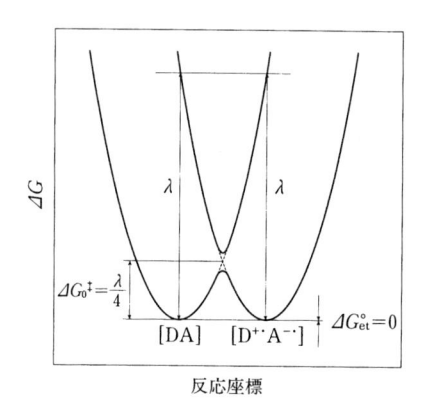

図10.3 反応のエネルギー変化がないときの電子移動過程のエネルギー

度)が,固有エネルギー障壁 $\Delta G_0^{\ddagger}$ を用いて,反応のエネルギー変化 ΔG_{et}°(平衡定数)の二次式で表されることを示しており,これまで考えてきた直線自由エネルギー関係($\Delta G^{\ddagger}$ と ΔG° の一次関係)からは予想できない関係である.

式(10.3)によると,ΔG_{et}° の負の値が大きくなるに従って $\Delta G^{\ddagger}$ が小さくなり,電子移動速度が大きくなることを示しているが,$\Delta G_{et}^{\circ} = -4\Delta G_0^{\ddagger} = -\lambda$ で $\Delta G^{\ddagger}$ は最小になり,さらに ΔG_{et}° が小さくなると却って $\Delta G^{\ddagger}$ は大きくなり電子移動速度は小さくなる.この領域は Marcus の逆転領域(inverted region)といわれる.Marcus 理論から導かれるこの結論は,熱力学的に有利な反応の速度が逆転領域では小さくなることを意味しており,一般化学常識からは理解しにくいものであったが,実際にそのような観測例がみつけられ,Marcus 理論の正しさが証明された.

10.3 電子移動反応と極性反応

電子移動を含む古典的な反応の一つは Kolbe 反応(10.4)であり,これは電極酸化による電子移動でアニオンからラジカルを生成して進行する.また Birch 還元やアシロイン縮合(10.5)では,アルカリ金属が電子供与体になっている.遷移金属イオン(Cu, Fe, Mn, Ag, Ce, Pb など)が酸化還元にかかわる有機反応も少なくない.

$$RCO_2^- \xrightarrow{-e^-} RCO_2\cdot \xrightarrow{-CO_2} R\cdot \longrightarrow R\text{-}R \qquad (10.4)$$

$$\underset{R}{\overset{O}{\|}}\text{-OEt} \xrightarrow[Et_2O]{Na} \begin{array}{c} \overset{O^-Na^+}{\underset{R\cdot}{|}}\text{-OEt} \\ \overset{O^-Na^+}{\underset{R\cdot}{|}}\text{-OEt} \end{array} \longrightarrow \underset{EtO}{\overset{Na^+}{\underset{|}{O}}}\text{-R}\underset{OEt}{\overset{Na^+}{\underset{|}{O}}} \Longrightarrow R\text{-}\underset{\|}{\overset{O}{C}}\text{-}\underset{\|}{\overset{O}{C}}\text{-}R \qquad (10.5)$$

10.3.1 $S_{RN}1$ 反応

電子移動とラジカル中間体を含む求核置換反応が知られており,$S_{RN}1$ 反応として分類されている.この反応は,図 10.4 のように求核種から基質への電子移動とキーステップとしてラジカル連鎖反応を経て進む.

塩化 p-ニトロベンジルは 2-ニトロプロパンのアニオンとの反応で効率よく

10.3 電子移動反応と極性反応

開始反応 R-X + e⁻ ⟶ R-X⁻• ⟶ R• + X⁻

成長反応 R• + Nu⁻ ⟶ R-Nu⁻•

R-Nu⁻• + R-X ⟶ R-Nu + R-X⁻•

R-X⁻• ⟶ R• + X⁻

図 10.4 $S_{RN}1$ 反応のラジカル連鎖機構

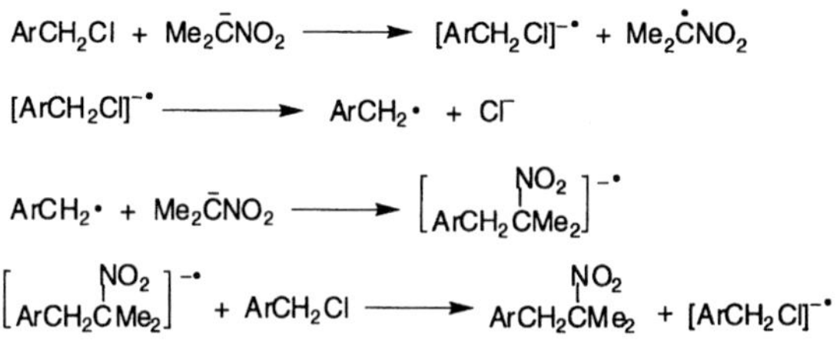

$ArCH_2Cl + Me_2\bar{C}NO_2 \longrightarrow [ArCH_2Cl]^{-•} + Me_2\dot{C}NO_2$

$[ArCH_2Cl]^{-•} \longrightarrow ArCH_2• + Cl^-$

$ArCH_2• + Me_2\bar{C}NO_2 \longrightarrow [ArCH_2CMe_2\overset{NO_2}{}]^{-•}$

$[ArCH_2CMe_2\overset{NO_2}{}]^{-•} + ArCH_2Cl \longrightarrow ArCH_2CMe_2\overset{NO_2}{} + [ArCH_2Cl]^{-•}$

図 10.5 塩化 p-ニトロベンジルの $S_{RN}1$ 反応機構 ($Ar = p\text{-}NO_2C_6H_4$)

C-アルキル化を起こす [式 (10.6)] が，臭化物やヨウ化物あるいは無置換のハロゲン化ベンジルの場合には不安定な O-アルキル化物が主生成物になる [式 (10.7)][4]．この 2 種類の生成物は反応機構を反映している．

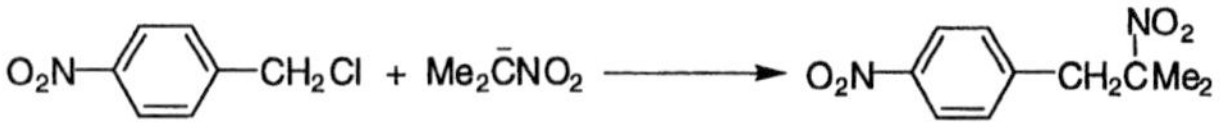

$$O_2N\text{-}C_6H_4\text{-}CH_2Cl + Me_2\bar{C}NO_2 \longrightarrow O_2N\text{-}C_6H_4\text{-}CH_2CMe_2\overset{NO_2}{} \quad (10.6)$$

$$C_6H_5\text{-}CH_2Cl + Me_2\bar{C}NO_2 \longrightarrow C_6H_5\text{-}CH_2O\overset{O^-}{N^+}=CMe_2 \quad (10.7)$$

S_N2 反応においては，ニトロカルボアニオン (ニトロナートイオン) は多中心求核種として作用し，C と O でのアルキル化が予想される．

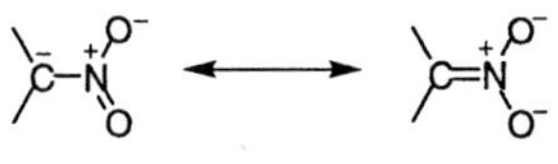

$$\overset{|}{C}\text{-}\overset{O^-}{N^+}\text{=O} \longleftrightarrow \overset{|}{C}\text{=}\overset{O^-}{N^+}\text{-}O^-$$

これに対して，選択的な C-アルキル化は電子移動を経由するラジカル反応として説明される．実際に塩化 p-ニトロベンジルの反応はラジカル阻害剤によって抑制され，ESR スペクトルでラジカルの存在が証明された．反応は，図 10.5 に示すように進むと考えられる．この反応は，S_N2 反応と違って立体障害の影響を受けないので，込み合った C-C 結合形成に応用されている．

芳香族ハロゲン化物の求核置換反応でも，$S_{RN}1$ 機構で起こる例が数多く知

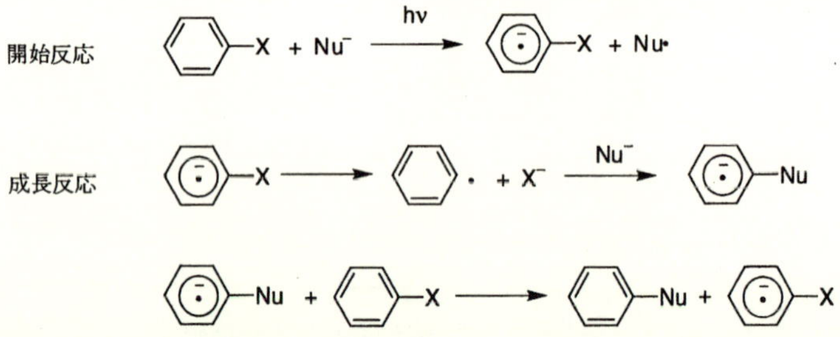

図 10.6　芳香族 $S_{RN}1$ 反応機構

られている．多くの反応は光電子移動によって開始される（図 10.6）[5]．

10.3.2　エノールシリルエーテルと電子受容体の反応

エノールシリルエーテルは，ケトンのエノール等価体として炭素-炭素結合形成反応を初めとして有機合成に広く用いられる．ケトンが電子受容体として反応するのに対して，エノールは電子供与体として反応する．エノールシリルエーテルを典型的な電子受容体とともに溶媒に溶かすと電荷移動（CT）吸収がみられる．図 10.7 にそのような電荷移動吸収スペクトルの例を示す．電子受容体の電子親和力が大きいほど吸収は長波長にシフトし，この波長の光で照射すると電子移動が起こりラジカルイオン対を生成する．この結果いろいろな反応が誘起されるが，テトラニトロメタンによるニトロ化の例について述べる．

α-テトラロンのエノールシリルエーテルと当量のテトラニトロメタンをジクロロメタンに溶かすと，赤色に着色し，室温で徐々に脱色して α-ニトロ化物を収率よく与える［式（10.8）］．この α-ニトロ化は，種々のエノールシリルエーテルについて同じように起こり，電子供与能の高いものほど速く効率よく進む[6]．

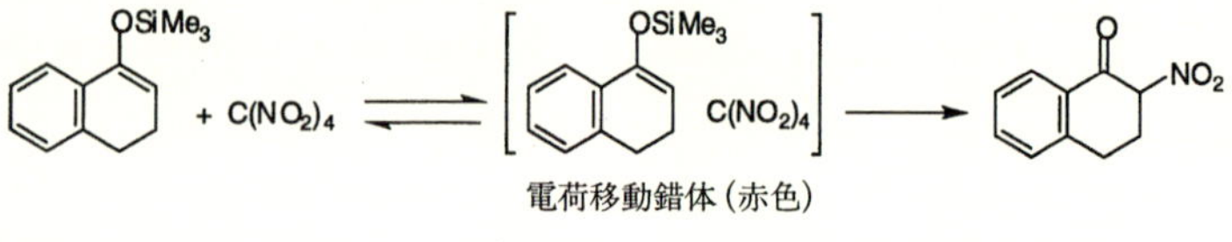

$$\text{（式 10.8）} \tag{10.8}$$

電荷移動錯体（赤色）

この CT 吸収の波長で光照射すると，それぞれの基質は励起されないにもかかわらず，低温でも速やかに同じ α-ニトロ化物を生じる．この反応は式

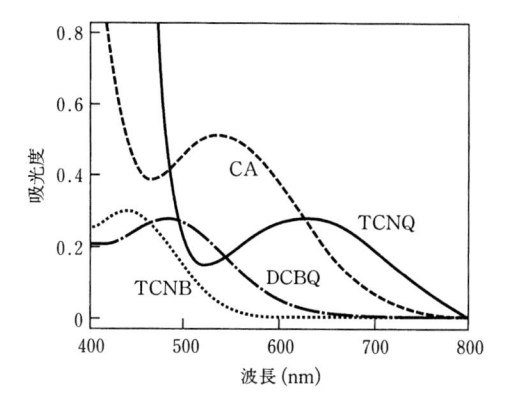

図 10.7 α-テトラロンのエノールシリルエーテルと電子受容体の電荷移動吸収スペクトル［文献 2］
電子受容体の略号は表 10.2 を参照のこと．DCBQ＝2,6-ジクロロベンゾキノン．

(10.9)のように進んでいると考えられる．光電子移動によってラジカルイオン対が生じ，ラジカルアニオンが速やかに開裂し，溶媒ケージ内でラジカルとラジカルカチオンの結合が起こるものと説明される．光電子移動はレーザー光分解によっても起こり，時間分解分光法でラジカルカチオンの吸収 (520 nm) と減衰が確認されている．

$$\text{(10.9)}$$

熱反応も電子移動を経て同様に進んでいるものと考えられるが，ラジカルアニオンの寿命が 10^{-12} s 程度しかないことから，電子移動は解離を伴って起こっているであろう．

$$\text{(10.10)}$$

クロラニル (CA) との光電子移動反応では，溶媒によってデヒドロシリル化

と酸化的付加が選択的に起こる［式(10.11)］．この形式の反応は，もっと強い電子受容体を用いて熱的に起こすこともできる[7]．

$$(10.11)$$

この反応選択性は，CT 錯体から生じた接触ラジカルイオン対と極性の高い媒質中における溶媒介在ラジカルイオン対の反応性の違いによって説明されている．すなわち，ジクロロメタン中では接触イオン対でプロトン移動を起こし，生じたラジカル対からシリル基の移動により最終生成物を与えるのに対して，アセトニトリル中ではより長寿命の溶媒介在イオン対から脱シリル-ラジカルカップリング-再シリル化を経て付加体を生成すると説明される．

$$(10.12)$$

10.3.3 カルボニル付加における電子移動

ケトンが電子受容体となる典型的な例は，無水の THF 溶媒を得るときに用いられるベンゾフェノンのラジカルアニオン（ケチル）の生成にみられる．

$$(10.13)$$

類似のケチルの二量化によるピナコール（ジオール）の生成は，多様な電子供与体を用いる一電子移動を開始反応として進み，多くのケトンに適用されてい

10.3 電子移動反応と極性反応

$$\underset{R}{\overset{R}{>}}\!\!\!=\!\!\text{O} + \text{D} \longrightarrow \underset{R}{\overset{R}{>}}\!\!\dot{\text{C}}\text{-O}^- + \text{D}^{+\bullet} \longrightarrow R\text{-}\underset{R\ R}{\overset{\text{O}^-\ \text{O}^-}{|\ |}}\text{-}R \quad (10.14)$$

カルボニル基への求核付加は，代表的な極性反応の一つとして説明されてきたが，電子移動の関与が観測される場合もある．ベンゾフェノンの Grignard 反応においては種々の副生物が生じ，単純な極性付加反応ではないことが以前から指摘されていた．実際に，反応中に UV や ESR スペクトルでケチルラジカルの生成が確認される例もあり，副生物の一つはピナコールである．さらに環化可能な Grignard 反応剤を用いると，式 (10.15) に示すようにラジカル環化の特徴的な生成物が見いだされ，電子移動を経る反応機構の関与が明らかにされた[8]．

$$(10.15)$$

すなわち，カルボニル付加は 6.5.3 節でも述べたように，極性機構 (PL) で進む場合と，一電子移動 (ET) を経てラジカルカップリング (RC) で付加物を生成する二段階機構で進む場合とがある [式 (10.16)]．

$$(10.16)$$

Grignard 反応の速度に対するベンゾフェノンのカルボニル-^{14}C 同位体効果と置換基効果が測定されている[9]．表 10.3 に示すように，メチルおよびフェ

表10.3 ベンゾフェノンの Grignard 反応における反応速度同位体効果と置換基効果

Grignard 反応剤/溶媒	$^{12}k/^{14}k$	ρ
MeMgI/Et$_2$O	1.056±0.002	0.54
MeMgBr/THF	1.056±0.004	0.90
PhMgBr/Et$_2$O	1.056±0.004	0.59
H$_2$C=CHCH$_2$MgBr/Et$_2$O	0.999±0.003	−0.02
MeCH=CHCH$_2$MgBr/Et$_2$O	0.999±0.002	0.01

ニル Grignard 反応剤は大きな同位体効果と正の ρ 値を示すのに対して,アリル型 Grignard 反応剤の場合には同位体効果がほぼ1であり,置換基効果もみられない.さらに,前者の反応はオルト置換基によって大きく速度が低下するのに対して,後者の反応はほとんど立体障害を受けない.

以上の結果は,前者の MeMgBr や PhMgBr の反応が一電子移動(ET)を経由し炭素-炭素結合生成(RC)を律速として進むのに対して,アリル MgBr は ET 過程そのものを律速として進む反応機構で説明される.このようにベンゾフェノンの Grignard 反応は ET を経て進行するが,律速段階は反応剤によって異なることがわかった.しかし,脂肪族のカルボニル化合物の反応において ET が含まれるという証拠はみつけられていない.

有機リチウム反応剤とベンゾフェノンの反応においても,同様に ET の関与がみられる[10].Me$_2$CuLi の場合には,ベンゾフェノンのラジカルアニオンの UV 吸収が観測され,カルボニル炭素同位体効果($^{12}k/^{14}k$=1.029)がみられたことから,ET を経る RC 律速反応と結論された.一方,ベンゾフェノンと MeLi の反応ではラジカルアニオンの吸収は検出されず,同位体効果も観測できなかった.この反応は ET を律速段階として進むものと考えられた.同じ手法でリチウムピナコロンエノラートとベンズアルデヒドとの反応も研究されており,この場合には極性機構(PL)で反応すると結論されている(6.5.3節参照).

α,β-不飽和ケトン(エノン)への付加反応は,求核剤が一電子移動を起こす傾向があるかどうかを調べるのに便利な反応である.式(10.17)に示すように,cis-エノンが電子供与体から1電子を受け取ると,もとの炭素-炭素二重結合は回転することが可能となる.エノンのラジカルアニオンの寿命が十分に長ければ,逆電子移動によってより安定な trans-エノンに異性化することが

$$
\begin{array}{c}
\text{(図: cis-エノンとtrans-エノンのラジカルアニオン異性化)}
\end{array}
\tag{10.17}
$$

実際にcis-エノンと有機金属反応剤とを2:1のモル比で反応させて未反応のエノンを回収し分析すると, t-BuMgClとMe$_2$CuLiの場合にはほとんどトランス体へ異性化していることが観測された(表10.4)[11]. このことは, これらの反応で一電子移動が関与していることを示唆している. MeMgBrやt-BuLiの反応でも未反応のエノンに異性化がみられ, 主生成物の1,2付加体にも異性化が観測された. これに対してアリルGrignard反応剤とMeLiの反応では未反応エノンにも生成物にも異性化は起こっていない. わずかに得られたtrans-エノンは出発原料に初めから混在した不純物によるものである. この二つの反応剤の反応は他の場合と違って極性付加機構(PL)で進んでいるかのような印象を与える. しかし, ベンゾフェノンとの反応における炭素同位体効果の結果からは電子移動を律速とする反応であることが結論されており, エノンとの反応においても電子移動を含んでいる可能性は高い. RC過程が十分速いために異性化が起こらないのであろう.

以上のように, 一口でGrignard反応剤あるいは有機リチウム反応剤といっ

表10.4 cis-エノンと有機金属反応剤との反応におけるエノンの異性化[a]

反応剤	回収エノン(%)		付加生成物(%)		
	cis	trans	1,2-cis	1,2-trans	1,4
MeMgBr	83.1	16.7	18.9	40.2	40.9
t-BuMgCl[b]	4.0	96.0	3.1	25.3	11.9
allyl-MgBr	99.2	0.8	99.3	0.7	0
MeLi	98.7	1.3	98.7	1.3	0
t-BuLi	63.2	36.8	86.1	6.8	7.1
Me$_2$CuLi	0.2	99.8	0	0	100.0

a) エーテル中, 室温. b) 還元生成物59.7%.

ても，構造によってその反応経路はさまざまである．また，その機構はケトンの種類によっても変化すると推測される．しかし，いずれの反応剤についても脂肪族ケトンの研究例はほとんどなく，脂肪族ケトンが芳香族ケトンと同じ機構で反応する保証はない．有機反応は多様で，その反応機構にも未解決の問題がたくさん残されているという例である．

10.3.4 芳香族求電子置換反応

芳香族求電子置換反応の機構は，式(10.18)に示すように，まず芳香族基質

コラム　有機金属反応剤の会合状態

カルボニル付加に用いられる有機金属反応剤は，溶液中では会合体を形成している．たとえば，MeMgBr は THF 中では通常の濃度ではほぼ単量体であるが，エーテル中では濃度によって二量体や多量体が主成分である．また，MeLi や BuLi がエーテルや THF 中で四量体として存在することは，分子量測定や NMR などの手法により明らかになっている．一方，実際に反応に関与している化学種が会合体なのか単量体なのかという問題は，溶液中でのこれら反応剤の会合状態とは別の話である．溶液中での安定な状態がそのまま活性種であるという保証はない．これら活性種の会合状態に関する知見は反応速度の測定から得られる．

いま，ある反応剤 R が溶液中で n 量体(N)として存在し，わずかに共存する m 量体(M)と平衡にあるとしよう．

$$m\text{N} \underset{}{\overset{K}{\rightleftharpoons}} n\text{M}$$

この場合，溶液中では n 量体が主成分であるので反応剤の全濃度 [R] は近似的に n[N] となる．そのような条件で，m 量体のみが基質(S)と反応するならば，その反応の速度は次式で与えられ，R に m/n 次，S に一次の反応となる．したがって，R が S に比べて大過剰の擬一次反応条件下で k_{obsd} を測定し，[R]との相関を調べると，m/n を決定することができる．

速度 $= k[\text{M}][\text{S}] = k(K^{1/n}[\text{N}]^{m/n})[\text{S}] = k\{K^{1/n}([\text{R}]/n)^{m/n}\}[\text{S}] = k_{obsd}[\text{S}]$

実際に，MeLi および MeMgBr の反応について測定が行われている．エーテル中，25℃における MeLi とベンゾフェノン誘導体との反応の擬一次速度定数の対数を MeLi の濃度の対数とプロットすると，傾きがほぼ 0.25 の直線関係を示し，エーテル中で四量体として存在する MeLi が単量体に解離して反応していることを表している．一方，THF 中，0℃における MeMgBr とベンゾフェノンとの反応では，同様のプロットの傾きがほぼ 1 であり，THF 中での MeMgBr の主成分と反

と求電子種が π 錯体 (前駆錯体) を形成し，それが律速的に σ 錯体 (アレーニウムイオン arenium ion) に変換され，ついで速い脱プロトン化によって生成物に至るというように記述されるのが一般的である (6.5.4 節参照). σ 錯体は Wheland 中間体ともよばれ，この中間体の生成における活性化過程が求電子置換の最大の問題点の一つになっている．

$$ArH + E^+ \rightleftarrows [ArH \cdot E^+] \rightleftarrows \underset{\sigma\,錯体}{Ar\overset{H}{\underset{E}{\diagdown}}^+} \longrightarrow ArE + H^+ \tag{10.18}$$

π 錯体　　　σ 錯体

ほとんどの求電子種は優れた電子受容体であり，多くの芳香族化合物が電子

応に関与している MeMgBr の会合数が同じであることを表している．THF 中では MeMgBr は単量体として存在するといわれていることから，この反応では THF 中で単量体である MeMgBr がそのまま反応しているものとして理解される．このように，反応速度の測定から，MeLi や MeMgBr と芳香族ケトンとの反応は，二量体や四量体ではなく単量体の反応であることが明らかになっている．

アルキルリチウム反応剤のなかでも，リチウムエノラートの場合には反応に関与する求核種の会合状態が相手の求電子種によって異なる．リチウムエノラートはその構造によって THF 中で二量体あるいは四量体として存在するが，ハロゲン化アルキルによるアルキル化反応では，単量体の反応性が会合体よりも 10^3 倍も高く，単量体が活性種となる．一方，エステルとの反応 (アルドール反応) では，単量体と会合体との反応性の違いはたかだか 10 倍程度であり，通常の合成反応に用いられるような高濃度の条件では会合体が実際の活性種となる．会合体の反応ではエステルのエーテル酸素を含む配位構造によって遷移状態が安定化されているためだといわれている．

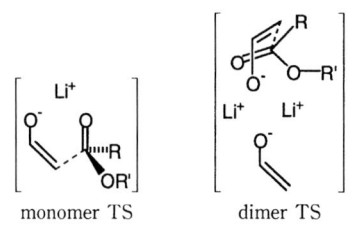

monomer TS　　　dimer TS

参 考 文 献

H. Yamataka, K. Yamada and K. Tomioka, Chemistry of Functional Groups, Vol. 104, Z. Rappoport and I. Marek, eds., Wiley (2004).

供与体になれるので，π錯体と記述される前駆錯体は電荷移動(CT)錯体と書いてよい．実際にCT吸収が観測される場合もある．この錯体からσ錯体への変換は，直接極性機構によって起こるかもしれないが，錯体内で一電子移動を起こしてラジカルカチオン-ラジカル対に変換され，ラジカル-ラジカルカップリングによってWheland中間体にいたるという可能性もある．

a. 塩化ヨウ素によるハロゲン化

メトキシベンゼン類をIClでハロゲン化すると基質によってヨウ素化物と塩素化物あるいはその混合物を生じる［式(10.19)～(10.21)］．スペクトルで反応を追跡するとCT錯体に基づく吸収が観測でき，さらに低温では，メトキシベンゼンのラジカルカチオンの吸収もみられる．またCT吸収帯の波長で光照射しても，同じ生成物が得られる[12]．

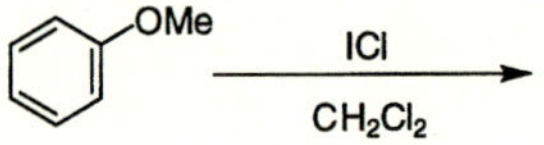

$$\text{PhOMe} \xrightarrow[\text{CH}_2\text{Cl}_2]{\text{ICl}} \text{4-I-C}_6\text{H}_4\text{OMe} \quad (10.19)$$

$$\text{1,4-(MeO)}_2\text{C}_6\text{H}_4 \xrightarrow[\text{CH}_2\text{Cl}_2]{\text{ICl}} \text{I-derivative} + \text{Cl-derivative} \quad (10.20)$$

$$\text{2,5-Me}_2\text{-1,4-(MeO)}_2\text{C}_6\text{H}_2 \xrightarrow[\text{CH}_2\text{Cl}_2]{\text{ICl}} \text{Cl-product} \quad (10.21)$$

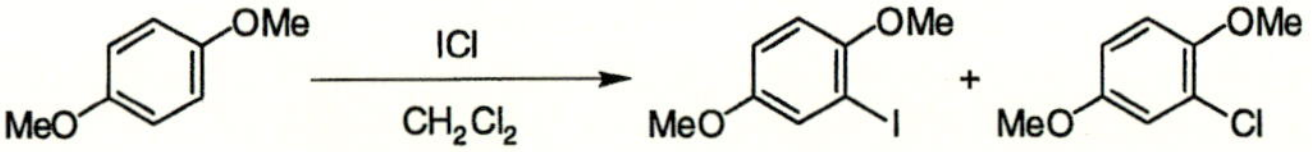

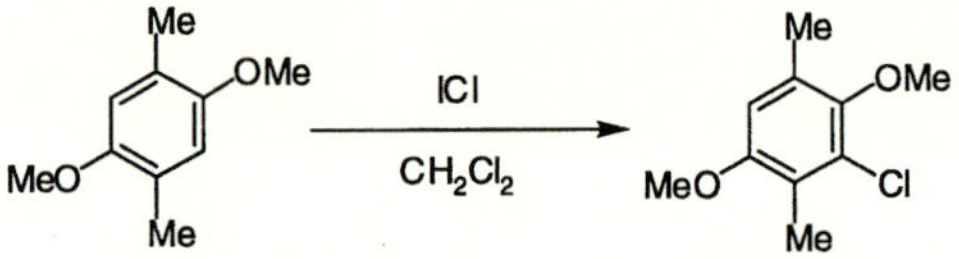

以上の結果から，反応はCT錯体から一電子移動でラジカルカチオン，ラジカル(I･)，アニオン(Cl⁻)の会合体を生じ，ラジカルカチオンとI･あるいはCl⁻との反応により，それぞれヨウ素化あるいは塩素化の生成物を与えるものと説明できる(図10.8)．

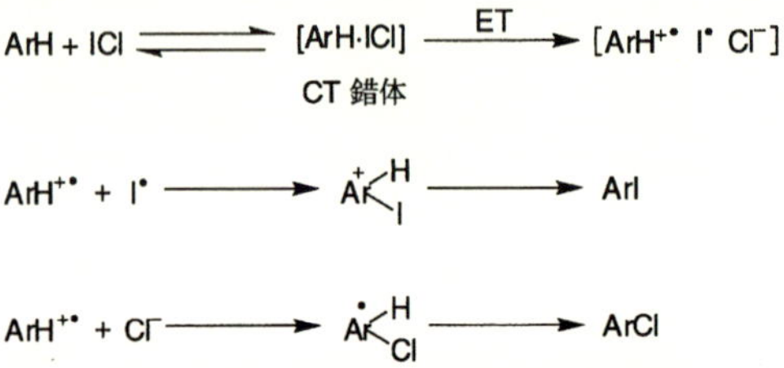

$$\text{ArH} + \text{ICl} \rightleftharpoons [\text{ArH}\cdot\text{ICl}] \xrightarrow{\text{ET}} [\text{ArH}^{+\bullet}\ \text{I}^\bullet\ \text{Cl}^-]$$
$$\text{CT 錯体}$$

$$\text{ArH}^{+\bullet} + \text{I}^\bullet \longrightarrow \overset{+}{\text{Ar}}\!\!\underset{\text{I}}{\overset{\text{H}}{\diagdown}} \longrightarrow \text{ArI}$$

$$\text{ArH}^{+\bullet} + \text{Cl}^- \longrightarrow \overset{\bullet}{\text{Ar}}\!\!\underset{\text{Cl}}{\overset{\text{H}}{\diagdown}} \longrightarrow \text{ArCl}$$

図10.8 芳香族ハロゲン化の電子移動機構

b. 芳香族ニトロ化

　硝酸を用いる芳香族ニトロ化は，ニトロニウムイオン (NO_2^+) が活性な求電子種としてアレーニウムイオン中間体を生成して進む反応であることが確立されている．この中間体の生成に電子移動がかかわっている可能性は古くから指摘されていた[13]が，反応が速いためにその生成過程の詳細を実験的に証明することは不可能であった．もっと温和なニトロ化剤として NO_2Y(Y=OH, OAc, NO_3, Py, $C(NO_2)_3$ など)のようなニトロニウムイオン前駆体を用いる反応の機構が，Kochi らを中心に詳しく研究された[14]．これらの反応剤はいずれも電子受容体として作用でき，類似の反応機構で進行する．ここでは N-ニトロピリジニウムイオン ($PyNO_2^+$) によるニトロ化の研究の概略を紹介する[15]．

　芳香族化合物と $PyNO_2^+$ を溶液中で混ぜるとただちに CT 錯体の生成による発色がみられる．CT 吸収は芳香族基質の電子供与能と置換ニトロピリジニウム $XPyNO_2^+$ の電子受容能が大きくなるに従って長波長シフトする．この混合物は放置するとニトロ化生成物を与える．また，CT 吸収帯波長の光を照射すると芳香族化合物のラジカルカチオンの吸収が生成し，減衰するとともに熱反応と同じ生成物が(同じ生成比で)得られる．光誘起ニトロ化反応は，熱反応の起こらない低温(-40℃)でも起こる．このような結果は，CT 錯体から一電子移動を経て，ニトロピリジニルラジカルの開裂とラジカルカップリングによって Wheland 中間体を生成する機構 [式 (10.22)] によって合理的に説明できる．

$$\text{ArH} + \text{Py-NO}_2 \rightleftharpoons [\text{ArH} \cdot \text{Py-NO}_2^+] \rightleftharpoons \text{ArH}^{+\cdot} \text{Py-NO}_2^{\cdot}$$
$$\longrightarrow \text{ArH}^{+\cdot} \text{NO}_2^{\cdot} \text{Py} \longrightarrow \text{Ar}\overset{+}{\underset{NO_2}{<}}\overset{H}{} + \text{Py} \quad (10.22)$$

　ベンゼンおよびメチルベンゼン類と 2 種類の $XPyNO_2^+$ との熱反応におけるニトロ化の速度は，電子供与能と受容能に強く依存し，図 10.9 にみられるような直線関係を示した．一方，生成物の異性体比は，ニトロ化剤の種類によらずほぼ一定であった．図 10.10 にトルエンのニトロ化における o-, m-, p-ニトロトルエンの生成物分布を示す．スルホランおよびアセトニトリル中におけるニトロニウム塩，アセトニトリル中の $HONO_2$, $AcONO_2$ や種々の

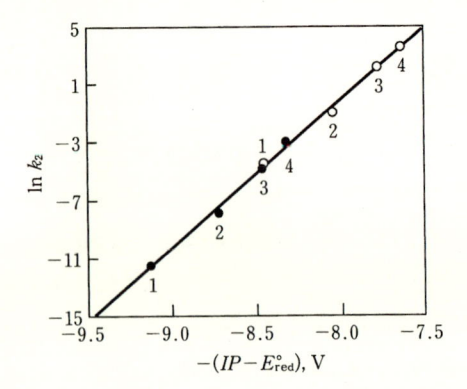

図 10.9 芳香族基質とニトロ化剤の HOMO-LUMO エネルギー差と反応速度 [文献 15]
HOMO-LUMO エネルギー差の目安として IP と E_{red}° の差をとっている.
ニトロ化剤: ● $PyNO_2^+$, ○ $MeOCOPyNO_2^+$
基質: 1 ベンゼン, 2 トルエン, 3 m-キシレン, 4 メシチレン.

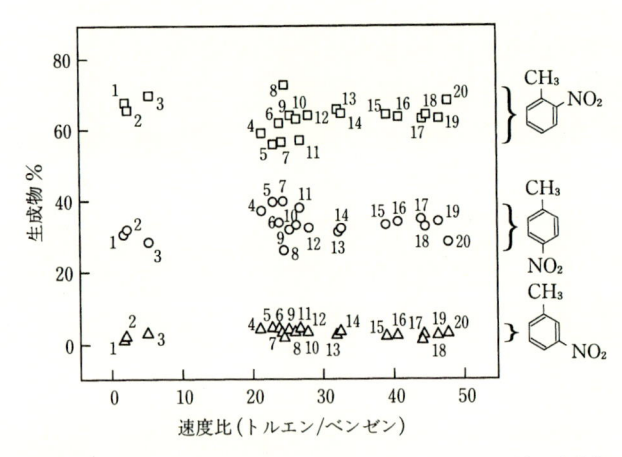

図 10.10 種々のニトロ化剤によるトルエンのニトロ化における生成物分布とトルエン/ベンゼンの速度比 [文献 15]

$XPyNO_2^+$ を含む 20 種類の反応条件において,大きく反応速度が変化し,基質選択性(トルエンとベンゼンの速度比)が 10 倍以上の変化を示すにもかかわらず,生成物比はほぼ一定である.この結果は,基質選択性を決める律速段階と生成物決定段階が異なり,生成物決定段階はすべての条件で同一であること

を示唆している．

　以上の結果を総括すると，電子供与能をもつ芳香族化合物のニトロ化は，ニトロニウムイオンそのものの反応も含めて，律速的な一電子移動を経て進行し，ラジカルカチオンとニトロイルラジカル $NO_2\cdot$ のカップリングによってWheland中間体を生成している．このラジカルカップリング段階で生成物比が決まっているということになる．ニトロニウムイオンによるベンゼンのニトロ化に関する最新の理論的研究からも，一電子移動を経る反応機構が支持されている[16,17]．

10.4　Marcus理論の水素移動への拡張

　Marcus式は，もともと電子移動反応を取り扱う理論として提出されたが，その後，水素移動やメチル基移動（S_N2）などのいろいろな有機反応に適用されている[18]．いま式（10.23）のような水素移動反応を考え，二つの反応基質が前駆錯体をつくり移動反応を起こすと考えると，Marcus式（10.3）と同じような関係式が得られる．

$$AH+B \underset{}{\overset{w^r}{\rightleftharpoons}} AH\cdot B \underset{}{\overset{\Delta G_R^{\ddagger}}{\rightleftharpoons}} A\cdot HB \underset{}{\overset{w^p}{\rightleftharpoons}} A+HB \tag{10.23}$$

$$\Delta G_R^{\ddagger} = w^r + \Delta G_0^{\ddagger}\left(1+\frac{\Delta G_R^{\circ}}{4\Delta G_0^{\ddagger}}\right)^2 \tag{10.24}$$

ここで w は二つの反応基質を接近させるのに必要なエネルギー（仕事項），$\Delta G_R^{\ddagger}$ は反応の活性化エネルギー，ΔG_R° は水素移動段階の反応エネルギー変化であり，$\Delta G_0^{\ddagger}$ は $\Delta G_R^{\circ}=0$ のときの活性化エネルギー，すなわち固有障壁である．w^r は脱溶媒和のエネルギーを含んでおり，極性反応の場合には重要であるが，ここでは話を簡単にするために，w^r を無視した式（10.25）を用いて議論する．

$$\Delta G_R^{\ddagger} = \Delta G_0^{\ddagger}\left(1+\frac{\Delta G_R^{\circ}}{4\Delta G_0^{\ddagger}}\right)^2 \tag{10.25}$$

活性化エネルギー $\Delta G_0^{\ddagger}$ と反応のエネルギー変化 ΔG_R° の間の自由エネルギー関係の傾き α は，$\alpha = d\Delta G_R^{\ddagger}/d\Delta G_R^{\circ}$ で与えられるので，式（10.25）から式（10.26）が得られる．このパラメーター α はBrønsted係数 α に相当し，反応

座標に沿った遷移状態の位置を表すものと考えられた．

$$\alpha = \frac{\mathrm{d}\Delta G_\mathrm{R}^\ddagger}{\mathrm{d}\Delta G_\mathrm{R}^\circ} = \frac{1}{2}\left(1 + \frac{\Delta G_\mathrm{R}^\circ}{4\Delta G_0^\ddagger}\right) \tag{10.26}$$

式 (10.26) において，$\Delta G_\mathrm{R}^\circ$ は実測可能であり，$\Delta G_0^\ddagger$ は $\Delta G_\mathrm{R}^\circ$ と $\Delta G_\mathrm{R}^\ddagger$ とから式 (10.25) に従って計算できるので，$\Delta G_\mathrm{R}^\circ$ と $\Delta G_\mathrm{R}^\ddagger$ とから α が算出できることになる．そのような意味で，式 (10.26) は Leffler–Hammond の原理を定量化した式であるといえる．

Marcus 式の取扱いから，α のもつ意味が二つ浮かび上がってくる．まず，式 (10.26) にあるように，α の大きさは $\Delta G_\mathrm{R}^\circ$ に依存すると同時に，$\Delta G_0^\ddagger$ の関数でもあるということである．したがって，同じ $\Delta G_\mathrm{R}^\circ$ の変化に対して α が変化する程度は，その一連の反応の $\Delta G_0^\ddagger$ に依存する．カルボン酸，アンモニウム塩やフェノール類のプロトン移動反応における α 値が 7～8 pK の変化で 0 から 1 へ変化するのに対し，炭化水素と強塩基との反応での Brønsted プロットが 18 pK 幅にわたって曲がりの傾向をみせないという実験結果は，このことと対応している．メタンとメチルアニオンとの間のプロトン移動反応の速さと酢酸と酢酸アニオン間の反応の速さを比べれば容易にわかるように，炭素酸からのプロトン移動反応の固有障壁はヘテロ原子間のプロトン移動に比べてはるかに大きいのである．

もう一つの大事な点は，$\Delta G_0^\ddagger$ が $\Delta G_\mathrm{R}^\circ$ によらず一定であるという仮定の下に式 (10.26) が導かれているという点である．このことは，異なる固有障壁を有する反応間の α 値の比較には意味がないこと，また，一連の反応に Brønsted 則を適用する際には，それらの反応が同じ固有障壁をもつ一群の反応に属していなければならないことを意味している．もしそうでなければ，α 値は本来の，反応座標に沿った遷移状態の位置を表すパラメーターとしての意味をもたないことになる．

$\Delta G_0^\ddagger$ が $\Delta G_\mathrm{R}^\circ$ によらず一定であるという仮定が満たされない場合は，式 (10.26) は式 (10.27) になる．ここで，$1 \gg (\Delta G_\mathrm{R}^\circ/4\Delta G_0^\ddagger)^2$ の条件下で，式 (10.27) は式 (10.28) に近似できる．式 (10.28) の右辺の第 1 項は式 (10.26) と同じであり，第 2 項は固有障壁の変化に由来する項である．したがって，みかけの α 値 (α_A) は，本来の意味の α 値 (α_C) と固有障壁由来の項 (α_I) の和として

表される [式(10.29)].

$$\alpha = \frac{\mathrm{d}\varDelta G_\mathrm{R}^\ddagger}{\mathrm{d}\varDelta G_\mathrm{R}^\circ} = \frac{1}{2}\left(1 + \frac{\varDelta G_\mathrm{R}^\circ}{4\varDelta G_0^\ddagger}\right) + \left[1 - \left(\frac{\varDelta G_\mathrm{R}^\circ}{4\varDelta G_0^\ddagger}\right)^2\right]\frac{\mathrm{d}\varDelta G_0^\ddagger}{\mathrm{d}\varDelta G_\mathrm{R}^\circ} \quad (10.27)$$

$$\alpha = \frac{\mathrm{d}\varDelta G_\mathrm{R}^\ddagger}{\mathrm{d}\varDelta G_\mathrm{R}^\circ} = \frac{1}{2}\left(1 + \frac{\varDelta G_\mathrm{R}^\circ}{4\varDelta G_0^\ddagger}\right) + \frac{\mathrm{d}\varDelta G_0^\ddagger}{\mathrm{d}\varDelta G_\mathrm{R}^\circ} \quad (10.28)$$

$$\alpha_\mathrm{A} = \alpha_\mathrm{C} + \alpha_\mathrm{I} \quad (10.29)$$

式(10.29)を用いると，固有障壁の変化する反応群についてもBrønsted則による解析が可能になる[19]．例として，置換1-フェニルニトロエタンの水素移動反応 [式(10.30)] をみてみよう．

$$\mathrm{ArCH(CH_3)NO_2 + OH^- \rightarrow ArC^-(CH_3)NO_2 + H_2O} \quad (10.30)$$

この反応の速度と平衡定数に及ぼす置換基の効果から求められた Brønsted 係数 α が 1.2 と 1 よりも大きいことは，ニトロアルカン異常性の現象の一つとして古くから関心を集めてきた．これまでに多段階機構による説明や溶媒和，分子内静電相互作用を考慮した解釈などが行われている（第8章のコラム，p. 210 参照）．

この実験結果を式(10.29)で解析するために，実験で得られた活性化自由エネルギーと反応の自由エネルギー変化からそれぞれの置換体について固有障壁を算出すると，置換基によって大きく変動していることが明らかになった．このことは，みかけの係数 α のもつ意味に疑問を投げかけるものである．一方，$\varDelta G_0^\ddagger$ の $\varDelta G_\mathrm{R}^\circ$ 依存性から α_I を求めると，0.7 という大きな値が得られた．すなわち，みかけの Brønsted の係数 $\alpha_\mathrm{A}(1.2)$ は 0.5 の α_C と 0.7 の α_I とに分離されるのである．このことから，本来の意味での Brønsted 係数は 0.5 と正常であり，みかけの異常な α 値は置換基によって固有障壁が大きく変化したことに由来すると結論される．このように，固有障壁という概念は化学反応性と遷移状態構造の関係を議論する際に重要なものであることがわかる．しかしながら，その一方で，このような解析は速度に対する置換基効果が平衡に対するそれよりも大きいという実験結果に対して，有機化学的な意味の説明を与えてくれるものではない．ニトロアルカン異常性の本質的な解明は未だに達成されていないといえる．

置換基などの電子的摂動によって遷移状態の性質はどのように変化するの

か,またその変化は反応性や生成物選択性にどのように反映されるのかという問題は,速度論データの解析,反応性-選択性関係則の正否や反応設計の手法などとも関連しており,未だに有機化学の重要な研究課題である.さらに近年,溶媒和や溶媒配向の変化も反応座標として重要であるという認識が高まってきている.これら溶媒の効果を含んだ新しい遷移状態構造予測理論の構築が望まれる.

引用文献

1) L. Eberson, Electron Transfer Reactions in Organic Chemistry, Springer-Verlag (1987).
2) R. Rathore and J. K. Kochi, *Adv. Phys. Org. Chem.*, **35**, 193 (2000).
3) R. A. Marcus, *Ann. Rev. Phys. Chem.*, **15**, 155 (1964). Marcus は,この業績により 1992 年度のノーベル化学賞を授与された.
4) N. Kornblum, *Angew. Chem. Int. Ed. Engl.*, **14**, 734 (1975).
5) J. F. Bunnett, *Acc. Chem. Res.*, **11**, 413 (1978); R. A. Rossi and R. H. de Rossi, Aromatic Substitution by the $S_{RN}1$ Mechanism, American Chemical Society Monograph No. 178 (1983); J.-M. Saveant, *Adv. Phys. Org. Chem.*, **26**, 1 (1990).
6) R. Rathore and J. K. Kochi, *J. Org. Chem.*, **61**, 627 (1996).
7) A. Bhattacharya, L. M. DiMiChele, U. -H. Dolling, E. J. J. Grabowski and V. J. Grenda, *J. Org. Chem.*, **54**, 6118 (1989).
8) E. C. Ashby, *Acc. Chem. Res.*, **21**, 414 (1988).
9) H. Yamataka, T. Matsuyama and T. Hanafusa, *J. Am. Chem. Soc.*, **111**, 4912 (1989).
10) H. Yamataka, N. Fujimura, Y. Kawafuji and T. Hanafusa, *J. Am. Chem. Soc.*, **109**, 4305 (1987).
11) E. C. Ashby and T. L. Wiesemann, *J. Am. Chem. Soc.*, **100**, 3101 (1978).
12) S. M. Hubig, W. Jung and J. K. Kochi, *J. Org. Chem.*, **59**, 6233 (1994).
13) J. Kenner, *Nature*, **156**, 369 (1945).
14) J. K. Kochi, *Acc. Chem. Res.*, **25**, 39 (1992).
15) E. K. Kim, K. Y. Lee and J. K. Kochi, *J. Am. Chem. Soc.*, **114**, 1756 (1992).
16) P. M. Esteves, J. W. de M. Carneiro, S. P. Cardoso, A. G. H. Barbosa, K. K. Laali, G. Rasul, G. K. S. Prakash and G. A. Olah, *J. Am. Chem. Soc.*, **125**, 4836 (2003).
17) S. R. Gwaltney, S. V. Rosokha, M. Head-Gordon and J. K. Kochi, *J. Am. Chem. Soc.*, **125**, 3273 (2003).
18) R. A. Marcus, *J. Phys. Chem.*, **72**, 891 (1968); A. O. Cohen and R. A. Marcus, *J. Phys. Chem.*, **72**, 4249 (1968).
19) H. Yamataka and S. Nagase, *J. Org. Chem.*, **53**, 3232 (1988).

索　引

欧　文

A1 反応　215, 219, 220, 222
A2 反応　215, 219, 220, 222
$A_{Ac}1$　216
$A_{Al}1$　216
acceptor number　99
acid dissociation constant　122
acidity constant　122
acidity function　132
activation energy　41
activation volume　41
active space　72
Ad_N-E　254
ambident nucleophile　146
anti-Hammond effect　32
aprotic solvent　77
arenium ion　281
Arrhenius 式　41
A-S_E2 反応　216, 221
associative mechanism　251

bathochromic shift　91
Beckmann 転位　160
BEP モデル　29
Birch 還元　272
blue shift　92
Born 式　84
Brønsted-Lowry の定義　122
Brønsted 係数　205, 209, 210, 285
Brønsted 酸　122
Brønsted 則　176, 204
Brønsted プロット　257, 264
buffer ratio　200
buffer solution　200
Bunnett-Olsen の取扱い　219

carbenium ion　154
carbonium ion　154
catalyst　199

charge-transfer interaction　60
chemical species　149
chemoselectivity　8
CIDNP　16
cine　9
CI 法　72
Claisen 転位　13, 71
　──の遷移状態　170
clock reaction　241
concerted reaction　14
conductor-like screening method　119
configuration interaction　72
conrotatory　69
Cope 転位　70
COSMO 法　119
Coulomb 相互作用　57
covalent catalysis　227
covalent intermediate　227
cross-over experiment　13
CT 錯体　276
curly arrow　2
Curtin-Hammett の原理　37
curved arrow　2
cycloaddition reaction　67

DBN　127
DBU　127
density functional theory　73
DFT 法　73
Diels-Alder 反応　67, 107
diffuse function　73
dispersion force　58
dispersion interaction　57
disrotatory　69
dissociative mechanism　251
donor number　99
double-zeta basis set　73

E　144
E1　258

E1cB 243, 258, 261, 262, 264
E2 258, 259, 261
effective molarity 233
Eigen 曲線 207
electrocyclic reaction 67
electrofuge 9
electron acceptor 267
electron donor 267
electron sink 227
electron-attracting group 180
electron-donating group 180
electron-releasing group 180
electron-withdrawing group 180
electrophile 122, 149
electrophilic reagent 149
electrophilic solvent assistance 101
electrostatic interaction 57
E_n 142
endergonic reaction 34
energy profile 24
enforced concerted reaction 241
equilibrium control 35
E_S 191
$E_T(30)$ 97
excess acidity 135
exergonic reaction 34

Finkelstein 反応 114
fractionation factor 173
Franck–Condon 原理 92, 271
Friedel–Crafts アシル化 164
frontier MO 62

gas-phase basicity 125
GCOSMO 法 119
general acid- and base-catalyzed reaction 200
Grignard 反応 162, 277
Grunwald–Winstein 式 102

H 142
half-life 48, 240
Hammett 酸度関数 132
Hammett 則 181
Hammett プロット 217
　V 字型の―― 193
　逆 V 字型の―― 196
Hammond 仮説 30, 66, 117, 206
Hammond 効果 33

hard and soft acids and bases principle 139
Hartree–Fock(HF)法 72
Henderson–Hasselbalch 式 124
Hofmann 転位 160
HOMO 60, 62, 69, 140, 269
HSAB 原理 139, 146, 147
hydride ion affinity 153
hydrogen bond 59
hydrophobic interaction 83
hypervalent bonding 250
hypsochromic shift 92

ipso 9
inductive interaction 57
initial rate 49
intrinsic energy barrier 271
intrinsic reaction coordinate 74
inverted region 272
ionization potential 153
IRC 74
isodesmic reaction 36
isokinetic relationship 42
isokinetic temperature 42
isotopic labeling 12

kinetic control 35
kinetic isotope effect 155
Kirkwood 式 85
Kolbe 反応 272

Leffler–Hammond の原理 31, 190, 286
Lennard-Jones ポテンシャル 23, 59
LEPS 関数 115
Lewis 塩基 139
Lewis 構造 2
Lewis 酸 139
Lewis 酸触媒 227
Lewis の定義 122
lifetime 240
linear free energy relationship 178
London 分散力 58
Lorentz–Lorenz 式 59
LUMO 60, 62, 69, 140, 269

Magic Acid 138
Marcus 理論 271, 285
Meisenheimer 錯体 53, 256
Menschutkin 反応 116, 247
Michaelis–Menten の式 52

索　引

Michael 付加　253
microscopic reversibility　34
minimal basis set　73
minimum energy path　74
molecular entity　149
Møller-Plesset 法　72
Monte Carlo　113
More O'Ferrall 反応座標図　28, 244, 258, 259

N　144
N_+　143
nitroalkane anomaly　210
n_{MeI}　141
Norrish II 型反応　17
N_{OTs}　102
N_T　102
nucleofuge　9
nucleophilic reagent　149
nucleophile　122, 149
nucleophilic catalysis　224
nucleophilic solvent assistance　101

occupied molecular orbital　62
Olah　136

P　142
parallel effect　33
parallel reaction　50
PCM 法　119
pericyclic reaction　67
perpendicular effect　32
perturbation　72
pH-速度関係　210, 214
pK_a　124
pK_{BH^+}　124
polar aprotic solvent　79
polarizability　58
polarizable continuum model　119
polarization function　73
potential energy　23
preassociation mechanism　241
pre-exponential factor　41
primary isotope effect　159
product complex　199
protic solvent　77
proton affinity　125, 151
proton inventory　174

QM/MM 法　110

radical clock　241
rate constant　46
reactant complex　199
reaction constant　181
reaction coordinate　24
reaction map　26
reaction order　46
reactivity-selectivity principle　31
red shift　91
reference interaction site model　110
regioselectivity　8
reorganization energy　271
restricted HF　72
RISM-SCF 法　117
RISM 法　110, 117

saddle point　25
Schiff 塩基
　——の加水分解　214
　——の生成　197, 214, 224
　ピリドキサールの——　229
Schiff 塩基中間体　228
SCRF 法　119
secondary isotope effect　159
selective solvation　87
sigmatropic rearrangement　67
similarity analysis　97
singly occupied MO　70
S_N1 型加溶媒分解　100
S_N1 反応　76, 166, 244, 248, 253
　塩化 t-ブチルの——　249
S_N2 反応　141, 164, 167, 244, 248
　——の遷移状態　171
　——の同位体効果　172
S_N2 反応中間体　250
S_NV1　254
$S_NV\sigma$　254
$S_NV\pi$　254
solubility parameter　84
solvation　80
solvation shell　80
solvatochromism　91
solvent isotope effect　172
solvent transfer activity coefficient　86
SOMO　70
specific acid- and base-catalyzed reaction　200
spin trapping　18
$S_{RN}1$ 反応　272

stability 36
stationary state approximation 52
stereoselective 11
stereoselectivity 8
stereospecific 11
steric hindrance 181
substituent 178
substituent constant 181
successive labeling technique 170
superacid 137
Swain–Schaad 式 169

tautomeric catalyst 231
tele 9
thermodynamic control 35
Thornton 則 34
Thorpe–Ingold 効果 233
through-conjugation 183
transition state 24
transition state theory 40
trapping 18
triple-zeta basis set 73

uncatalyzed reaction 209
unoccupied molecular orbital 62
unrestricted HF 72

van der Waals 引力 24
van der Waals 相互作用 59
von Richter 反応 9

water reaction 209
Wheland 中間体 281
Winstein
　——のイオン対スキーム 245
Winstein–Grunwald 式 105
Woodward–Hoffmann 則 67
work term 271

Y_{OTs} 102

Zucker–Hammett 仮説 219

ア 行

アクセプター数 AN 99
アシリウムイオン 193, 216, 251
アシル移動反応 251
アシルイミダゾール 226
アシルピリジン 225
アシロイン縮合 272
アスピリン
　——の加水分解 213, 237
アセタール 202
　——の加水分解 215, 238, 242
アセチレン 126
アゾベンゼン
　——のシス–トランス異性化 108
圧力依存性 45
アニソール
　——の臭素化 227
　——のフロンティア軌道 65
アニリン 127
アミジン 127
アミド
　——の加水分解 232
アミノ酸 228
　——のアミン交換 229
　——のラセミ化 229
アミン
　——の塩基性 130
アミン交換
　アミノ酸の—— 229
アリルスルホキシド
　——のラセミ化 109
アルカリ加水分解
　エステルの—— 179
アルケン
　——の水和反応 216
　——の付加環化 105
　——のプロトン化 64
アルコキシクロロカルベン 195
アルドール反応 258, 281
α-アセトキシスチレン 194
α 求核種 146, 226
α-ケト酸 229
α 効果 146
α 重水素二次同位体効果 164
α-ニトロ化 274
α-メチル基効果 248
安息香酸
　——の酸解離定数 181
安息香酸エステル 217, 223
安定性 36
　カルボカチオンの—— 66
硫黄化合物
　——の pK_a 151
イオン化能 Y 100, 105, 249

索　引

イオン化ポテンシャル　58, 153, 267, 269
イオンサイクロトロン共鳴質量分析法　189
イオン-双極子相互作用　58
イオン対スキーム　245
移行エネルギー　85
　　遷移状態の――　87
異性化
　　エノンの――　279
イソプロピルトシラート
　　――の加溶媒分解　248
一次同位体効果　156, 159, 226, 262
一次反応　47
位置選択性　8, 141, 147
一電子移動　10, 162, 267, 277
一電子還元電位　269
一電子酸化電位　269
一般塩基触媒　237
　　水による――　175
一般塩基触媒反応　203
一般酸塩基触媒反応　200
一般酸触媒　209, 238
一般酸触媒反応　203
　　機構上の――　204
一般触媒反応　201
イミドエステル　17
　　――の加水分解　232
イミン　127

液体構造　80
液体断片化法　82
エステル　216
　　――とアミンとの反応　178
　　――のアルカリ加水分解　179
　　――の加水分解　211, 222, 251
　　――の酸触媒加水分解　191, 217
エチレンオキシド　216
エチレンクロロヒドリン　204, 233
エネルギー断面図　24
エノラートイオン　147, 213, 258
　　――の生成　37
エノール　17
　　――のケト化　211
　　――のpK_a　212
エノールエーテル　212
エノール化　204, 206, 211, 238
エノールシリルエーテル
　　――の電荷移動　274
エノン　278
　　――の異性化　279

エポキシド
　　――の開環　216
塩化1-アダマンチル　250
塩化t-ブチル
　　――のS_N1反応　249
塩化クミル
　　――の加溶媒分解　186
塩化ベンゾイル　193
塩化メチル
　　――の加水分解　112
塩化ヨウ素　282
塩基性度
　　気相における――　124
塩基性パラメーター H　142
エンタルピー支配　42
エントロピー支配　42

オキシ酸　232
オキシ水銀化　164
オキシム
　　――の生成　224
オクテット　3
オレフィン
　　――の酸触媒水和　19
温度依存項　156, 167
温度依存性　42
　　同位体効果の――　169
温度非依存項　156, 167

カ　行

会合状態
　　有機金属反応剤の――　280
会合体　280
解離性反応　251
化学シフト
　　^{31}P――　99
化学種　149
化学選択性　8
可逆反応　37, 49
拡散律速　207, 242
過剰エンタルピー　89
過剰酸性度パラメーター X　133, 135, 220
加水分解
　　Schiff 塩基の――　214
　　アスピリンの――　213, 237
　　アセタールの――　215
　　アミドの――　232
　　イミドエステルの――　232
　　塩化メチルの――　112

索引

酢酸 p-ニトロフェニルの―― 225
酢酸フェニルの―― 236
ビニルエーテルの―― 203, 206
無水酢酸の―― 224
硬い酸塩基 139
活性化エネルギー 41, 42
活性化エンタルピー 40, 42, 43
 負の―― 43
活性化エントロピー 40, 43, 44
活性化障壁 199
活性化体積 41, 44, 45
活性錯合体 40
活量係数 131
加溶媒分解 104, 161
 1-フェニルエチル誘導体の―― 246
 イソプロピルトシラートの―― 248
 塩化クミルの―― 186
 ――における隣接基関与 236
 ベンジル誘導体の―― 188
カルベニウムイオン 154
カルベノイド 255
カルボアニオン
 ――の安定性 150
 ――の寿命 243
 ――のプロトン親和力 151
カルボアニオン中間体 258
カルボカチオン 136
 ――の pK_{R^+} 152
 ――の安定性 66, 153
 ――の寿命 152, 242
カルボカチオン中間体 258
カルボニウムイオン 154
カルボニル基
 ――のソルバトクロミズム 95
 ――への求核付加 277
カルボニル求核付加 162
カルボン酸誘導体
 ――の求核置換 251
環化反応 233, 235
還元剤 266
還元電位 268
緩衝剤効果 201, 262
緩衝剤濃度比 200
緩衝溶液 200
貫入モデル 80
官能基選択性 8

擬一次速度定数 52
寄生平衡 53

気相安定性 189
気相塩基性度 125
気相酸性度 126
気相反応 76
擬中間体 17
基底関数 72, 73
軌道エネルギー 62
軌道制御 140
軌道相関図 67
軌道相互作用 60
軌道対称性 67, 105
逆 Hammond 効果 32
逆旋的 69
逆転領域 272
キャビティー 119
キャビティーモデル 84
吸エルゴン反応 34
求核種 63, 140
求核触媒 200, 225, 226, 237
 アニリン 224
 イミダゾール 225, 226
 シアン化物イオン 224
 チオール 226
 ピリジン 224, 225
 ヨウ化物イオン 224
求核触媒反応 224
求核性 101, 103, 141, 249
 溶媒の―― 101
求核性パラメーター 142
求核置換 76, 272
 カルボン酸誘導体の―― 251
 ――の遷移状態 89
 ベンジル誘導体の―― 246
求核的な加速効果 250
求核的溶媒関与 101
求核的溶媒和 104
求核付加
 カルボニル基への―― 277
吸収スペクトル 91
求電子種 63, 140
求電子触媒 200, 227, 228
求電子性 103, 143, 148
求電子的溶媒関与 101
求電子的溶媒和 104
強塩基性媒質 138
境界領域 246, 248
強酸性媒質 131
 ――の酸性度 220
強酸溶液

——の酸性度 132
凝集エネルギー密度 84
強制協奏反応 241, 247
協奏的経路 161
協奏反応 14, 107, 240, 251, 252, 256
競争反応 35, 50, 193, 217 → 併発反応
共通イオン 224
共有結合触媒 227
橋頭位
　——窒素の塩基性 128
協同触媒 231
共鳴効果 184
共鳴置換基定数 187
共鳴要求度 187, 190
共役安定化 127
共役効果 127, 150
共有結合中間体 227
極性機構 277
　——と電子移動機構 163
極性置換基定数 σ^* 191
極性パラメーター 93
極性反応
　電子移動と—— 267

グアニジン 127
空軌道 62
屈折率 59, 96
グルコース
　——の変旋光 205, 231
グルタチオン 233
グループ移動反応 25
クロラニル 275

経験的パラメーター 97
蛍光スペクトル 95
計算機シミュレーション 111
形式電荷 3
ケチル 276
結合性機構 251
結合性軌道 61
ケテン
　——の付加環化 18, 106
ケテンアセタールの加水分解 211
ケテンジチオアセタール 21
　——の酸触媒加水分解 54
原子軌道 61
原子軌道エネルギー 62

五員環中間体 236

交換斥力 60
交差実験 13
交差モデル 27, 29, 269
格子エネルギー 85
構造最適化 71
酵素触媒 231
光電子移動 269, 275
互変異性触媒 231
固有エネルギー障壁 271
固有障壁 285
固有反応座標 74
混合熱
　水-アルコール系の—— 89
混合溶媒 87, 88
混成軌道 61
混成状態 126, 150

サ 行

最小エネルギー経路 74
再配列エネルギー 271
酢酸 p-ニトロフェニル
　——の加水分解 225
酢酸フェニル
　——の加水分解 16, 236
三員環中間体 254
酸塩基触媒 200
酸解離定数 122, 178
　安息香酸の—— 181
酸化還元電位 266
酸化剤 266
酸化的付加 276
酸化電位 267
三原子反応 24
酸触媒加水分解
　アセタールの—— 242
　エステルの—— 191, 217
　ケテンジチオアセタールの—— 54
　ホルムアルデヒドアセタールの—— 242
酸触媒水和
　オレフィンの—— 19
酸触媒反応 216
酸性度
　気相における—— 124
　強酸媒質の—— 220
　強酸溶液の—— 132
　媒質の—— 130
酸性度定数 122
酸性媒質 130
三中心モデル 168

索引

酸度関数 89, 131, 219
　　混合溶媒の── 89
　　H_- 138
　　H_0 133
　　H_A 133
　　H_R 133
酸濃度依存性 219

ジアゾカップリング 164
ジアゾニウムイオン 256
ジアリールカルベニウムイオン 144
σ錯体 15, 281
σ値 181
　　σ' 191
　　$\sigma^\bullet$ 191
　　σ_p° 186
　　σ_p^- 186
　　σ_p^+ 186
シグマトロピー転位 19, 67
　　[3, 3]── 70
シクロペンタジエニド 151
仕事の項 271
指示薬 131
シス-トランス異性化
　　アゾベンゼンの── 108
脂肪族求核置換 244
　　──における同位体効果 164
四面体中間体 17, 232, 251
重原子同位体効果 160
重水素交換 173
臭素化 163
　　アニソールの── 227
寿命 240-243
　　カルボアニオンの── 243
　　カルボカチオンの── 242
　　中間体の── 240, 241
　　ベンジル型アニオンの── 262
　　ラジカルアニオンの── 275
　　励起状態の── 96
瞬間双極子 57
障害斥力 24
触媒 199
初速度法 49
伸縮振動
　　遷移状態における── 167

水素移動 285
水素結合 59, 80, 89, 130
水素結合供与能 99

水素結合受容能 99
水素結合ネットワーク 83
水素結合能 99
水素同位体交換
　　ベンゼンの── 216
水和エネルギー
　　イオンの── 85
水和クラスター 82
水和反応
　　アルケンの── 216
スピントラッピング 18
スルフィン酸イオン 147
スルホン化 164

生成物決定段階
　　律速段階と── 284
生成物錯体 25, 199, 269
静電相互作用 57
青方シフト 92
積分方程式理論 117
赤方シフト 91
接触イオン対 245, 249
摂動法 72
セミカルバゾン
　　──の生成 55, 197, 224
セリン 231
ゼロ点エネルギー 158
ゼロ点エネルギー差 158, 167
遷移エネルギー 94
遷移状態 24, 87, 180, 182
　　Claisen転位の── 170
　　S_N2反応の── 171
　　求核置換の── 89
　　──における伸縮振動 167
　　──の移行エネルギー 87
　　──の位置 245, 260
　　──の構造 260
　　──の溶媒間移行エンタルピー 89
遷移状態理論 39
前会合機構 241, 244
前駆錯体 25, 76, 199, 269
前指数因子 41
選択性一定の関係 143
選択的溶媒和 87, 89
前段平衡 44, 202
全反応次数 46

早期遷移状態 168
双極子-双極子相互作用 58

索　引

双極子モーメント　58, 91, 96
　　励起状態の――　91
相互作用点モデル法　110
双性イオン中間体　19, 106
速度支配　35
速度定数　46
速度同位体効果　155, 249, 261
速度論的安定性　36
疎水性相互作用　83
ソルバトクロミズム　91, 97
　　カルボニル基の――　95
　　正の――　91
　　負の――　91

タ 行

対称許容　68
対称禁制　68
多官能性触媒　231
多段階反応　52, 192, 240
多中心求核種　146, 273
脱炭酸　230
　　β-ケト酸の――　227
脱プロトン化　152
脱プロトン化能　138
脱離基　261
脱離能の変化　263
脱離反応　28, 230, 231, 257
　　2-フェニルエチル誘導体の――　261
脱離-付加機構　13
多変数解析
　　溶媒効果の――　103
炭素酸　150
炭素プロトン化　203, 222
断熱的電子移動　270
単分子反応　44

置換基　178
置換基効果　66, 178, 261, 277
　　脂肪族飽和系における――　191
置換基定数　181　→ σ 値
　　――の多様性　183
窒素塩基　127
中間体　→ 反応中間体
　　――の寿命　240, 241, 246, 262
超音速ジェット法　81
超強酸　137
超共役　64, 166, 249
超原子価結合　250
超分子法　110, 112

直接共鳴　183
直接共役　183
直線自由エネルギー関係　32, 141, 178, 181, 204
直交効果　32

低温マトリクス　16
定常状態近似　52
テトラニトロメタン
　　――によるニトロ化　274
テトラロン　274
デヒドロシリル化　275
$\Delta\bar{\sigma}_R^+$　187
$\Delta\bar{\sigma}_R^-$　187
電荷移動
　　エノールシリルエーテルの――　274
電荷移動吸収スペクトル　274
電荷移動錯体　94, 269, 282
電荷移動相互作用　59, 60, 270
電荷制御　140
電気陰性度　62, 126
電子移動　267, 285
電子移動機構　163
　　――と極性機構　163
　　――と極性反応　267
電子押し込み　4
電子環状反応　67, 69
電子間相互作用　72
電子求引基　66, 180
電子求引性　127, 150
電子供与基　66, 180
電子供与体　63, 266, 267
電子効果　180
電子受容基　227
電子受容体　63, 266, 267
電子親和力　268, 269
電子対供与能　99
電子対受容能　99
電子引き出し　4

同位体　155
　　放射性――　171
同位体効果　252, 262, 277
　　S_N2 反応の――　172
　　^{14}C　――　166
　　脂肪族求核置換における――　164
　　――の温度依存性　169
　　――の二面角依存性　166
　　――のベル型変化　168

芳香族求電子置換における―― 163
同位体交換
　^{18}O ―― 20
　ベンゼンの―― 216, 221
同位体標識　12, 155, 249
動径分布関数　118
同旋的　69
等速温度　42
等速関係則　42
特異塩基触媒反応　203
特異酸・一般塩基触媒反応　204, 215
特異酸塩基触媒反応　200
特異酸触媒反応　202, 209, 215
特異触媒反応　202
時計反応　241
ドナー数 DN　99
トラッピング　18
1,3,5-トリアジン　256
トリオキサン　221
トリフェニルメタノール　134, 187
トリプチセン　150
トルエン
　――のニトロ化　283
トロピリウムイオン　152
トンネル効果　156, 169

ナ 行

二官能性求核触媒　232
二官能性触媒　231
二次同位体効果　156, 159, 164, 249
二次反応　47
ニトリル　126
ニトレン　160
ニトロアルカン異常性　210, 287
ニトロイルラジカル　285
ニトロ化　163
　テトラニトロメタンによる――　274
　トルエンの――　283
ニトロニウムイオン　283
N-ニトロピリジニウムイオン　283
二分子反応　44
二面角依存性
　同位体効果の――　166

熱力学支配　35
熱力学的安定性　36

ハ 行

π 軌道

ベンゼンの――　65
配向性
　芳香族求電子置換反応の――　64
π 錯体　15, 281
配置間相互作用法　72
発エルゴン反応　34
ハロゲン化　282
ハロゲン化ビニル　253
ハロゲン化ベンジル　273
晩期遷移状態　168
半経験的分子軌道法　116
反結合性軌道　61
半減期　48, 240
反応機構
　――の研究法　1
　――の提案　6
　――の変動　245
反応座標　24
反応次数　46, 49
反応性-選択性の原理　31
反応選択性　35
反応速度　46
反応速度則　45
反応速度同位体効果　261 → 速度同位体効果
反応地図　26
反応中間体　14, 241 → 中間体
反応定数 ρ　181

光誘起ニトロ化反応　283
非経験的分子軌道法　72
微視的可逆性　34
被占軌道　62
非断熱的電子移動　270
ヒドリドイオン親和力　153
ピナコール　276
ビニル S_N2 反応　256
ビニルエーテル　20
　――の加水分解　203, 206
ビニルカチオン　12, 253
ビニル求核置換　253, 254
ビニルヨードニウム塩　255
非被占軌道　62
非プロトン性極性溶媒　79
非プロトン性溶媒　77
比誘電率　57, 85, 96
標準置換基定数 $\sigma°$　185
ピリドキサミン　230
ピリドキサール　228-230
　――の Schiff 塩基　229

索　引

2-ピリドン　231

不安定中間体　66
1-フェニルエチル誘導体
　　——の加溶媒分解　246
2-フェニルエチル誘導体
　　——の脱離反応　261
フェニルカチオン　256
フェニル基関与　162
フェニル酢酸　185
フェノール　127
　　——の酸解離　183
付加環化
　　[2+2]——　18, 68, 106
　　[4+2]——　19, 67, 107
　　アルケンの——　105
　　ケテンの——　18, 106
付加-脱離機構　251, 253
ブタジエン
　　——の閉環反応　69
プロトン移動　168, 207, 208, 286
プロトン化
　　アルケンの——　64
プロトン化中間体　202
プロトン化能　131, 133
プロトン計数法　174
プロトン親和力　125
　　カルボアニオンの——　151
プロトンスポンジ　129
プロトン性溶媒　77
プロペン
　　——のフロンティア軌道　64
ブロモニウムイオン　11, 15, 137
フロンティア軌道　60, 62, 65
　　アニソールの——　65
　　プロペンの——　64
フロンティア軌道論　68
分極関数　73
分極率　58, 96
分極率パラメーター P　142
分散相互作用　57, 58
分子間相互作用　57, 77, 88
　　非特異的——　88
分子間反応　13
分子軌道　61
分子軌道法　71
分子軌道理論　60
分子クラスター　81
分子シミュレーション法　110

分子種　149
分子動力学法　114
分子内求核触媒　236
分子内触媒　231, 233, 236
分子内触媒反応　213
分子内水素結合　129
分子内電荷移動　92
分子内反応　13, 233
分子力場法　110
分別係数　173

閉環反応
　　ブタジエンの——　69
平行効果　32
平衡支配　35　→熱力学支配
併発反応　50, 193　→競争反応
ヘキサトリエン　70
ベタイン色素　93, 97
β-ケト酸
　　——の脱炭酸　227
β重水素二次同位体効果　166
ペリ環状反応　67
ベンザイン　13, 256
ベンジル型アニオン
　　——の寿命　262
ベンジル型カチオン　186
　　——の気相安定性　189
ベンジル誘導体
　　——の加溶媒分解　188
　　——の求核置換反応　246
ベンゼニウムイオン　15, 137, 161
ベンゼン
　　——の水素同位体交換　216
　　——のπ軌道　65
変旋光
　　グルコースの——　205, 231
ベンゾイン縮合　224
ベンゾフェノン　276

芳香族求核置換　53, 256
芳香族求電子置換　64, 163, 280
　　——における同位体効果　163
　　——の配向性　64
芳香族性　151
芳香族ニトロ化　283
芳香族ハロゲン化物　273
放射性同位体　171
補酵素　228
捕捉実験　18

ポテンシャルエネルギー 23, 57, 158
ポテンシャルエネルギー面 24
ホルムアルデヒド
　――とアミンの反応 63
ホルムアルデヒドアセタール
　――の酸触媒加水分解 242

マ 行

巻矢印 2

水-アルコール系
　――の混合熱 89
水の活量 133, 217
水反応 201, 209 → 無触媒反応
密度汎関数法 73

無触媒反応 201, 209
無水酢酸
　――の加水分解 224

メチル基移動 285
メトキシメチルカチオン 242
メトニウムイオン 137
メロシアニン色素 92

モンテカルロ法 113

ヤ 行

軟らかい酸塩基 139

有機金属反応剤
　――の会合状態 280
誘起効果 191
誘起効果置換基定数 σ_I 191
誘起双極子 57
誘起相互作用 57, 58
有機電子論 60, 64
有機リチウム 162, 278
有効モル濃度 233
誘電体モデル 84 → 連続体モデル
誘電率 57, 119 → 比誘電率
遊離イオン 245
湯川-都野式 186, 248

溶解パラメーター 84, 97
溶質-溶媒相互作用 97
溶媒塩基性 99
溶媒介在イオン対 245, 249
溶媒間移行エネルギー 86

溶媒間移行エンタルピー
　遷移状態の―― 89
溶媒間移行活量係数 86
溶媒関与
　求核的―― 101
　求電子的―― 104
溶媒効果 76, 97, 171
　pK_a に対する―― 129
　――の多変数解析 103
溶媒再配列 241, 243
溶媒酸性 99
溶媒同位体効果 172, 226
溶媒パラメーター 96
溶媒和 76, 80, 104, 129
溶媒和エネルギー 83-85
溶媒和殻 80
溶媒和クラスター 81
溶媒和パラメーター 135

ラ 行

ラクトン化 235
ラジカルアニオン
　――の寿命 275
ラジカルイオン 269
ラジカルイオン対 276
ラジカルカチオン
　――の吸収 275
ラジカルカップリング 277
ラジカル阻害剤 273
ラジカル時計 241
ラジカル反応 6
ラジカル連鎖反応 272
ラセミ化
　アミノ酸の―― 229
　アリルスルホキシドの―― 109

リチウムエノラート 281
律速段階 52
　――と生成物決定段階 284
　――の変化 53, 193, 196, 262
立体効果 128, 180
立体障害 181
　溶媒和に対する―― 128
立体選択性 8
立体選択的 11
立体置換基定数 191
立体特異的 11
立体配座 237
立体配置反転 254

量子力学法　110
理論計算　172
隣接基関与　161, 235, 254
　　アセトキシ基の——　236
　　加溶媒分解における——　236

類似度解析　97, 103

励起エネルギー　91
励起状態
　　——の寿命　96
　　——の双極子モーメント　91
レーザー光分解　195
連続体モデル　110, 118
連続標識法　170, 172
連続誘電体　118, 119

ρ　181
6-12 ポテンシャル　23, 59

著者略歴

奥山 格(おくやま ただし)
1940年　岡山県に生まれる
1968年　京都大学大学院工学研究科
　　　　博士課程修了
現　在　兵庫県立大学名誉教授
　　　　工学博士

山高 博(やまたか ひろし)
1948年　大阪府に生まれる
1972年　大阪大学大学院理学研究科
　　　　修士課程修了
現　在　立教大学理学部教授
　　　　理学博士

朝倉化学大系7
有機反応論　　　　　　　　定価はカバーに表示

2005年1月20日　初版第1刷
2013年6月25日　　第5刷

著　者　奥　山　　　格
　　　　山　高　　　博
発行者　朝　倉　邦　造
発行所　株式会社 朝倉書店
　　　　東京都新宿区新小川町6-29
　　　　郵便番号　162-8707
　　　　電　話　03(3260)0141
　　　　ＦＡＸ　03(3260)0180
　　　　http://www.asakura.co.jp

〈検印省略〉

©2005〈無断複写・転載を禁ず〉　　中央印刷・渡辺製本

ISBN 978-4-254-14637-0　C 3343　　Printed in Japan

JCOPY　<(社)出版者著作権管理機構 委託出版物>
本書の無断複写は著作権法上での例外を除き禁じられています．複写される場合は，そのつど事前に，(社)出版者著作権管理機構（電話 03-3513-6969，FAX 03-3513-6979，e-mail: info@jcopy.or.jp）の許諾を得てください．

好評の事典・辞典・ハンドブック

物理データ事典 　　　　　　　　　日本物理学会 編 B5判 600頁
現代物理学ハンドブック 　　　　　鈴木増雄ほか 訳 A5判 448頁
物理学大事典 　　　　　　　　　　鈴木増雄ほか 編 B5判 896頁
統計物理学ハンドブック 　　　　　鈴木増雄ほか 訳 A5判 608頁
素粒子物理学ハンドブック 　　　　山田作衛ほか 編 A5判 688頁
超伝導ハンドブック 　　　　　　　福山秀敏ほか 編 A5判 328頁
化学測定の事典 　　　　　　　　　梅澤喜夫 編 A5判 352頁
炭素の事典 　　　　　　　　　　　伊与田正彦ほか 編 A5判 660頁
元素大百科事典 　　　　　　　　　渡辺　正 監訳 B5判 712頁
ガラスの百科事典 　　　　　　　　作花済夫ほか 編 A5判 696頁
セラミックスの事典 　　　　　　　山村　博ほか 監修 A5判 496頁
高分子分析ハンドブック 　　　　　高分子分析研究懇談会 編 B5判 1268頁
エネルギーの事典 　　　　　　　　日本エネルギー学会 編 B5判 768頁
モータの事典 　　　　　　　　　　曽根　悟ほか 編 B5判 520頁
電子物性・材料の事典 　　　　　　森泉豊栄ほか 編 A5判 696頁
電子材料ハンドブック 　　　　　　木村忠正ほか 編 B5判 1012頁
計算力学ハンドブック 　　　　　　矢川元基ほか 編 B5判 680頁
コンクリート工学ハンドブック 　　小柳　洽ほか 編 B5判 1536頁
測量工学ハンドブック 　　　　　　村井俊治 編 B5判 544頁
建築設備ハンドブック 　　　　　　紀谷文樹ほか 編 B5判 948頁
建築大百科事典 　　　　　　　　　長澤　泰ほか 編 B5判 720頁

価格・概要等は小社ホームページをご覧ください。